单片机原理
及串行外设接口技术

李朝青　等编著

北京航空航天大学出版社

内 容 简 介

本书以51系列单片机中的89C51单片机为典型机，深入浅出地讲述单片机原理、串行外设接口及应用技术。主要内容包括：单片机硬件结构和原理，指令系统及汇编语言程序设计，中断、定时器及串行口通信，单片机串行外设接口技术，应用系统人-机串行外设接口技术，串行 A/D 及 D/A 接口技术以及系统应用程序实例。

本书内容新颖、实用，具有较多串行外设芯片接口技术的内容，如 SPI、I^2C 和 1-Wire 单总线串行扩展技术、串行 A/D 及 D/A、键盘输入和显示器等实例。本书可供从事单片机应用开发的工程技术人员参考，也可用作高等院校相关专业的微机原理、单片机原理与接口技术的教学参考用书。

图书在版编目(CIP)数据

单片机原理及串行外设接口技术/李朝青编著. —北京：
北京航空航天大学出版社,2008.1
ISBN 978-7-81124-236-2

Ⅰ.单… Ⅱ.李… Ⅲ.① 单片微型计算机—基础理论
② 单片微型计算机—接口 Ⅳ.TP368.1

中国版本图书馆 CIP 数据核字(2008)第 006055 号

©2008，北京航空航天大学出版社，版权所有。

未经本书出版者书面许可，任何单位和个人不得以任何形式或手段复制或传播本书内容。
侵权必究。

单片机原理及串行外设接口技术

李朝青　等编著

责任编辑　潘晓丽　张雯佳

*

北京航空航天大学出版社出版发行

北京市海淀区学院路37号(100083)　发行部电话：010-82317024　传真：010-82328026
http://www.buaapress.com.cn　E-mail:bhpress@263.net
北京时代华都印刷有限公司印装　各地书店经销

*

开本：787 mm×1092 mm　1/16　印张：17　字数：435 千字
2008年1月第1版　2008年1月第1次印刷　印数：5000 册
ISBN 978-7-81124-236-2　定价：28.00元

前　言

单片机应用系统现在越来越多地采用串行外设接口技术。串行外设接线灵活，占用单片机资源少，系统结构简化，极易形成用户的模块化结构。串行外设芯片还具有速度快、精度高、功能强、工作电压宽、抗干扰能力强、功耗低等特点。

各大半导体公司生产的4线(SPI)、3线(Microwire)、2线(I^2C)、1线(1-wire)等串行外设接口芯片铺天盖地地充满了电子市场。很多业界人士早已抛弃了并行外设接口芯片，而采用串行外设接口芯片设计单片机与嵌入式应用系统。很多串行芯片不仅占用I/O口线少，在速度和精度上也超过了同类的并行芯片。因此，串行外设接口技术在IC卡、智能化仪器仪表以及分布式测控系统等领域获得了广泛应用。

本书以51系列单片机中的89C51为典型机，全书共分7章，即单片机的硬件结构和原理；单片机指令系统及汇编语言程序设计；单片机中断、定时器及串行口通信；单片机串行外设接口技术；应用系统人-机串行外设接口技术；系统前向通道配置及串行A/D接口技术；系统后向通道配置及串行D/A接口技术。

参加本书编写的还有崔肖娜、刘艳玲、王志勇、袁其平、沈怡麟、曹文嫣、李凯、张秋燕、朱红霞、宋扬等。

由于作者水平所限，难免出现错误和不妥之处，敬请同行及读者提出宝贵意见。

李朝青
天津理工大学电子信息与通信工程学院
2007年9月

目 录

第1章 单片机的硬件结构和原理

1.1 单片机的内部结构及特点 … 1
1.1.1 单片机的基本组成 … 1
1.1.2 单片机的内部结构 … 2
1.2 单片机的引脚及其功能 … 5
1.3 单片机的存储器配置 … 8
1.3.1 程序存储器地址空间 … 9
1.3.2 数据存储器地址空间 … 10
1.4 时钟电路 … 16
1.5 复位操作 … 18
1.5.1 复位操作的主要功能 … 18
1.5.2 复位电路 … 19

第2章 单片机指令系统及汇编语言程序设计

2.1 汇编语言 … 20
2.1.1 指令和程序设计语言 … 20
2.1.2 指令格式 … 20
2.2 寻址方式 … 21
2.2.1 7种寻址方式 … 21
2.2.2 寻址空间及符号注释 … 25
2.3 单片机的指令系统 … 26
2.3.1 数据传送指令 … 26
2.3.2 算术运算指令 … 30
2.3.3 逻辑操作指令 … 33
2.3.4 控制程序转移指令 … 35
2.3.5 位操作(布尔处理)指令 … 41
2.4 编程的步骤、方法和技巧 … 44
2.4.1 编程步骤 … 44
2.4.2 编程方法和技巧 … 46

目 录

  2.4.3 汇编语言程序的基本结构 …………………………………………… 47
 2.5 汇编语言源程序的编辑与汇编 ……………………………………………… 52
  2.5.1 源程序的编辑 …………………………………………………………… 52
  2.5.2 源程序的汇编 …………………………………………………………… 52
  2.5.3 伪指令 …………………………………………………………………… 53
 2.6 主程序和子程序的概念 ……………………………………………………… 56
  2.6.1 主程序 …………………………………………………………………… 56
  2.6.2 子程序及参数传递 ……………………………………………………… 57
  2.6.3 中断服务子程序 ………………………………………………………… 58
 2.7 数据处理程序 ………………………………………………………………… 59
  2.7.1 排序程序及数字滤波程序 ……………………………………………… 59
  2.7.2 标度变换(工程量变换) ………………………………………………… 59
 2.8 软件抗干扰技术 ……………………………………………………………… 61
  2.8.1 软件陷阱技术 …………………………………………………………… 61
  2.8.2 软件看门狗 ……………………………………………………………… 63
 2.9 最短程序 ……………………………………………………………………… 65

第3章 单片机的中断、定时器及串行口通信

 3.1 中断系统 ……………………………………………………………………… 66
  3.1.1 中断的概念 ……………………………………………………………… 66
  3.1.2 中断系统结构及中断控制 ……………………………………………… 67
  3.1.3 中断响应及中断处理过程 ……………………………………………… 71
  3.1.4 中断程序举例 …………………………………………………………… 72
 3.2 定时器及应用 ………………………………………………………………… 73
  3.2.1 定时器及其控制 ………………………………………………………… 73
  3.2.2 定时器的4种模式及应用 ……………………………………………… 75
 3.3 串行口及串行通信技术 ……………………………………………………… 78
  3.3.1 串行口及应用 …………………………………………………………… 79
  3.3.2 单片机与单片机间的点对点异步通信 ………………………………… 91
  3.3.3 单片机与PC机间的通信 ……………………………………………… 97

第4章 单片机串行外设接口技术

 4.1 SPI 和 Microwire 串行外设接口技术 ……………………………………… 100
  4.1.1 SPI 串行外设接口 ……………………………………………………… 100
  4.1.2 Microwire 串行外设接口 ……………………………………………… 106
  4.1.3 E^2PROM 芯片 93C46 的应用 ………………………………………… 108
  4.1.4 数字温度传感器 DS1620 与单片机的接口及编程 …………………… 115
  4.1.5 多功能串行芯片 X5045/43 与单片机的接口及程序设计 …………… 121
  4.1.6 串行时钟芯片 DS1302 与单片机的接口及编程 ……………………… 132

4.2 I²C 总线接口技术 …………………………………………………… 137
  4.2.1 I²C 总线的概念 ………………………………………………… 137
  4.2.2 I²C 总线的应用 ………………………………………………… 138
  4.2.3 I²C 总线基本知识 ……………………………………………… 139
  4.2.4 I²C 总线的数据传送 …………………………………………… 140
  4.2.5 I²C 总线的数据传送协议 ……………………………………… 141
  4.2.6 单片机与 I²C 总线的接口 ……………………………………… 145
  4.2.7 主方式模拟 I²C 总线通用软件包 ……………………………… 145
4.3 1-Wire 单总线接口技术 ……………………………………………… 150
  4.3.1 单总线芯片硬件结构及主/从机连接 ………………………… 150
  4.3.2 单总线芯片序列号 ……………………………………………… 151
  4.3.3 1-Wire 单总线芯片的供电 …………………………………… 151
  4.3.4 1-Wire 单总线系统的特点及应用 …………………………… 152
  4.3.5 1-Wire 单总线数据传送时序(协议) ………………………… 152
  4.3.6 数字温度传感器 DS18B20 单总线多路测温系统 …………… 155

第5章 应用系统人-机串行外设接口技术

5.1 键盘接口及处理程序 ………………………………………………… 163
  5.1.1 行列式键盘结构及接口技术 …………………………………… 164
  5.1.2 键中断扫描方式 ………………………………………………… 168
  5.1.3 键操作及功能处理程序 ………………………………………… 169
5.2 LED 显示器接口及显示程序 ………………………………………… 170
  5.2.1 LED 显示器结构原理 ………………………………………… 170
  5.2.2 LED 显示器接口及显示方式 ………………………………… 171
  5.2.3 LED 显示器与单片机接口及显示子程序 …………………… 172
5.3 串行口控制的键盘/LED 显示器接口电路及编程 ………………… 174
  5.3.1 硬件电路 ………………………………………………………… 174
  5.3.2 程序清单 ………………………………………………………… 174
5.4 MAX7219 串行 8 位 LED 显示驱动器芯片及其应用 …………… 177
  5.4.1 MAX7219 的引脚功能 ………………………………………… 177
  5.4.2 MAX7219 的内部结构 ………………………………………… 178
  5.4.3 MAX7219 的控制寄存器 ……………………………………… 179
  5.4.4 MAX7219 的工作时序 ………………………………………… 181
  5.4.5 应用实例 ………………………………………………………… 181
  5.4.6 利用 MAX7219 设计 LED 大屏幕 …………………………… 183
5.5 I²C 总线 LED 驱动器 SAA1064 接口及编程 ……………………… 186
  5.5.1 内部结构及引脚功能 …………………………………………… 186
  5.5.2 数据操作格式 …………………………………………………… 188
  5.5.3 控制命令 COM 格式 …………………………………………… 189

目录

  5.5.4 寻址字节 SLAR/$\overline{W}$ ················· 189
  5.5.5 LED 显示程序设计 ················· 190
 5.6 4 位串行段式 LCD 显示器 EDM1190A 的接口及编程 ················· 191
  5.6.1 EDM1190A 的性能简介 ················· 192
  5.6.2 EDM1190A 的数据显示原理 ················· 192
  5.6.3 EDM1190A 与单片机的接口及编程 ················· 193
 5.7 基于 E^2PROM 的 IC 卡读/写器的应用 ················· 195
  5.7.1 IC 简介 ················· 195
  5.7.2 AT24C 系列 I^2C 总线接口 E^2PROM ················· 197
  5.7.3 IC 卡读/写器接口电路及编程 ················· 202

第 6 章 系统前向通道配置及串行 A/D 接口技术

 6.1 8 位、10 位串行输出 A/D 芯片及接口技术 ················· 205
  6.1.1 单通道串行输出 8 位 A/D 芯片 TLC1549 及接口 ················· 205
  6.1.2 8 位串行 A/D 芯片 TLC548/TLC549 与单片机的接口及编程 ················· 207
  6.1.3 8 位串行 A/D 芯片 TLC0831 与单片机的接口及编程 ················· 210
  6.1.4 8 位 2 通道串行 A/D 芯片 ADC0832 与单片机的接口及编程 ················· 211
  6.1.5 10 位串行 A/D TLC1543 与单片机的接口及编程 ················· 214
 6.2 12 位串行输出 A/D 芯片及接口技术 ················· 221
  6.2.1 12 位串行 A/D 芯片 AD7893 与单片机接口技术 ················· 221
  6.2.2 串行 12 位 A/D 芯片 MAX187 与单片机接口技术 ················· 223
  6.2.3 双通道 12 位串行 A/D 芯片 MAX144 与单片机接口技术 ················· 226
 6.3 16 位串行输出 A/D 芯片及接口技术 ················· 229
  6.3.1 16 位低速串行 A/D 芯片 AD7705 接口及编程 ················· 229
  6.3.2 高速串行 16 位 A/D 芯片 AD7683 与单片机接口技术 ················· 233
  6.3.3 多通道串行输出 16 位 A/D 芯片 TLC2543 及接口 ················· 237

第 7 章 系统后向通道配置及串行 D/A 接口技术

 7.1 后向通道中的功率开关器件及接口技术 ················· 245
  7.1.1 继电器及接口 ················· 245
  7.1.2 光电耦合器(隔离器)件及驱动接口 ················· 246
  7.1.3 光电耦合驱动晶闸管(可控硅)功率开关及接口 ················· 247
 7.2 后向通道中的串行 D/A 转换及接口技术 ················· 248
  7.2.1 串行输入、电压输出的 10 位 D/A 芯片 TLC5615 接口技术 ················· 248
  7.2.2 串行输入、电压输出的 12 位 D/A 芯片 TLC5616 的应用 ················· 252
  7.2.3 串行输入 12 位 D/A 芯片 DAC8512 接口设计 ················· 255

附录 A 89C51 指令表 ················· 258
附录 B 89C51 指令矩阵(汇编/反汇编表) ················· 263
参考文献 ················· 264

第 1 章 单片机的硬件结构和原理

1.1 单片机的内部结构及特点

ATMEL、PHILIPS 和 SST 等公司生产的低功耗、高性能的 8 位 89C51 单片机具有比 80C31 更丰富的硬件资源，特别是其内部增加的闪速可电改写的存储器 Flash ROM 给单片机的开发及应用带来了很大的方便。因为 89C51＝80C31＋373＋2732，且芯片的价格非常便宜，所以，近年来得到了极其广泛的应用。

本章将以 89C51（AT89C51、P89C51 或 STC89C51）单片机为典型机，详细介绍芯片内部的硬件资源、各个功能部件的结构及原理。

1.1.1 单片机的基本组成

图 1.1 所示为 89C51 带闪存（Flash ROM）单片机的基本结构框图。

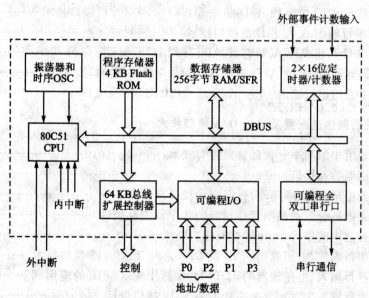

图 1.1　89C51 单片机结构框图

89C51 单片机芯片内包括：
- 一个 8 位 80C51 微处理器（CPU）。
- 片内 256 字节数据存储器 RAM/SFR，用以存放可读/写的数据，如运算的中间结果、最终结果以及欲显示的数据等。
- 片内 4 KB 程序存储器 Flash ROM，用以存放程序、一些原始数据和表格。
- 4 个 8 位并行 I/O 端口 P0～P3，每个端口既可用作输入，也可用作输出。
- 两个 16 位定时器/计数器，每个定时器/计数器都可以设置成计数方式，用以对外部事件进行计数，也可以设置成定时方式，并可以根据计数或定时的结果实现计算机控制。
- 具有 5 个中断源、2 个中断优先级的中断控制系统。
- 一个全双工 UART(通用异步接收发送器)的串行 I/O 口，用于实现单片机之间或单片机与 PC 机之间的串行通信。
- 片内振荡器和时钟产生电路，但石英晶体和微调电容需要外接，最高允许振荡频率为 24 MHz。
- 89C51 单片机与 8051 相比，具有节电工作方式，即休闲方式及掉电方式。

以上各个部分通过片内 8 位数据总线(DBUS)相连接。

另外 89C51 是用静态逻辑来设计的，其工作频率可下降到 0 Hz，并提供两种可用软件来选择的省电方式——空闲方式(Idle Mode)和掉电方式(Power Down Mode)。在空闲方式中，CPU 停止工作，而 RAM、定时器/计数器、串行口和中断系统都继续工作。此时的电流可降到大约为正常工作方式的 15%。在掉电方式中，片内振荡器停止工作，由于时钟被"冻结"，使一切功能都暂停，故只保存片内 RAM 中的内容，直到下一次硬件复位为止。这种方式下的电流可降到 15 μA 以下，最小可降到 0.6 μA。

89C51 单片机还有一种低电压的型号，即 89LV51，除了电压范围有区别之外，其余特性与 89C51 完全一致。

89C51/LV51 是一种低功耗、低电压、高性能的 8 位单片机。它采用了 CMOS 工艺和高密度非易失性存储器(NURAM)技术，而且其输出引脚和指令系统都与 MCS-51 兼容；片内的 Flash ROM 允许在系统内改编程序或用常规的非易失性存储器编程器来编程。因此，89C51/LV51 是一种功能强、灵活性高且价格合理的单片机，可方便地应用在各种控制领域。

1.1.2 单片机的内部结构

89C51 单片机与早期 Intel 公司的 8051/8751/8031 芯片的外部引脚和指令系统完全兼容，只不过用 Flash ROM 替代了 ROM/EPROM 而已。

89C51 单片机内部结构如图 1.2 所示。

一个完整的单片机应该由运算器、控制器、存储器(ROM 及 RAM)和 I/O 接口组成。各部分功能简述如下。

1. 中央处理单元(89C51 CPU)

CPU 是单片机的核心，是单片机的控制和指挥中心，由运算器和控制器等部件组成。

1) 运算器

运算器包括一个可进行 8 位算术运算和逻辑运算的单元 ALU，8 位暂存器 1(TMP1)、暂存器 2(TMP2)，8 位累加器 ACC，寄存器 B 和程序状态寄存器 PSW 等。

① ALU：逻辑运算单元。可对 4 位(半字节)、8 位(一字节)和 16 位(双字节)数据进行操作，能做加、减、乘、除、加 1、减 1、BCD 数十进制调整及比较等算术运算和"与"、"或"、"异或"、

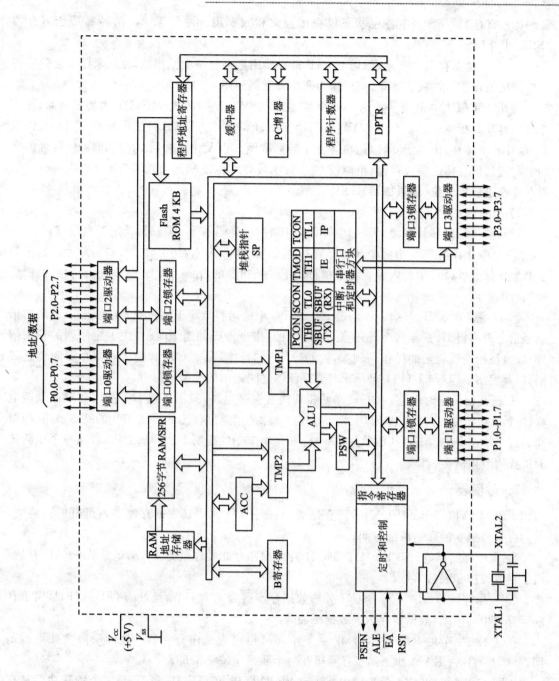

图 1.2 89C51 单片机的内部结构图

"求补"及"循环移位"等逻辑操作。

② ACC：累加器。经常作为一个运算数经暂存器 2 进入 ALU 的输入端，与另一个来自暂存器 1 的运算数进行运算，运算结果又送回 ACC。除此之外，ACC 在 89C51 内部经常作为数据传送的中转站。同一般微处理器一样，它是最忙碌的一个寄存器。在指令中用助记符 A 来表示。

③ PSW：程序状态字寄存器，8 位，用于指示指令执行后的状态信息，相当于一般微处理

器的标志寄存器。PSW 中各位状态供程序查询和判别用。详见 1.3.2 节特殊功能寄存器(SFR)中介绍。

④ B：8 位寄存器。在乘、除运算时，B 寄存器用来存放一个操作数，也用来存放运算后的一部分结果；若不做乘、除运算，则可作为通用寄存器使用。

另外，89C51 片内还有一个布尔处理器，它以 PSW 中的进位标志位 CY 为其累加器（在布尔处理器及其指令中以 C 代替 CY），专门用于处理位操作。例如，可执行置位、位清 0、位取反、位等于 1 转移、位等于 0 转移、位等于 1 转移并清 0 以及位累加器 C 与其他可位寻址的空间之间进行信息传送等位操作，也能使 C 与其他可寻址位之间进行逻辑"与"和"或"操作，结果存放在进位标志位（位累加器）C 中。

2) 控制器

控制器包括程序计数器 PC、指令寄存器 IR、指令译码器 ID、振荡器及定时电路等。

① 程序计数器 PC：由两个 8 位计数器 PCH 及 PCL 组成，共 16 位。PC 实际上是程序的字节地址计数器，PC 中的内容是将要执行的下一条指令的地址。改变 PC 的内容就可改变程序执行的方向。

② 指令寄存器 IR 及指令译码器 ID：由 PC 中的内容指定 Flash ROM 地址，取出来的指令经指令寄存器 IR 送至指令译码器 ID，由 ID 对指令译码并送 PLA 产生一定序列的控制信号，以执行指令所规定的操作。例如，控制 ALU 的操作，在 89C51 片内工作寄存器间传送数据，以及发出 ACC 与 I/O 口（P0~P3）或存储器之间通信的控制信号等。

③ 振荡器及定时电路：89C51 单片机片内有振荡电路，只需外接石英晶体和频率微调电容（2 个 30 pF 左右），其频率为 0~24 MHz。该脉冲信号即作为 89C51 工作的基本节拍，即时间的最小单位。89C51 同其他单片机一样，在基本节拍的控制下协调地工作，就像一个乐队按着指挥的节拍演奏一样。

2. 存储器

89C51 片内有 Flash ROM（程序存储器，只能读）和 RAM（数据存储器，可读可写）两类，它们有各自独立的存储地址空间。

① 程序存储器（Flash ROM）。89C51 片内程序存储器容量为 4 KB，地址从 0000H 开始，用于存放程序和表格常数。

② 数据存储器（RAM）。89C51 片内数据存储器为 128 字节，地址为 00H~7FH，用于存放运算的中间结果、数据暂存以及数据缓冲等。

在这 128 字节的 RAM 中，有 32 字节单元可指定为工作寄存器。这同一般微处理器不同，89C51 的片内 RAM 和工作寄存器排在一个队列里统一编址。

由图 1.2 可见，89C51 单片机内部还有 SP、DPTR、PCON、IE 和 IP 等多个特殊功能寄存器，它们也同 128 字节 RAM 在一个队列中编址，地址为 80H~FFH。在这 128 字节 RAM 单元中，有 21 个特殊功能寄存器（SFR），这些特殊功能寄存器还包括 P0~P3 口锁存器。

如何使用 RAM 中的 32 个工作寄存器和特殊功能寄存器，1.3.2 节将详细介绍。

3. I/O 接口

89C51 有 4 个与外部交换信息的 8 位并行接口，即 P0~P3。它们都是准双向端口，每个端口各有 8 条 I/O 线，均可输入/输出。P0~P3 口 4 个锁存器同 RAM 统一编址，可以把 I/O

口当作一般特殊功能寄存器(SFR)来寻址。

除 4 个 8 位并行口外,89C51 还有一个可编程的全双工串行口(UART),利用 P3.0 (RXD)和 P3.1(TXD),可实现与外界的串行通信。

1.2 单片机的引脚及其功能

图 1.3 是 89C51/LV51 单片机的引脚结构图,有双列直插封装(DIP)方式和方形封装方式。下面分别叙述这些引脚的功能。

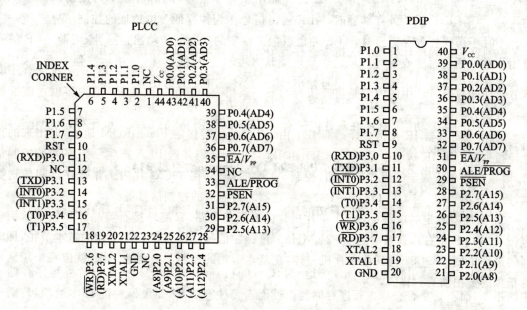

图 1.3 89C51/LV51 单片机的引脚结构

1. 电源引脚 V_{CC} 和 V_{SS}

V_{CC}(引脚 40):电源端,为 +5 V。

V_{SS}(引脚 20):接地端。

2. 外接晶体引脚 XTAL1 和 XTAL2

XTAL2(引脚 18):接外部晶体和微调电容的一端。在 89C51 片内,它是振荡电路反相放大器的输出端,振荡电路的频率就是晶体的固有频率。若须采用外部时钟电路,则该引脚悬空。

要检查 89C51 的振荡电路是否正常工作,可用示波器查看 XTAL2 端是否有脉冲信号输出。

XTAL1(引脚 19):接外部晶体和微调电容的另一端。在片内,它是振荡电路反相放大器的输入端。在采用外部时钟时,该引脚输入外部时钟脉冲。

3. 控制信号引脚 RST、ALE、$\overline{PSEN}$ 和 $\overline{EA}$

RST(引脚 9):复位信号输入端,高电平有效。当此输入端保持两个机器周期(24 个时钟振荡周期)的高电平时,即可完成复位操作。

$\overline{\text{PSEN}}$(Program Store Enable,引脚29):程序存储允许输出信号端。当89C51/LV51由片外程序存储器取指令(或常数)时,每个机器周期两次$\overline{\text{PSEN}}$有效(即输出2个脉冲)。但在此期间内,每当访问外部数据存储器时,这两次有效的$\overline{\text{PSEN}}$信号将不出现。

$\overline{\text{PSEN}}$端可驱动8个LS型TTL负载。

要检查一个89C51小系统上电后CPU能否正常工作,也可用示波器看$\overline{\text{PSEN}}$端有无脉冲输出。若有,则说明基本上工作正常。

ALE/$\overline{\text{PROG}}$(Address Latch Enable/Programming,引脚30):地址锁存允许信号端。当89C51上电正常工作后,ALE引脚不断向外输出正脉冲信号,此信号频率为振荡器频率f_{osc}的1/6。当CPU访问片外存储器时,ALE输出信号作为锁存低8位地址的控制信号。

平时不访问片外存储器时,ALE端也以振荡频率的1/6固定输出正脉冲,因而ALE信号可用作对外输出时钟或定时信号。如果想确认89C51芯片的好坏,可用示波器查看ALE端是否有脉冲信号输出。若有脉冲信号输出,则89C51基本上是好的。

ALE端的负载驱动能力为8个LS型TTL(低功耗甚高速TTL)负载。

此引脚的第2功能$\overline{\text{PROG}}$在对片内带有4 KB Flash ROM的89C51编程写入(固化程序)时,作为编程脉冲输入端。

$\overline{\text{EA}}/V_{PP}$(Enable Address/Voltagf Pulse of Programming,引脚31):外部程序存储器地址允许输入端/固化编程电压输入端。

当$\overline{\text{EA}}$引脚接高电平时,CPU只访问片内Flash ROM,并执行内部程序存储器中的指令;但当PC(程序计数器)的值超过0FFFH(对89C51为4 KB)时,将自动转去执行片外程序存储器内的程序。

当输入信号$\overline{\text{EA}}$引脚接低电平(接地)时,CPU只访问片外ROM,并执行片外程序存储器中的指令,而不管是否有片内程序存储器。然而需要注意的是,如果保密位LB1被编程,则复位时在内部会锁存$\overline{\text{EA}}$端的状态。

当$\overline{\text{EA}}$端保持高电平(接V_{cc}端)时,CPU则执行内部程序存储器中的程序。

在Flash ROM编程期间,该引脚也用于施加12 V的编程允许电源V_{PP}(如果选用12 V编程)。

4. 输入/输出端口 P0、P1、P2 和 P3

P0 端口(P0.0~P0.7,引脚39~32):P0是一个漏极开路的8位准双向I/O端口。它作为漏极开路的输出端口,每位能驱动8个LS型TTL负载。当P0作为输入口使用时,应先向口锁存器(地址80H)写入全1,此时P0口的全部引脚浮空,可作为高阻抗输入。作输入口使用时要先写1,这就是准双向的含义。

在CPU访问片外存储器(89C51片外EPROM或RAM)时,P0口分时提供低8位地址和8位数据的复用总线。在此期间,P0口内部上拉电阻有效。

在Flash ROM编程时,P0端口接收指令字节;而在校验程序时,则输出指令字节。验证时,要求外接上拉电阻。

P1 端口(P1.0~P1.7):P1是一个带有内部上拉电阻的8位双向I/O端口。其输出缓冲器可驱动(吸收或输出电流方式)4个TTL输入。对该端口写1时,通过内部上拉电阻把该端口拉到高电位,这时它可用作输入口。P1作为输入口使用时,因为有内部上拉电阻,那些被外部信号拉低的引脚会输出一个电流(I_{IL})。

在对 Flash ROM 编程和程序校验时,P1 接收低 8 位地址。

P2 端口(P2.0~P2.7):P2 是一个带有内部上拉电阻的 8 位双向 I/O 端口。其输出缓冲器可驱动(吸收或输出电流方式)4 个 TTL 输入。对该端口写 1 时,通过内部上拉电阻把该端口拉到高电位,这时它可用作输入口。P2 作为输入口使用时,因为有内部上拉电阻,那些被外部信号拉低的引脚会输出一个电流(I_{IL})。

在访问外部程序存储器和 16 位地址的外部数据存储器(如执行"MOVX @DPTR"指令)时,P2 送出高 8 位地址。在访问 8 位地址的外部数据存储器(如执行"MOVX @R1"指令)时,P2 引脚上的内容(就是专用寄存器(SFR)区中 P2 寄存器的内容),在整个访问期间不会改变。

在对 Flash ROM 编程和程序校验期间,P2 也接收高位地址和一些控制信号。

P3 端口(P3.0~P3.7):P3 是一个带内部上拉电阻的 8 位双向 I/O 端口。其输出缓冲器可驱动(吸收或输出电流方式)4 个 TTL 输入。对该端口写 1 时,通过内部上拉电阻把该端口拉到高电位,这时它可用作输入口。P3 作输入口使用时,因为有内部上拉电阻,那些被外部信号拉低的引脚会输出一个电流(I_{IL})。

在 89C51 中,P3 端口还用于一些复用功能。其复用功能如表 1.1 所列。

在对 Flash ROM 编程或程序校验时,P3 还接收一些控制信号。

表 1.1 P3 端口引脚与复用功能表

端口引脚	复用功能
P3.0	RXD(串行输入口)
P3.1	TXD(串行输出口)
P3.2	$\overline{INT0}$(外部中断 0)
P3.3	$\overline{INT1}$(外部中断 1)
P3.4	T0(定时器 0 的外部输入)
P3.5	T1(定时器 1 的外部输入)
P3.6	$\overline{WR}$(外部数据存储器写选通)
P3.7	$\overline{RD}$(外部数据存储器读选通)

图 1.4、图 1.5、图 1.6 和图 1.7 分别给出了 P0、P1、P2 和 P3 端口的 1 位结构。每个端口都是 8 位准双向口,共占 32 只引脚。每一条 I/O 线都能独立地用作输入或输出。每个端口都包括一个锁存器(即特殊功能寄存器 P0~P3)、一个输出驱动器和输入缓冲器。这些端口作输出时,数据可以锁存;作输入时,数据可以缓冲。但这 4 个通道的功能不完全相同,其内部结构也略有不同。

当 89C51 执行输出操作时,CPU 通过内部总线把数据写入锁存器。而 89C51 执行输入(读端口)操作却有两种方式:当执行的是读锁存器指令时,CPU 发出读锁存器信号,此时锁存器状态由触发器的 Q 端经锁存器上面的三态输入缓冲器 1 送入内部总线;当执行的是读端口引脚的指令时,CPU 发出读引脚控制信号,直接读取端口引脚上的外部输入信息,此时引脚状态经锁存器下面的三态输入缓冲器 2 送入内部总线。

在 89C51 无片外扩展存储器的系统中,这 4 个端口都可以作为准双向通用 I/O 口使用。在具有片外扩展存储器的系统中,P2 口送出高 8 位地址;P0 口为双向总线,分时送出低 8 位地址和数据的输入/输出。

89C51 单片机 4 个 I/O 端口的电路设计非常巧妙。熟悉 I/O 端口逻辑电路,不但有利于正确、合理地使用端口,而且对设计单片机外围逻辑电路也会有所启发。

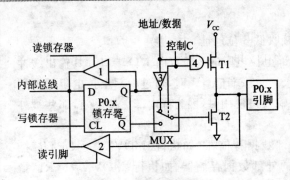
图 1.4 P0 口某位结构

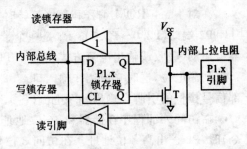
图 1.5 P1 口某位结构

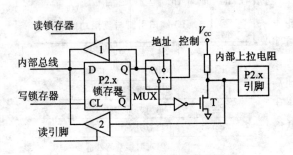
图 1.6 P2 口某位结构

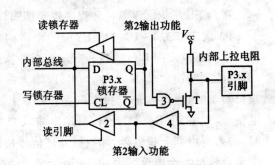
图 1.7 P3 口某位结构

1.3 单片机的存储器配置

89 系列单片机与 MCS-51 系列单片机一样,它与一般微机的存储器配置方式很不相同。一般微机通常只有一个地址空间,而 ROM 和 RAM 可以随意安排在一个地址范围内不同的空间,即 ROM 和 RAM 的地址同在一个队列中分配不同的地址空间。CPU 访问存储器时,一个地址对应唯一的存储器单元,可以是 ROM,也可以是 RAM,并用同类访问指令。此种存储器结构称为普林斯顿结构。

89C51 的存储器在物理结构上分为程序存储器空间和数据存储器空间,共有 4 个存储空间:片内程序存储器和片外程序存储器空间,以及片内数据存储器和片外数据存储器空间。这种程序存储器和数据存储器分开的结构形式,称为哈佛结构。但从用户使用的角度看,89C51 存储器地址空间分为以下 3 类:

- 片内、片外统一编址 0000H~FFFFH 的 64 KB 程序存储器地址空间(采用 16 位地址)。
- 64 KB 片外数据存储器地址空间,地址也在 0000H~FFFFH(采用 16 位地址)范围内编址。
- 256 字节数据存储器地址空间(采用 8 位地址)。

89C51 存储器空间配置如图 1.8 所示。

上述 3 个存储空间地址是重叠的,如何区别这 3 个不同的逻辑空间呢?89C51 的指令系统设计了不同的数据传送指令符号:CPU 访问片内、片外 ROM 用指令 MOVC,访问片外

RAM 或片外 I/O 接口用指令 MOVX,访问片内 RAM 用指令 MOV。

对于图 1.8 中的引脚信号 $\overline{\text{PSEN}}$,若 $\overline{\text{PSEN}}$ 有效,即能读出片外 ROM 中的指令。引脚信号 $\overline{\text{RD}}$ 和 $\overline{\text{WR}}$ 有效时可读/写片外 RAM 或片外 I/O 接口。

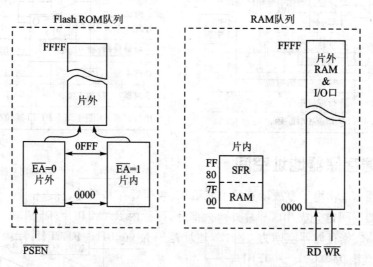

图 1.8 89C51/LV51 的存储器配置

1.3.1 程序存储器地址空间

89C51 存储器地址空间分为程序存储器(64 KB ROM)和数据存储器(64 KB RAM)。程序存储器用于存放编好的程序和表格常数。它通过 16 位程序计数器寻址,寻址能力为 64 KB。这使得指令能在 64 KB 地址空间内任意跳转,但不能使程序从程序存储器空间转移到数据存储器空间。

89C51 片内 Flash ROM 的容量为 4 KB,地址为 0000H~0FFFH;片外最多可扩至 64 KB ROM,地址为 1000H~FFFFH,片内外统一编址。

当引脚 $\overline{\text{EA}}$ 接高电平时,89C51 的程序计数器 PC 在 0000H~0FFFH 范围内(即前 4 KB 地址)执行片内 Flash ROM 中的程序;当指令地址超过 0FFFH 后,就自动转向片外 ROM 中去取指令。

程序存储器低地址的 40 多个单元是留给系统使用的,见表 1.2。

存储单元 0000H~0002H 用作 89C51 上电复位后引导程序的存放单元。因为 89C51 上电复位后程序计数器的内容为 0000H,所以 CPU 总是从 0000H 开始执行程序。如果在这 3 个单元中存有转移指令,那么程序就被引导到转移指令指定的 ROM 空间去执行。0003H~002AH 单元均匀地分为 5 段,每段 8 字节,用作 5 个中断服务程序的入口。

例如,当外部中断引脚 $\overline{\text{INT0}}$(P3.2)有效时,即引起中断申请,CPU 响应中断后自动将地址 0003H 装入 PC,程序就自动转向 0003H 单元开始执行。如果事先在 0003H~000AH 存有引导(转移)指令,程序就被引导(转移)到指定的中断服务程序空间去执行。这里,0003H 称为中断矢量地址。中断矢量地址如表 1.3 所列。

表 1.2　保留的存储单元

存储单元	保留目的
0000H~0002H	复位后初始化引导程序地址
0003H~000AH	外部中断 0
000BH~0012H	定时器 0 溢出中断
0013H~001AH	外部中断 1
001BH~0022H	定时器 1 溢出中断
0023H~002AH	串行端口中断
002BH	定时器 2 中断（89C52 才有）

表 1.3　中断矢量地址表

中断源	中断服务程序入口地址
外部中断 0（$\overline{INT0}$）	0003H
定时器/计数器 0 溢出	000BH
外部中断 1（$\overline{INT1}$）	0013H
定时器/计数器 1 溢出	001BH
串行口	0023H

1.3.2　数据存储器地址空间

数据存储器 RAM 用于存放运算的中间结果、数据暂存和缓冲、标志位等。

数据存储器空间也分成片内和片外两大部分，即片内 RAM 和片外 RAM。

89C51 片外数据存储器空间为 64 KB，地址范围为 0000H~FFFFH；片内存储器空间为 256 字节，地址范围为 0000H~00FFH。

1. 片外 RAM

如图 1.8 所示，片外数据存储器与片内数据存储器空间的低地址部分（0000H~00FFH）是重叠的。如何区别片内、片外 RAM 空间呢？89C51 有 MOV 和 MOVX 两种指令，用以区分片内、片外 RAM 空间。片内 RAM 使用 MOV 指令，片外 64 KB RAM 空间专为 MOVX 指令（使引脚 $\overline{RD}$ 或 $\overline{WR}$ 信号有效）所用。

89C51 单片机片内 RAM 只有 128 字节，89C52 也只有 256 字节。若需要扩展片外 RAM，则可外接 2 KB/8 KB/32 KB 的静态 RAM 芯片 6116/6264/62256。

图 1.9 是访问 2 KB 片外 RAM 时的硬件连接图。在这种情况下，CPU 执行片内 Flash ROM 中的指令（$\overline{EA}$ 接 V_{CC}）。P0 口用作 RAM 的地址/数据总线，P2 口中的 3 位也作为 RAM 的页地址。访问片外 RAM 期间，CPU 根据需要发送 $\overline{RD}$ 和 $\overline{WR}$ 信号。

外部数据存储器的寻址空间可达 64 KB。片外数据存储器的地址可以是 8 位或 16 位的。使用 8 位地址时，要连同另外一条或几条 I/O 线作为 RAM 的页地址，如图 1.9 所示。这时 P2 的部分引线可作为通用的 I/O 线。若采用 16 位地址，则由 P2 端口传送高 8 位地址。

2. 片内 RAM

片内数据存储器最大可寻址 256 个单元，它们又分为两部分：低 128 字节（00H~7FH）是真正的 RAM 区；高 128 字节（80H~FFH）为特殊功能寄存器（SFR）区。如图 1.10 所示。

高 128 字节和低 128 字节 RAM 中的配置及含义如图 1.11 和图 1.12 所示。

1) 低 128 字节 RAM

89C51 的 32 个工作寄存器与 RAM 安排在同一个队列空间中，统一编址并使用同样的寻址方式（直接寻址和间接寻址）。

00H~1FH 地址安排为 4 组工作寄存器区，每组有 8 个工作寄存器（R0~R7），共占 32 个单元，见表 1.4。通过对程序状态字 PSW 中 RS1、RS0 的设置，每组寄存器均可选作 CPU 的当前工作寄存器组。若程序中并不需要4组,那么其余可用作一般RAM单元。CPU复位后,选中第0组寄存器为当前的工作寄存器。

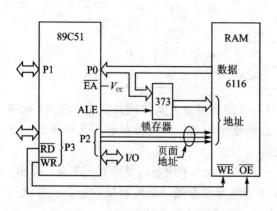

图1.9　89C51外扩片外RAM接法

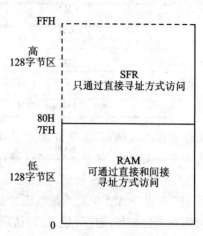

图1.10　片内数据存储器的配置

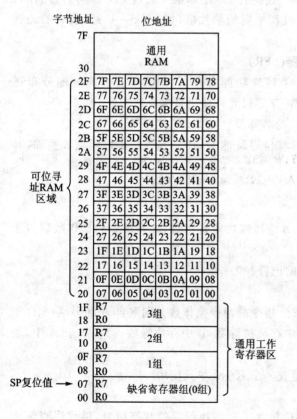

图1.11　低128字节RAM区

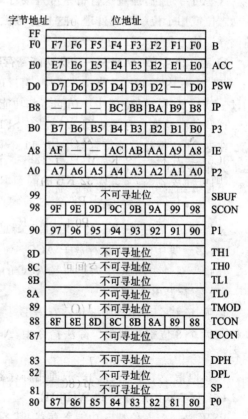

图1.12　高128字节RAM区(SFR区,特殊功能寄存器区)

表 1.4 工作寄存器地址表

组	RS1	RS0	R0	R1	R2	R3	R4	R5	R6	R7
0	0	0	00H	01H	02H	03H	04H	05H	06H	07H
1	0	1	08H	09H	0AH	0BH	0CH	0DH	0EH	0FH
2	1	0	10H	11H	12H	13H	14H	15H	16H	17H
3	1	1	18H	19H	1AH	1BH	1CH	1DH	1EH	1FH

工作寄存器区的后 16 字节单元(20H～2FH),可用位寻址方式访问其各位。在 89 系列单片机的指令系统中,还包括许多位操作指令,这些位操作指令可直接对这 128 位寻址。这 128 位的位地址为 00H～7FH,其位地址分布见图 1.11。

低 128 字节 RAM 单元地址范围也是 00H～7FH,89C51 采用不同寻址方式来加以区分,即访问 128 个位地址用位寻址方式,访问低 128 字节单元用直接寻址和间接寻址。这样就可以区分开 00H～7FH 是位地址还是字节地址。

这些可寻址位,通过执行指令可直接对某一位操作,如置 1、清 0 或判 1、判 0 等,可用作软件标志位或用于位(布尔)处理。这是一般微机和早期的单片机(如 MCS-48)所没有的。这种位寻址能力是 89C51 的一个重要特点。

2) 高 128 字节 RAM——特殊功能寄存器(SFR)

89C51 片内高 128 字节 RAM 中,有 21 个特殊功能寄存器(SFR),它们离散地分布在 80H～FFH 的 RAM 空间中。访问特殊功能寄存器只允许使用直接寻址方式。

这些特殊功能寄存器见图 1.12。各 SFR 的名称及含义如表 1.5 所列。

在这 21 个特殊功能寄存器中,有 11 个具有位寻址能力,其字节地址正好能被 8 整除,其地址分布见表 1.5。

下面介绍部分特殊功能寄存器。

(1) 累加器 ACC(E0H)

累加器 ACC 是 89C51 最常用、最忙碌的 8 位特殊功能寄存器,许多指令的操作数取自于 ACC,许多运算中间结果也存放于 ACC。

在指令系统中用 A 作为累加器 ACC 的助记符。

(2) 寄存器 B(F0H)

在乘、除指令中用到了 8 位寄存器 B。乘法指令的两个操作数分别取自 A 和 B,乘积存于 B 和 A 两个 8 位寄存器中。除法指令中,A 中存放被除数,B 中存放除数;商存放于 A 中,余数存放于 B 中。

在其他指令中,B 可作为一般通用寄存器或一个 RAM 单元使用。

(3) 程序状态寄存器 PSW(D0H)

PSW 是一个 8 位特殊功能寄存器,其各位包含了程序执行后的状态信息,供程序查询或判别之用。

各位的含义及其格式如表 1.6 所列。

PSW 除有确定的字节地址(D0H)外,每一位均有位地址,见表 1.6。

表 1.5 特殊功能寄存器(SFR)地址表

D7			位地址			D0	字节地址	SFR	寄存器名
P0.7	P0.6	P0.5	P0.4	P0.3	P0.2	P0.1	P0.0	80	P0*	P0端口
87	86	85	84	83	82	81	80			
								81	SP	堆栈指针
								82	DPL	数据指针
								83	DPH	
SMOD								87	PCON	电源控制
TF1	TR1	TF0	TR0	IE1	IT1	IE0	IT0	88	TCON*	定时器控制
8F	8E	8D	8C	8B	8A	89	88			
GATE	C/T	M1	M0	GATE	C/T	M1	M0	89	TMOD	定时器模式
								8A	TL0	T0低字节
								8B	TL1	T1低字节
								8C	TH0	T0高字节
								8D	TH1	T1高字节
P1.7	P1.6	P1.5	P1.4	P1.3	P1.2	P1.1	P1.0	90	P1*	P1端口
97	96	95	94	93	92	91	90			
SM0	SM1	SM2	REN	TB8	RB8	TI	RI	98	SCON*	串行口控制
9F	9E	9D	9C	9B	9A	99	98			
								99	SBUF	串行口数据
P2.7	P2.6	P2.5	P2.4	P2.3	P2.2	P2.1	P2.0	A0	P2*	P2端口
A7	A6	A5	A4	A3	A2	A1	A0			
EA			ES	ET1	EX1	ET0	TX0	A8	IE*	中断允许
AF	—	—	AC	AB	AA	A9	A8			
P3.7	P3.6	P3.5	P3.4	P3.3	P3.2	P3.1	P3.0	B0	P3v	P3端口
B7	B6	B5	B4	B3	B2	B1	B0			
—	—	—	PS	PT1	PX1	PT0	PX0	B8	IP*	中断优先权
			BC	BB	BA	B9	B8			
CY	AC	F0	RS1	RS0	OV	—	P	D0	PSW*	程序状态字
D7	D6	D5	D4	D3	D2	D1	D0			
								E0	A*	A累加器
E7	E6	E5	D4	E3	E2	E1	E0			
								F0	B*	B寄存器
F7	F6	F5	F4	F3	F2	F1	F0			

注: * SFR 既可按位寻址,也可直接按字节寻址。

表 1.6 PSW 程序状态字

PSW (D0H)	D7	D6	D5	D4	D3	D2	D1	D0	
	CY	AC	F0	RS1	RS0	OV	—	P	位地址
	进、借	辅进	用户标定	寄存器组选择		溢出	保留	奇/偶	位名称
									位意义

第1章 单片机的硬件结构和原理

对表1.6中各位说明如下：

① CY(PSW.7)：进位标志位。在执行加法(或减法)运算指令时，如果运算结果最高位(位7)向前有进位(或借位)，则CY位由硬件自动置1；如果运算结果最高位无进位(或借位)，则CY清0。CY也是89C51在进行位操作(布尔操作)时的位累加器，在指令中用C代替CY。

② AC(PSW.6)：半进位标志位，也称辅助进位标志。当执行加法(或减法)操作时，如果运算结果(和或差)的低半字节(位3)向高半字节有半进位(或借位)，则AC位将由硬件自动置1；否则AC自动清0。

③ F0(PSW.5)：用户标志位。用户可以根据自己的需要对F0位赋予一定的含义，由用户置位或复位，以作为软件标志。

④ RS0和RS1(PSW.3和PSW.4)：工作寄存器组选择控制位。这两位的值可决定选择哪一组工作寄存器为当前工作寄存器组。通过用户用软件改变RS1和RS0值的组合，以切换当前选用的工作寄存器组。其组合关系如表1.7所列。

89C51上电复位后，RS1＝RS0＝0，CPU自动选择第0组为当前工作寄存器组。

根据需要，可利用传送指令对PSW整字节操作或用位操作指令改变RS1和RS0的状态，以切换当前工作寄存器组。这样的设置为程序中保护现场提供了方便。

表1.7 RS0、RS1的组合关系

RS1	RS0	寄存器组	片内RAM地址
0	0	第0组	00H～07H
0	1	第1组	08H～0FH
1	0	第2组	10H～17H
1	1	第3组	18H～1FH

⑤ OV(PSW.2)：溢出标志位。当进行补码运算时，若有溢出，即当运算结果超出－128～＋127的范围时，OV位由硬件自动置1；无溢出时，OV＝0。

⑥ PSW.1：保留位。89C51未用，89C52为F1用户标志位。

⑦ P(PSW.0)：奇偶校验标志位。每条指令执行完后，该位始终跟踪指示累加器A中1的个数。若结果A中有奇数个1，则置P＝1；否则P＝0。常用于校验串行通信中的数据传送是否出错。

(4) 堆栈指针SP(81H)

堆栈指针SP为8位特殊功能寄存器，其内容可指向89C51片内00H～7FH RAM的任何单元。系统复位后，SP初始化为07H，即指向07H的RAM单元。

下面介绍一下堆栈的概念。

89C51同一般微处理器一样，设有堆栈。即在片内RAM中专门开辟出来一个区域，数据的存取是以"后进先出"的结构方式处理的，好像冲锋枪压入子弹。这种数据结构方式对于处理中断，调用子程序都非常方便。

堆栈的操作有两种：一种叫数据压入(PUSH)，另一种叫数据弹出(POP)。在图1.13中，假若有8个RAM单元，每个单元都在其右面编有地址，栈顶由堆栈指针SP自动管理。每次进行压入或弹出操作以后，堆栈指针便自动调整以保持指示堆栈顶部的位置。这些操作可用图1.13说明。

在使用堆栈之前，先给SP赋值，以规定堆栈的起始位置，称为栈底。当数据压入堆栈后，SP自动加1，即RAM单元地址加1以指出当前栈顶位置。89C51的这种堆栈结构属于向上生长型的堆栈(另一种属于向下生长型的堆栈)。

第 1 章 单片机的硬件结构和原理

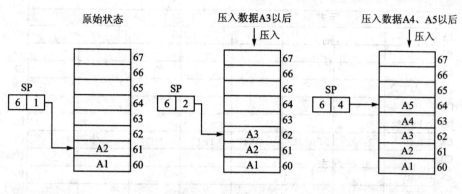

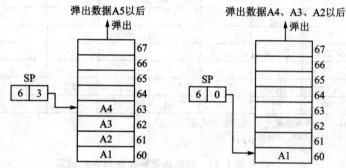

图 1.13 堆栈的压入与弹出

89C51 的堆栈指针 SP 是一个双向计数器。进栈时,SP 内容自动增值,出栈时自动减值。存取信息必须按"后进先出"或"先进后出"的规则进行。

(5) 数据指针 DPTR(83H,82H)

DPTR 是一个 16 位特殊功能寄存器,其高位字节寄存器用 DPH 表示(地址 83H),低位字节寄存器用 DPL 表示(地址 82H)。

DPTR 既可以作为一个 16 位寄存器来处理,也可以作为两个独立的 8 位寄存器 DPH 和 DPL 使用。

DPTR 主要用于存放 16 位地址,以便对 64 KB 片外 RAM 作间接寻址。

(6) I/O 端口 P0~P3(80H,90H,A0H,B0H)

P0~P3 为 4 个 8 位特殊功能寄存器,是 4 个并行 I/O 端口的锁存器。它们都有字节地址,每一个端口锁存器还有位地址,所以,每一条 I/O 线均可独立用作输入或输出。

用作输出时,可以锁存数据;

用作输入时,数据可以缓冲。

除 21 个 SFR 以外,还有一个 16 位的 PC,称为程序计数器,这在 1.1.2 节中曾提到过。它是不可寻址的。

图 1.14 所示为各个 SFR 所在的字节地址位置。空格部分为未来设计新型芯片可定义的 SFR 位置。

F8								FF
F0	B							F7
E8								EF
E0	ACC							E7
D8								DF
D0	PSW*							D7
C8	T2CON*+	T2MOD+	RCAP2L+	RCAP2H+	TL2+	TH2+		CF
C0								C7
B8	IP							BF
B0	P3							B7
A8	IE*							AF
A0	P2							A7
98	SCON*	SBUF						9F
90	P1							97
88	TCON*	TMOD*	TL0	TL1	TH0	TH1		8F
80	P0	SP	DPL	DPH			PCON*	87

注：* 特殊功能寄存器改变方式或控制位；
　　+ 仅89C52存在。

图 1.14　特殊功能寄存器 SFR 的位置

1.4　时钟电路

89C51 系列单片机与微机一样，从 Flash ROM 中取指令和执行指令过程中的各种微操作，都是按着节拍有序地工作的。就像一个交响乐团演奏一首乐曲一样，按着指挥棒的节拍进行。89C51 单片机片内有一个节拍发生器，即片内振荡脉冲电路。

89C51 单片机内部有一个高增益反相放大器，用于构成振荡器。反相放大器的输入端为 XTAL1，输出端为 XTAL2，两端跨接石英晶体及两个电容即可构成稳定的自激振荡器。电容器 C_1 和 C_2 通常取 30 pF 左右，可稳定频率并对振荡频率有微调作用。晶体振荡器的脉冲频率 f_{osc} 的范围为 0～24 MHz。

振荡信号从 XTAL2 端输入到片内的时钟发生器上，如图 1.15 所示。

1. 节拍与状态周期

时钟发生器是一个 2 分频的触发器电路，它将振荡器的信号频率 f_{osc} 除以 2，向 CPU 提供两相时钟信号 P1 和 P2。时钟信号的周期称为机器状态周期 S(STATE)，是振荡周期的 2 倍。在每个时钟周期（即机器状态周期 S）的前半周期，相位 1(P1) 信号有效，在每个时钟周期的后半周期，相位 2(P2，节拍 2) 信号有效。

每个时钟周期（以后常称状态 S）有两个节拍（相）P1 和 P2，CPU 就以两相时钟 P1 和 P2 为基本节拍指挥 89C51 单片机各个部件协调地工作。

2. 机器周期和指令周期

计算机的一条指令由若干个字节组成。执行一条指令需要多长时间则以机器周期为单

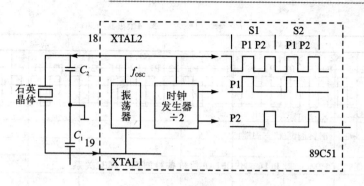

图 1.15　89C51 的片内振荡器及时钟发生器

位。一个机器周期是指 CPU 访问存储器一次(例如取指令、读存储器、写存储器等)所需要的时间。有的微处理器系统对机器周期按其功能来命名。

89C51 的一个机器周期包括 12 个振荡周期,分为 6 个 S 状态:S1~S6。每个状态又分为两拍,称为 P1 和 P2。因此,一个机器周期中的 12 个振荡周期表示为 S1P1、S1P2、S2P1、…、S6P2。若采用频率为 6 MHz 晶体振荡器,则每个机器周期恰为 2 μs。

每条指令都由一个或几个机器周期组成。在 89C51 系统中,有单周期指令、双周期指令和 4 周期指令。4 周期指令只有乘、除两条指令,其余都是单周期或双周期指令。

指令的运算速度与其机器周期数直接相关,机器周期数较少则执行速度快。在编程时要注意选用具有同样功能而机器周期数少的指令。

3. 基本时序定时单位

综上所述,89C51 或其他 80C51 单片机的基本时序定时单位有如下 4 个。

- 振荡周期:晶振的振荡周期,为最小的时序单位。
- 状态周期:振荡频率经单片机内的二分频器分频后提供给片内 CPU 的时钟周期。因此,一个状态周期包含 2 个振荡周期。
- 机器周期(MC):1 个机器周期由 6 个状态周期即 12 个振荡周期组成,是单片机执行一种基本操作的时间单位。
- 指令周期:执行一条指令所需的时间。一个指令周期由 1~4 个机器周期组成,依据指令不同而不同,见附录 A。

4 种时序单位中,振荡周期和机器周期是单片机内计算其他时间值(例如,波特率、定时器的定时时间等)的基本时序单位。下面是单片机外接晶振频率为 12 MHz 时各种时序单位的大小。

$$振荡周期 = \frac{1}{f_{\text{OSC}}} = \frac{1}{12 \text{ MHz}} = 0.0833 \text{ μs}$$

$$状态周期 = \frac{2}{f_{\text{OSC}}} = \frac{2}{12 \text{ MHz}} = 0.167 \text{ μs}$$

$$机器周期 = \frac{12}{f_{\text{OSC}}} = \frac{12}{12 \text{ MHz}} = 1 \text{ μs}$$

$$指令周期 = (1 \sim 4)机器周期 = 1 \sim 4 \text{ μs}$$

4 个时序单位从小到大依次是节拍(振荡脉冲周期,$1/f_{\text{OSC}}$)、状态周期(时钟周期)、机器周期和指令周期,如图 1.16 所示。

第1章 单片机的硬件结构和原理

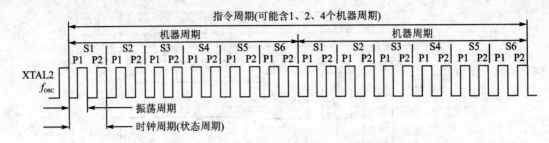

图 1.16　89C51 单片机各种周期的相互关系

1.5 复位操作

1.5.1 复位操作的主要功能

89C51 系列单片机与其他微处理器一样,在启动时都需要复位使 CPU 及系统各部件处于确定的初始状态,并从初态开始工作。89C51 系列单片机的复位信号是从 RST 引脚输入到芯片内的施密特触发器中的。当系统处于正常工作状态,且振荡器稳定后(如 RST 引脚上有一个高电平,并维持 2 个机器周期(24 个振荡周期)),则 CPU 就可以响应并将系统复位。

复位是单片机的初始化操作。其主要功能是把 PC 初始化为 0000H,使单片机从 0000H 单元开始执行程序。除了进入系统的正常初始化之外,当由于程序运行出错或操作错误使系统处于死锁状态时,为摆脱困境,也须按复位键重新启动。

除 PC 之外,复位操作还对其他一些寄存器有影响,它们的复位状态如表 1.8 所列。即在 SFR 中,除了端口锁存器、堆栈指针 SP 和串行口的 SBUF 外,其余的寄存器全部清 0,端口锁存器的复位值为 0FFH,堆栈指针值为 07H,SBUF 内为不定值。内部 RAM 的状态不受复位的影响,在系统上电时,RAM 的内容是不定的。

表 1.8 中的符号意义如下:

- A=00H:表明累加器已清 0。
- PSW=00H:表明选寄存器 0 组为工作寄存器组。
- SP=07H:表明堆栈指针指向片内 RAM 07H 字节单元,根据堆栈操作的先加后压法则,第一个被压入的数据被写入 08H 单元中。
- P0~P3=FFH:表明已向各端口线写入 1,此时,各端口既可用于输入,又可用于输出。
- IP=×××00000B:表明各个中断源处于低优先级。
- IE=0××00000B:表明各个中断均关断。
- TMOD=00H:表明 T0 和 T1 均为工作方式 0,且运行于定时器状态。
- TCON=00H:表明 T0 和 T1 均被关断。
- SCON=00H:表明串行口处于工作方式 0,允许发送,不允许接收。
- PCON=00H:表明 SMOD=0,波特率不加倍。

值得指出的是,记住一些特殊功能寄存器复位后的主要状态,对熟悉单片机操作,减短应用程序中的初始化部分是十分必要的。

表1.8 各特殊功能寄存器的复位值

专用寄存器	复位值	专用寄存器	复位值
PC	0000H	TCON	00H
ACC	00H	T2CON(AT89C52)	00H
B	00H	TH0	00H
PSW	00H	TL0	00H
SP	07H	TH1	00H
DPTR	0000H	TL1	00H
P0~P3	FFH	TH2(AT89C52)	00H
IP(AT89C51)	×××00000B	TL2(AT89C52)	00H
IP(AT89C52)	××000000B	RCAP2H(AT89C52)	00H
IE(AT89C51)	0××00000B	RCAP2L(AT89C52)	00H
IE(AT89C52)	0×000000B	SCON	00H
TMOD	00H	SBUF	不定
T2MOD(AT89C52)	×××××00B	PCON(CHMOS)	0×××0000B

注:"×"为随机状态。

1.5.2 复位电路

复位操作有上电自动复位和按键手动复位两种方式。

1. 上电自动复位

上电自动复位是在加电瞬间电容通过充电来实现的,其电路如图1.17(a)所示。在通电瞬间,电容C通过电阻R充电,RST端出现正脉冲,用以复位。只要电源V_{CC}的上升时间不超过1 ms,就可以实现自动上电复位,即接通电源就完成了系统的复位初始化。

对于CMOS型的89C51,由于在RST端内部有一个下拉电阻,故可将外部电阻去掉,而将外接电容减至1 μF。

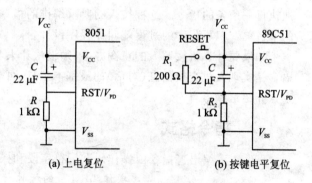

(a) 上电复位   (b) 按键电平复位

图1.17 复位电路

2. 手动复位

所谓手动复位,是指通过接通一按钮开关,使单片机进入复位状态。系统上电运行后,若需要复位,一般是通过手动复位来实现的。通常采用手动复位和上电自动复位组合,其电路如图1.17(b)所示。

复位电路虽然简单,但其作用非常重要。一个单片机系统能否正常运行,首先要检查是否能复位成功。初步检查可用示波器探头监视RST引脚,按下复位键,观察是否有足够幅度的波形输出(瞬时的);还可以通过改变复位电路阻容值进行实验。

第 2 章

单片机指令系统及汇编语言程序设计

一台计算机只有硬件(称为裸机)是不能工作的,必须配备各种功能的软件,才能发挥其运算、测控等功能,而软件中最基本的就是指令系统。不同类型的 CPU 有不同的指令系统。本章将介绍 89C51 系列单片机汇编语言及其指令系统(与 MCS-51 完全兼容)。

2.1 汇编语言

2.1.1 指令和程序设计语言

指令是 CPU 根据人的意图来执行某种操作的命令。一台计算机所能执行的全部指令的集合称为这个 CPU 的指令系统。指令系统的功能强弱在很大程度上决定了这类计算机智能的高低。89C51 单片机指令系统的功能很强,例如,它有乘、除法指令,丰富的条件转移类指令,并且使用方便、灵活。

要使计算机按照人的思维完成一项工作,就必须让 CPU 按顺序执行各种操作,即一步步地执行一条条的指令。这种按人的要求编排的指令操作序列称为程序。程序就好像一个晚会的节目单。编写程序的过程就叫作程序设计。

如果要计算机按照人的意图办事,须设法让人与计算机对话,并听从人的指挥。程序设计语言是实现人机交换信息(对话)的最基本工具,可分为机器语言、汇编语言和高级语言。本章重点介绍汇编语言。

2.1.2 指令格式

89C51 汇编语言指令由操作码助记符字段和操作数字段两部分组成。指令格式如下:

操作码 〔目的操作数〕〔,源操作数〕

例如:MOV A,♯00H

操作码:规定指令所实现的操作功能,由 2~5 个英文字母表示。例如,JB、MOV、DJNZ 和 LCALL 等。

操作数:指出参与操作的数据来源和操作结果存放的目的单元。操作数可以直接是一个数(立即数),或者是一个数据所在的空间地址,即在执行指令时从指定的地址空间取出操作数。

操作码和操作数都有对应的二进制代码,指令代码由若干字节组成。对于不同的指令,指令的字节数不同。89C51 指令系统中,有单字节、双字节或三字节指令。下面分别加以说明。

1. 单字节指令

单字节指令中的 8 位二进制代码既包含操作码的信息,也包含操作数的信息。这种指令有两种情况。

1) 指令码中隐含着对某一个寄存器的操作

例如,数据指针 DPTR 加 1 指令"INC DPTR",由于操作的内容和唯一的对象 DPTR 寄存器只用 8 位二进制代码表示,其指令代码为 A3H,格式为:

| 1 | 0 | 1 | 0 | 0 | 0 | 1 | 1 |

2) 由指令码中的 rrr 三位的不同编码指定某一个寄存器

例如,工作寄存器向累加器 A 传送数据指令"MOV A,Rn",其指令码格式为:

| 1 | 1 | 1 | 0 | 1 | r | r | r |

其中,高 5 位为操作内容——传送;最低 3 位 rrr 的不同组合编码用来表示从哪一个寄存器(R0~R7)取数,故一字节就够了。89C51 单片机共有 49 条单字节指令。

2. 双字节指令

用一字节表示操作码,另一字节表示操作数或操作数所在的地址。其指令格式为:

| 操作码 | 立即数或地址 |

89C51 单片机有 45 条双字节指令。

3. 三字节指令

一字节表示操作码,两字节表示操作数。其指令格式如下:

| 操作码 | 立即数或地址 | 立即数或地址 |

89C51 单片机共有三字节指令 17 条,占全部 111 条指令的 15%。

2.2 寻址方式

所谓寻址方式,就是如何找到存放操作数的地址,把操作数提取出来的方法。它是计算机的重要性能指标之一,也是汇编语言程序设计中最基本的内容之一,必须十分熟悉,牢固掌握。

89C51 单片机寻址方式共有 7 种:寄存器寻址、直接寻址、立即数寻址、寄存器间接寻址、变址寻址、相对寻址、位寻址。

2.2.1 7 种寻址方式

1. 寄存器寻址

寄存器寻址就是由指令指出寄存器组 R0~R7 中某一个或其他寄存器(A、B、DPTR 等)的内容作为操作数。例如:

```
MOV  A,R0      ;(R0)→A
MOV  P1,A      ;(A)→P1 口
ADD  A,R0      ;(A)+(R0)→A
```

指令中给出的操作数是一个寄存器名称,在此寄存器中存放着真正被操作的对象。寄存器的识别由操作码的低3位完成。其对应关系如表2.1所列。

表2.1 低3位操作码与寄存器Rn的对应关系

低3位 rrr	000	001	010	011	100	101	110	111
寄存器 Rn	R0	R1	R2	R3	R4	R5	R6	R7

例如,"INC Rn"的指令机器码格式为00001rrr。若rrr=010B,则Rn=R2,即

INC R2;(R2)+1→R2

该指令的功能为:将R2工作寄存器的内容加1后送回R2。如果(R2)=24H,则选定的工作寄存器组为第1组(RS1RS0=01B)。该指令的执行过程如图2.1所示。

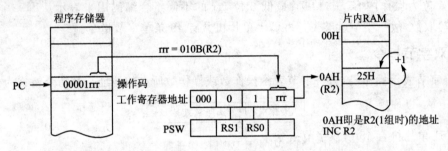

图2.1 寄存器寻址方式

2. 直接寻址

指令中所给出的操作数是片内RAM单元的地址。在这个地址单元中存放一个被操作的数。例如:

MOV A,40H ;(40H)→A

即内部RAM 40H单元的内容送入累加器A。设(40H)=0FFH,该指令的执行过程如图2.2所示。

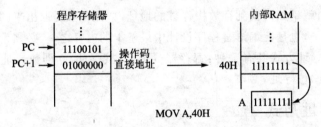

图2.2 直接寻址方式

在89C51中,使用直接寻址方式可访问片内RAM的128个单元以及所有的特殊功能寄存器(SFR)。对于特殊功能寄存器,既可以使用其地址,也可以使用其名字。

3. 立即数寻址

指令操作码后面紧跟的是一字节或两字节操作数,用"♯"号表示,以区别直接地址。例如:

```
MOV   A,3AH      ;(3AH)→A
MOV   A,#3AH     ;3AH→A
```

前者表示把片内 RAM 中 3AH 这个单元的内容送累加器 A,而后者则是把 3AH 这个数本身送累加器 A。应注意注释字段中加圆括号与不加圆括号的区别。

89C51 有一条指令要求操作码后面紧跟的是两字节立即数,即

```
MOV   DPTR,#DATA16
```

4. 寄存器间接寻址

操作数的地址事先存放在某个寄存器中,寄存器间接寻址是把指定寄存器的内容作为地址,由该地址所指定的单元内容作为操作数。89C51 规定 R0 或 R1 为间接寻址寄存器,可寻址内部 RAM 低位地址的 128 字节单元内容。还可采用数据指针(DPTR)作为间接寻址寄存器,寻址外部数据存储器的 64 KB 空间,但不能用这种寻址方式寻址特殊功能寄存器。

例如,将片内 RAM 65H 单元的内容 47H 送 A,可执行指令"MOV A,@R0",其中 R0 中内容为 65H。

指令的执行过程为:当程序执行到本指令时,以指令中所指定的工作寄存器 R0 内容(65H)为指针,将片内 RAM 65H 单元的内容 47H 送累加器 A,如图 2.3 所示。

在访问片内 RAM 低 128 字节和片外 RAM 低地址的 256 个单元时,用 R0 或 R1 作地址指针;在访问全部 64 KB 外部 RAM 时,使用 DPTR 作地址指针进行间接寻址。

5. 变址寻址(基址寄存器+变址寄存器间接寻址)

变址寻址是以某个寄存器的内容为基地址,然后在这个基地址的基础上加上地址偏移量形成真正的操作数地址。89C51 中没有专门的变址寄存器,而是采用数据指针 DPTR 或 PC 为变址寄存器,地址偏移量是累加器 A 的内容,以 DPTR 或 PC 的内容与累加器 A 的内容之和作为操作数的 16 位程序存储器地址。在 89C51 中,用变址寻址方式只能访问程序存储器,访问的范围为 64 KB。当然,这种访问只能从 ROM 中读取数据而不能写入。例如:

```
MOVC  A,@A+DPTR      ;((A)+(DPTR))→A
```

其操作如图 2.4 所示。这种寻址方式多用于查表操作。

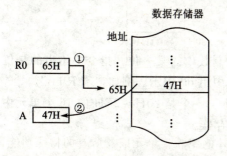

图 2.3　间接寻址(MOV A,@R0)示意图

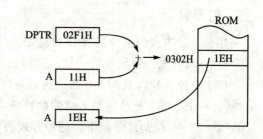

图 2.4　变址寻址(MOVC A,@A+DPTR)示意图

6. 相对寻址

相对寻址只出现在相对转移指令中。相对转移指令执行时,是以当前的 PC 值加上指令中规定的偏移量 rel 而形成实际的转移地址。这里所说的 PC 当前值是执行完相对转移指令后的 PC 值。一般将相对转移指令操作码所在的地址称为源地址,转移后的地址称为目的地址。于是有:

$$目的地址 = 源地址 + 2(相对转移指令字节数) + rel$$

89C51 指令系统中既有双字节的,也有三字节的。双字节的相对转移指令有 "SJMP rel" 和 "JC rel" 等。

例如,执行指令 "JC rel",设 rel = 75H,CY = 1。

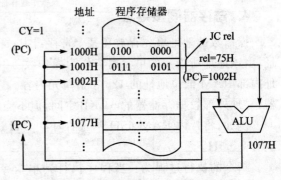

图 2.5 相对寻址(JC 75H)示意图

这是一条以 CY 为条件的转移指令。因为 "JC rel" 指令是双字节指令,当 CPU 取出指令的第 2 个字节时,PC 的当前值已是原 PC 内容加 2。由于 CY = 1,所以程序转向(PC)+ 75H 单元去执行。其执行过程如图 2.5 所示。

相对转移指令 "JC rel" 的源地址为 1000H,转移的目标地址是 1077H。

在实际中,经常需要根据已知的源地址和目的地址计算偏移量 rel,其值为 $-128 \sim +127$。相对转移分为正向跳转和反向跳转两种情况。以双字节相对转移指令为例,正向跳转时,

$$rel = 目的地址 - 源地址 - 2$$
$$= 地址差 - 2$$

而反向跳转时,目的地址小于源地址,rel 应用负数的补码表示,即

$$rel = (目的地址 - (源地址 + 2))_{补}$$
$$= FFH - (源地址 + 2 - 目的地址) + 1$$
$$= 100H - (源地址 + 2 - 目的地址)$$
$$= FEH - |地址差|$$

7. 位寻址

采用位寻址方式的指令的操作数将是 8 位二进制数中的某一位。指令中给出的是位地址,即片内 RAM 某一单元中的一位。位地址在指令中用 bit 表示。例如,"CLR bit"。

89C51 单片机片内 RAM 有两个区域可以位寻址:一个是 20H~2FH 的 16 个单元中的 128 位,另一个是字节地址能被 8 整除的特殊功能寄存器。

在 89C51 中,位地址常用下列两种方式表示:

- 直接使用位地址。对于 20H~2FH 的 16 个单元共 128 位的位地址分布是 00H~7FH。例如,20H 单元的 0~7 位位地址是 00H~07H,而 21H 的 0~7 位位地址是 08H~0FH……依此类推。
- 对于特殊功能寄存器,可以直接用寄存器名字加位数表示,如 PSW.3 等。

2.2.2 寻址空间及符号注释

1. 寻址空间

表 2.2 概括了每种寻址方式可涉及的存储器空间。

表 2.2 操作数寻址方式和有关空间

寻址方式	源操作数寻址空间	指令
立即数寻址	程序存储器 ROM 中	MOV A,#55H
直接寻址	片内 RAM 低 128 字节 特殊功能寄存器 SFR	MOV A,#55H
寄存器寻址	工作寄存器 R0～R7 A、B、C、DPTR	MOV 55H,R3
寄存器间接寻址	片内 RAM 低 128 字节[@R0,@R1,SP(仅 PUSH,POP)] 片外 RAM(@R0,@R1,@DPTR)	MOV A,@R0 MOVX A,@DPTR
变址寻址	程序存储器(@A+PC,@A+DPTR)	MOVC A,@A+DPTR
相对寻址	程序存储器 256 字节范围(PC+偏移量)	SJMP 55H
位寻址	片内 RAM 的 20H～2FH 字节地址 部分特殊功能寄存器	CLR C SETB 00H

2. 寻址方式中常用符号注释

Rn(n=0～7)　　当前选中的工作寄存器组 R0～R7。它在片内数据存储器中的地址由 PSW 中 RS1 和 RS0 确定,可以是 00H～07H(第 0 组)、08H～0FH(第 1 组)、10H～17H(第 2 组)或 18H～1FH(第 3 组)见表 1.4。

Ri(i=0,1)　　当前选中的工作寄存器组中可作为地址指针的两个工作寄存器 R0 和 R1。它在片内数据存储器中的地址由 RS1 和 RS0 确定,分别为 00H、01H、08H、09H、10H、11H 和 18H、19H,见表 1.4。

#data　　8 位立即数,即包含在指令中的 8 位常数。

#data16　　16 位立即数,即包含在指令中的 16 位常数。

direct　　8 位片内 RAM 单元(包括 SFR)的直接地址。

addr11　　11 位目的地址,用于 ACALL 和 AJMP 指令中。目的地址必须在与下一条指令地址相同的 2 KB 程序存储器地址空间之内。

addr16　　16 位目的地址,用于 LCALL 和 LJMP 指令中。目的地址在 64 KB 程序存储器地址空间之内。

rel　　补码形式的 8 位地址偏移量,以下一条指令第一字节地址为基值。地址偏移量在 −128～+127 范围内。

bit　　片内 RAM 或 SFR 的直接寻址位地址。

@　　间接地址方式中,表示间址寄存器的符号。

/　　位操作指令中,表示对该位先取反再参与操作,但不影响该位原值。

(×)　　×中的内容。

((×))　　由×指出的地址单元中的内容。

→　　指令操作流程,将箭头左边的内容送入箭头右边的单元。

2.3 单片机的指令系统

89C51指令系统由111条指令组成。其中,单字节指令49条,双字节指令45条,三字节指令仅17条。从指令执行时间来看,单周期指令64条,双周期指令45条,只有乘、除两条指令执行时间为4个周期。该指令系统有255种指令代码,使用汇编语言只要熟悉42种助记符即可。因此,89C51的指令系统简单易学,使用方便。

89C51指令系统可分为5大类:
➢ 数据传送指令(28条);
➢ 算术运算指令(24条);
➢ 逻辑运算及移位指令(25条);
➢ 控制转移指令(17条);
➢ 位操作指令或布尔操作(17条)。

2.3.1 数据传送指令

CPU在进行算术和逻辑运算时,总需要有操作数。所以,数据的传送是一种最基本、最主要的操作。在通常的应用程序中,传送指令占有极大的比例。数据传送是否灵活、迅速,对整个程序的编写和执行都起着很大的作用。89C51为用户提供了极其丰富的数据传送指令,功能很强。特别是直接寻址的传送,可旁路工作寄存器或累加器,以提高数据传送的速度和效率。

所谓"传送",是把源地址单元的内容传送到目的地址单元中,而源地址单元内容不变;或者源、目的单元内容互换。

MOV是传送(MOVE,移动)指令的操作助记符。这类指令的功能是,将源字节的内容传送到目的字节,源字节的内容不变。

1. 以累加器A为目的操作数的指令(4条,即4种寻址方式)

```
MOV  A,Rn      ;(Rn)→A
MOV  A,direct  ;(direct)→A
MOV  A,@Ri     ;((Ri))→A
MOV  A,#data   ;#data→A
```

上述指令是将第二操作数所指定的工作寄存器Rn(即R0~R7)内容、直接寻址或间接寻址(Ri为R0或R1)所得的片内RAM单元或特殊功能寄存器中的内容以及立即数,传送到由第一操作数所指定的累加器A中。

其中,Rn对应某组工作寄存器的R0~R7。Ri为间接寻址寄存器,i=0或1,即R0或R1。

上述操作不影响源字节和任何别的寄存器内容,只影响PSW的P标志位。

2. 以寄存器Rn为目的操作数的指令(3条)

```
MOV  Rn,A      ;(A)→Rn
MOV  Rn,direct ;(direct)→Rn
MOV  Rn,#data  ;#data→Rn
```

这组指令的功能是把源操作数所指定的内容送到当前工作寄存器组 R0～R7 中的某个寄存器。源操作数有寄存器寻址、直接寻址和立即数寻址 3 种方式。

3. 以直接地址为目的操作数的指令(5 条)

```
MOV    direct,A              ;(A)→direct
MOV    direct,Rn             ;(Rn)→direct
MOV    direct,direct         ;(源 direct)→目的 direct
MOV    direct,@Ri            ;((Ri))→direct
MOV    direct,#data          ;#data→direct
```

这组指令的功能是把源操作数所指定的内容送入由直接地址 direct 所指出的片内存储单元中。源操作数有寄存器寻址、直接寻址、寄存器间接寻址和立即数寻址等方式。

注意："MOV direct, direct"指令在译成机器码时,源地址在前,目的地址在后,例如"MOV A0H, 90H"的机器码为"8590A0"。

4. 以间接地址为目的操作数的指令(3 条)

```
MOV    @Ri,A                 ;(A)→(Ri)
MOV    @Ri,direct            ;(direct)→(Ri)
MOV    @Ri,#data             ;data→(Ri)
```

(Ri)表示 Ri 中的内容为指定的 RAM 单元。
MOV 指令在片内存储器的操作功能如图 2.6 所示。

5. 16 位数据传送指令(1 条)

```
MOV    DPTR,#data16          ;dataH→DPH,dataL→DPL
```

6. 查表指令(2 条)

在 89C51 指令系统中,有 2 条极为有用的查表指令,其数据表格放在程序存储器中。

```
MOVC   A,@A+DPTR             ;先(PC)+1→PC,后((A)+(DPTR))→A,一字节
MOVC   A,@A+PC               ;先(PC)+1→PC,后((A)+(PC))→A,一字节
```

上述两条指令的操作过程如图 2.7 所示。

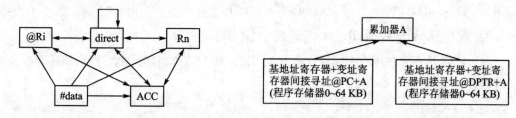

图 2.6　传送指令在片内存储器的操作功能　　图 2.7　程序存储器传送(查表)

CPU 读取单字节指令"MOVC A,@A+PC"后,PC 的内容先自动加 1,将新的 PC 内容与累加器 A 中的 8 位无符号数相加形成地址,取出该地址单元中的内容送累加器 A。这种查表

第2章 单片机指令系统及汇编语言程序设计

操作很方便，但只能查找指令所在地址以后 256 字节范围内的代码或常数，称为近程查表。

例如：在程序存储器中，数据表格为：

	ROM
1010H	02H
1011H	04H
1012H	06H
1013H	08H

执行程序如下：

1000H:	MOV	A,#0DH	;0DH→A,查表的偏移量
1002H:	MOVC	A,@A+PC	;(0DH+1003H)→A
1003H:	MOV	R0,A	;(A)→R0

结果为(A)=02H,(R0)=02H,(PC)=1004H。

"MOVC A,@A+DPTR"指令以 DPTR 为基址寄存器进行查表。使用前，先给 DPTR 赋予一任意地址，所以查表范围可达整个程序存储器的 64 KB 空间，称为远程查表。但若 DPTR 已赋值待用，装入新值之前必须保存其原值，可用栈操作指令 PUSH 保存。

又如，在程序存储器中，数据表格为：

	ROM
7010H	02H
7011H	04H
7012H	06H
7013H	08H

执行程序如下：

1000H:	MOV	A,#10H	;10H→A	
1002H:	PUSH	DPH	;DPH 入栈	保护 DPTR
1004H:	PUSH	DPL	;DPL 入栈	
1006H:	MOV	DPTR,#7000H	;7000H→DPTR	
1009H:	MOVC	A,@A+DPTR	;(10H+7000H)→A	
100AH:	POP	DPL	;DPL 出栈	恢复 DPTR,先进后出
100CH:	POP	DPH	;DPH 出栈	

结果为(A)=02H,(PC)=100EH,(DPTR)=原值。

7. 累加器 A 与片外 RAM 传送指令(4 条)

在 89C51 指令系统中，CPU 对片外 RAM 或片外 I/O 外设芯片的访问只能用寄存器间接寻址的方式，且仅有 4 条指令。

MOVX	A,@Ri	;((Ri))→A,且使$\overline{RD}$=0
MOVX	A,@DPTR	;((DPTR))→A,使$\overline{RD}$=0
MOVX	@Ri,A	;(A)→(Ri),使$\overline{WR}$=0
MOVX	@DPTR,A	;(A)→(DPTR),使$\overline{WR}$=0

第 2 和第 4 两条指令以 DPTR 为片外数据存储器 16 位地址指针，寻址范围达 64 KB。其

功能是在 DPTR 所指定的片外数据存储器与累加器 A 之间传送数据。

第 1 和第 3 两条指令是用 R0 或 R1 作低 8 位地址指针,由 P0 口送出,寻址范围是 256 字节(此时,P2 口仍可用作通用 I/O 口)。这两条指令完成以 R0 或 R1 为地址指针的片外数据存储器与累加器 A 之间的数据传送。

上述 4 条指令的操作如图 2.8 所示。

若片外数据存储器的地址空间上有片外 I/O 接口芯片,则上述 4 条指令就是 89C51 的输入/输出指令。89C51 没有专门的输入/输出指令,它只能用这种方式与外部设备打交道。

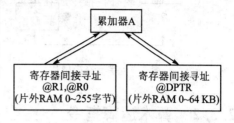

图 2.8 外部数据存储器传送操作

8. 栈操作指令(2 条)

在 89C51 片内 RAM 的 128 字节单元中,可设定一个区域作为堆栈(一般设在 30H~7FH 单元中),栈顶由堆栈指针 SP 指出(89C51 复位后,(SP)=07H,若要更改,则需重新给 SP 赋值)。

(1) PUSH(入栈)指令

```
PUSH direct          ;先(SP)+1→SP,后(direct)→(SP)
```

入栈操作进行时,栈指针(SP)+1 指向栈顶的上一个空单元,将直接地址(direct)寻址的单元内容压入当前 SP 所指示的堆栈单元中。本操作不影响标志位。

(2) POP(出栈)指令

```
POP direct           ;先((SP))→direct,后(SP)-1→(SP)
```

出栈操作将栈指针(SP)所指示的内部 RAM(堆栈)单元中内容送入由直接地址寻址的单元中,然后(SP)-1→(SP)。本操作不影响标志位。

由入栈和出栈的操作过程可以看出,堆栈中数据的压入和弹出遵循"先进后出"的规律。

9. 交换指令(4 条)

(1) 字节交换指令

```
XCH A, Rn            ;(A)⇌(Rn)
XCH A, direct        ;(A)⇌(direct)
XCH A, @Ri           ;(A)⇌((Ri))
```

将第二操作数所指定的工作寄存器 Rn(R0~R7)内容、直接寻址或间接寻址的单元内容与累加器 A 中的内容互换。其操作如图 2.9 所示。

(2) 半字节交换指令

```
XCHD A, @Ri          ;(A)_{0~3}⇌((Ri))_{0~3}
```

将 Ri 间接寻址的单元内容与累加器 A 中内容的低 4 位互换,高 4 位内容不变。该操作只影响标志位 P。

这条指令为低位字节交换指令。该指令将累加器 A 的低 4 位与 R0 或 R1 所指出的片内 RAM 单元的低 4 位数据相互交换,各自的高 4 位不变。其操作如图 2.10 所示。

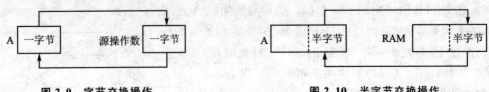

图 2.9　字节交换操作　　　　　　　图 2.10　半字节交换操作

2.3.2　算术运算指令

89C51 算术运算指令包括加、减、乘、除四则基本运算。

算术/逻辑运算部件(ALU)仅执行无符号二进制整数的算术运算。在双操作数的加、带进位加和带借位减的操作中,累加器 A 的内容为第一操作数,并将操作后的中间结果存放在 A 中;第二操作数可以是立即数、工作寄存器内容、寄存器 Ri 间接寻址字节或直接寻址字节。借助溢出标志,可对带符号数进行 2 的补码运算。借助进位标志,可进行多精度加、减运算;也可以对压缩 BCD 数进行运算(压缩 BCD 数是指在单字节中存放 2 位 BCD 码)。

算术运算结果将使进位 CY、半进位 AC、溢出位 OV 三个标志位置位或复位,只有加 1 和减 1 指令不影响这些标志位。

1. 加法类指令(4 条)

```
ADD   A,Rn           ;(A)+(Rn)→A
ADD   A,direct       ;(A)+(direct)→A
ADD   A,@Ri          ;(A)+((Ri))→A
ADD   A,#data        ;(A)+#data→A
```

这些指令是将工作寄存器、内部 RAM 单元内容或立即数的 8 位无符号二进制数和累加器 A 中的数相加,所得的"和"存放于累加器 A 中。当"和"的第 3 位或第 7 位有进位时,分别将 AC 和 CY 标志位置 1;否则为 0。

上述指令的执行将影响标志位 AC、CY、OV 和 P。当然,溢出标志位 OV 只有带符号数运算时才有用。

【例 2.1】　设(A)=0C3H,(R0)=0AAH。

执行指令"ADD A,R0"所得和为 6DH。

标志位 CY=1,OV=1,AC=0。

溢出标志 OV 在 CPU 内部根据"异或"门输出置位,OV=C7⊕C6。

```
    (A):   1100 0011
 +(R0):    1010 1010
         1 0110 1101
```

2. 带进位加法指令(4 条)

```
ADDC  A,Rn           ;(A)+CY+(Rn)→A
ADDC  A,direct       ;(A)+(direct)+CY→A
ADDC  A,@Ri          ;(A)+((Ri))+CY→A
ADDC  A,#data        ;(A)+#data+CY→A
```

这组指令的功能是同时把源操作数所指出的内容和进位标志位 CY 都加到累加器 A 中，结果存放在 A 中，其余的功能与上面 ADD 指令相同。

当运算结果第 3 和第 7 位产生进位或溢出时，分别置位 AC、CY 和 OV 标志位。本指令的执行将影响标志位 AC、CY、OV 和 P。

本指令常用于多字节加法。

【例 2.2】 设(A)=0C3H,(R0)=0AAH,(CY)=1。

执行指令"ADDC A, R0"得到的和 6EH 存于 A 中。

标志位 CY=1,OV=1,AC=0。

```
      (A) : 1100 0011
    +(CY) : 0000 0001
             1100 0100
    +(R0) : 1010 1010
             0110 1110
```

3. 带借位减法指令(4 条)

```
SUBB   A,Rn            ;(A)-CY-(Rn)→A
SUBB   A,direct        ;(A)-CY-(direct)→A
SUBB   A,@Ri           ;(A)-CY-((Ri))→A
SUBB   A,#data         ;(A)-CY-#data→A
```

这组指令的功能是，从累加器 A 中减去源操作数所指出的内容及进位位 CY 的值，差值保留在累加器 A 中。

在多字节减法运算中，低字节差有时会向高字节产生借位(CY 置 1)，所以在高字节运算时，就要用带借位减法指令。由于 89C51 指令系统中没有不带借位的减法指令，如果需要，则可以在 SUBB 指令前用"CLR C"指令将 CY 清 0。这一点必须注意。

此外，两个数相减时，如果第 7 位有借位，则 CY 置 1；否则清 0。若第 3 位有借位，则 AC 置 1；否则清 0。两个带符号数相减，还要考查 OV 标志，若 OV 为 1，表示差数溢出，即破坏了正确结果的符号位。

【例 2.3】 设累加器 A 内容为 0C9H,寄存器 R2 内容为 54H,进位标志 CY=1。

执行指令"SUBB A, R2"的结果为(A)=74H。

标志位 CY=0,AC=0,OV=1。

```
       (A) = 11001001
    -)(CY) = 00000001
              11001000
    -)(R2) = 01010100
              01110100
```

如果在进行单字节或多字节减法前，不知道进位标志位 CY 的值，则应在减法指令前先将 CY 清 0。

4. 乘法指令(1条)

```
MUL  AB          ;(A)×(B)→ { B₁₅~₈
                            { A₇~₀
```

这条指令的功能是,把累加器A和寄存器B中两个8位无符号数相乘,所得16位积的低字节存放在A中,高字节存放在B中。若乘积大于0FFH,则OV置1;否则清0(即B的内容为0)。CY总是被清0。

【例2.4】 (A)=4EH,(B)=5DH。
执行指令"MUL AB"结果为(B)=1CH,(A)=56H,表示积(BA)=1C56H,OV=1。

5. 除法指令(1条)

```
DIV  AB          ;(A)/(B)的商→A,(A)/(B)的余数→B
```

这条指令的功能是进行A除以B的运算,A和B的内容均为8位无符号整数。指令操作后,整数商存于A中,余数存于B中,CY和OV均清0。若原(B)=00H,则结果无法确定,用OV=1表示,而CY仍为0。

【例2.5】 (A)=BFH,(B)=32H。
执行指令"DIV AB"结果为(A)=03H,(B)=29H;标志位CY=0,OV=0。

6. 加1指令(5条)

```
INC  A           ;(A) + 1→A
INC  Rn          ;(Rn) + 1→Rn
INC  direct      ;(direct) + 1→direct
INC  @Ri         ;((Ri)) + 1→(Ri)
INC  DPTR        ;(DPTR) + 1→DPTR
```

这组指令的功能是将操作数所指定的单元内容加1,其操作不影响PSW。若原单元内容为FFH,加1后溢出为00H,也不会影响PSW标志。

另外,"INC A"和"ADD A,♯01H"这两条指令都将累加器A的内容加1,但后者对标志位CY有影响。

7. 减1指令(4条)

```
DEC  A           ;(A) - 1→A
DEC  Rn          ;(Rn) - 1→Rn
DEC  direct      ;(direct) - 1→direct
DEC  @Ri         ;((Ri)) - 1→(Ri)
```

这组指令的功能是将操作数所指的单元内容减1,其操作不影响标志位CY。若原单元内容为00H,则减1后为FFH,也不会影响标志位。其他情况与加1指令相同。

8. 十进制调整指令(1条)

```
DA   A           ;调整累加器内容为BCD数
```

这条指令跟在 ADD 或 ADDC 指令后，且只能用于压缩 BCD 数相加结果的调整。将相加后存放在累加器 A 中的结果进行十进制调整，实现十进制加法运算功能。

【例 2.6】 设累加器 A 内容为 01010110B（即为 56 的 BCD 数），寄存器 R3 内容为 01100111B（67 的 BCD 数），CY 内容为 1。

执行下列指令：

```
ADDC  A,R3
DA    A
```

第一条指令是执行带进位的纯二进制数加法，相加后累加器 A 的内容为 10111110B（0BEH），结果不是 BCD 数 124，且 CY=0，AC=0；然后执行调整指令"DA A"。因为高 4 位值为 11，大于 9，低 4 位值为 14，亦大于 9，所以内部须进行加 66H 操作，结果为 124 的 BCD 数。即

```
      (A):  01010110   BCD: 56
     (R3):  01100111   BCD: 67
  (+)(CY):  00000001   BCD: 01
      和    10111110
      调正  01100110
    1      00100100   BCD: 124
```

2.3.3 逻辑操作指令

逻辑操作指令包括与、或、异或、清除、求反、移位等操作。这类指令的操作数都是 8 位，共 25 条逻辑操作指令。

1. 简单操作指令(2 条)

(1) 累加器 A 清 0 指令

```
CLR  A           ;0→A
```

这条指令的功能是将累加器 A 清 0，只影响标志位 P。

(2) 累加器 A 取反指令

```
CPL  A           ;($\overline{A}$)→A
```

这条指令的功能是将累加器 A 内容逐位取反，不影响标志位。

2. 移位指令(4 条)

(1) 累加器 A 循环左移指令

```
RL  A            ; a7 ← a0
```

(2) 累加器 A 循环右移指令

```
RR  A            ; a7 → a0
```

第2章 单片机指令系统及汇编语言程序设计

(3) 累加器 A 连同进位位循环左移指令

```
RLC  A        ;┌─CY◄──a7◄──a0─┐
              └──────────────┘
```

(4) 累加器 A 连同进位位循环右移指令

```
RRC  A        ;┌─CY──►a7──►a0─┐
              └──────────────┘
```

前两条指令的功能分别是，将累加器 A 的内容循环左移或右移 1 位；后两条指令的功能分别是，将累加器 A 的内容连同进位位 CY 一起循环左移或右移 1 位。

此外，通常用"RLC A"指令将累加器 A 的内容做乘 2 运算。

【例 2.7】 无符号 8 位二进制数(A)=10111101B=BDH,CY=0。

将(A)乘 2，执行指令"RLC A"的结果为(A)=01111010B=7AH,CY=1。17AH 正是 BDH 的 2 倍。

3. 累加器半字节交换指令

```
SWAP  A       ;(A_{0~3}) ⇌ (A_{4~7})
```

这条指令的功能是将累加器 A 的高低两半字节交换。

【例 2.8】 (A)=FAH。

执行指令"SWAP A"的结果为(A)=AFH。

4. 逻辑"与"指令(6 条)

```
ANL  A,Rn           ;(A)∧(Rn)→A
ANL  A,direct       ;(A)∧(direct)→A
ANL  A,@Ri          ;(A)∧((Ri))→A
ANL  A,#data        ;(A)∧#data→A
ANL  direct,A       ;(direct)∧(A)→direct
ANL  direct,#data   ;(direct)∧#data→direct
```

这组指令中前 4 条指令是将累加器 A 的内容和源操作数所指的内容按位进行逻辑"与"，结果存放在 A 中。

后两条指令是将直接地址单元中的内容和源操作数所指的内容按位进行逻辑"与"，结果存入直接地址单元中。若直接地址正好是 I/O 端口，则为"读—修改—写"操作。

5. 逻辑"或"指令(6 条)

```
ORL  A,Rn           ;(A)∨(Rn)→A
ORL  A,direct       ;(A)∨(direct)→A
ORL  A,@Ri          ;(A)∨((Ri))→A
ORL  A,#data        ;(A)∨#data→A
ORL  direct,A       ;(direct)∨(A)→direct
ORL  direct,#data   ;(direct)∨#data→direct
```

这组指令的功能是，将两个指定的操作数按位进行逻辑"或"。前 4 条指令的操作结果存放在累加器 A 中,后两条指令的操作结果存放在直接地址单元中(也具有"读—修改—写"操作功能)。

6. 逻辑"异或"指令(6 条)

```
XRL   A,Rn            ;(A)⊕(Rn)→A
XRL   A,direct        ;(direct)⊕(A)→A
XRL   A,@Ri           ;(A)⊕((Ri))→A
XRL   A,#data         ;(A)⊕#data→A
XRL   direct,A        ;(direct)⊕(A)→direct
XRL   direct,#data    ;(direct)⊕#data→direct
```

这组指令的功能是,将两个指定的操作数按位进行"异或"。前 4 条指令的结果存放在累加器 A 中,后两条指令的操作结果存放在直接地址单元中(同样为"读—修改—写"操作)。

上述逻辑操作类指令(与、或和异或操作)归纳为图 2.11 所示。

这类指令的操作均只影响标志位 P。布尔逻辑操作将在后面讲述。

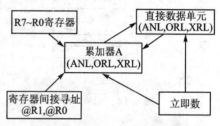

图 2.11 内部数据存储器逻辑操作

2.3.4 控制程序转移指令

计算机"智商"的高低,取决于它的转移类指令的多少,特别是条件转移指令的多少。计算机运行过程中,有时因为操作的需要,程序不能按顺序逐条执行指令,需要改变程序运行方向,即将程序跳转到某个指定的地址,再顺序执行下去。某些指令具有修改程序计数器 PC 内容的功能,因为 PC 的内容是将要执行的下一条指令的地址,所以计算机执行这类指令就能控制程序转移到新的地址上去执行。89C51 单片机有丰富的转移类指令(共 17 条),包括无条件转移指令、条件转移指令、调用指令及返回指令等。所有这些指令的目标地址都是在 64 KB 程序存储器地址空间内。

1. 无条件转移指令(4 条)

无条件转移指令是指,当程序执行到该指令时,程序无条件转移到该指令所提供的地址处执行。无条件转移类指令有短转移、长转移、相对转移和间接转移(散转指令)4 条。

1) 短转移指令

```
AJMP  addr11         ;先(PC)+2→PC,addr11→PC_{10~0},(PC_{15~11})不变
```

这条指令提供 11 位地址,可在 2 KB 范围内无条件转移到由 addr11 所指出的地址单元中。

因为指令只提供低 11 位地址,高 5 位为原 $PC_{11\sim15}$ 位的值;所以,转移的目标地址必须在 AJMP 后面指令的第一个字节开始的同一 2 KB 范围内。

本指令同 ACALL 指令一样,有 8 种操作码,形成 256 个页面号。转移操作如图 2.12 所示。

2) 长转移指令

```
LJMP  addr16         ;addr16→PC
```

指令提供16位目标地址,将指令的第2和第3字节地址码分别装入PC的高8位和低8位中,程序无条件转向指定的目标地址去执行。

由于直接提供16位目标地址,所以程序可转向64 KB程序存储器地址空间的任何单元。操作如图2.13所示。

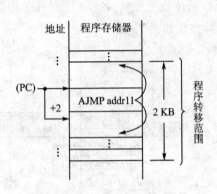

图2.12 AJMP转换示意图

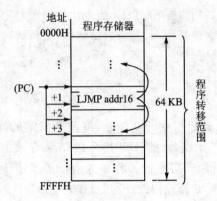

图2.13 LJMP转换示意图

3) 相对转移(短转移)指令

```
SJMP  rel              ;先(PC)+2→PC,后(PC)+rel→PC
```

指令的操作数是相对地址,rel是一个带符号的偏移字节数(2的补码),其范围为-128~+127(00H~7FH对应表示0~+127,80H~FFH对应表示-128~-1)。负数表示反向转移,正数表示正向转移。该指令为双字节指令,执行时先将PC内容加2,再加相对地址rel,就得到了转移目标地址。

例如:在(PC)=0100H地址单元有条"SJMP rel"指令,若rel=55H(正数),则正向转移到0102H+0055H=0157H地址处;若rel=F6H(负数),则反向转移到0102H+FFF6H=00F8H地址处。

在用汇编语言编写程序时,rel可以是一个转移目的地址的标号,由汇编程序在汇编过程中自动计算偏移地址,并且填入指令代码中。在手工汇编时,可用转移目的地址减转移指令所在源地址,再减转移指令字节数2,得到偏移字节数rel。

【例2.9】 SJMP RELADR。

设标号RELADR的地址值为0123H,该指令地址(PC)=0100H,相对地址偏移量rel=0123H-(0100+2)=21H。

执行指令"SJMP RELADR"的结果为(PC)+2+rel=0123H,装入PC中,控制程序转向0123H去执行。在手工汇编时,应将rel值填入指令的第二字节。操作如图2.14所示。

显然,一条带有FEH相对地址(rel)的SJMP指令将是一条单指令的无限循环。因为FEH是补码,它的真值是-2,目的地址=PC+2-2=PC,结果转向自己,导致无限循环。

【例2.10】 设rel=FEH。

执行"JMPADR:SJMP JMPADR"的结果将在原处进行无限循环。这可用于诊断硬件故障或缺陷。

4) 间接转移指令

```
JMP    @A+DPTR           ;(A)+(DPTR)→PC
```

该指令的转移地址由数据指针 DPTR 的 16 位数与累加器 A 的 8 位数进行无符号数相加形成,并直接送入 PC。指令执行过程对 DPTR、A 和标志位均无影响。这条指令可代替众多的判别跳转指令,具有散转功能(又称散转指令)。转移操作如图 2.15 所示。

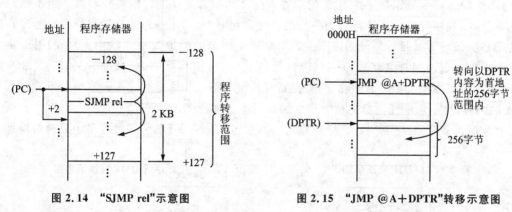

图 2.14 "SJMP rel"示意图　　　　图 2.15 "JMP @A+DPTR"转移示意图

【例 2.11】 根据累加器 A 中命令键键值,设计命令键操作程序入口跳转表。

```
        CLR    C                ;清进位
        RLC    A                ;键值乘以 2
        MOV    DPTR,#JPTAB      ;指向命令键跳转表首址
        JMP    @A+DPTR          ;散转到命令键入口
JPTAB:  AJMP   CCS0             ;双字节指令
        AJMP   CCS1
        AJMP   CCS2
        ⋮
```

从程序中看出,当(A)=00H 时,散转到 CCS0;当(A)=01H 时,散转到 CCS1……。由于 AJMP 是双字节指令,散转前 A 中键值应先乘以 2。

2. 空操作指令(1 条)

```
NOP                    ;(PC)+1→PC
```

这是一条单字节指令,除 PC 加 1 外,不影响其他寄存器和标志位。NOP 指令常用来产生一个机器周期的延迟。

3. 条件转移指令(8 条)

89C51 同样有丰富的条件转移指令。根据给出的条件进行检测,若条件满足,则程序转向指定的目的地址(目的地址是以下一条指令的起始地址为中心的-128~+127 共 256 字节范围)去执行。

1) 判零转移指令

```
JZ    rel         ;(PC)+2→PC。当A为全0时,(PC)=(PC)+rel
                  ;当A不为全0时,程序顺序执行
JNZ   rel         ;(PC)+2→PC。当A不为全0时,(PC)+rel→PC
                  ;当A为全0时,程序顺序执行
```

JZ和JNZ指令分别对累加器A的内容为全0和不为全0进行检测并转移。当不满足各自的条件时,程序继续往下执行。当各自的条件满足时(相当于一条相对转移指令),程序转向指定的目标地址。其目标地址是以下一条指令第1字节的地址为基础,加上指令的第2字节中的相对偏移量。相对偏移量为一个带符号的8位数,偏移范围为-128~$+127$共256字节,在指令汇编或手工汇编时被确定,它是目标地址与下条指令地址之差。本指令不改变累加器A的内容,也不影响任何标志位。指令的执行流程如图2.16所示。

在实际编程中,rel用标号(目标符号)代替,如"JNZ NEXT",汇编时自动生成相对地址。

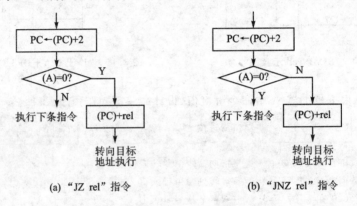

图2.16　JZ和JNZ指令的逻辑流程图

2) 比较转移指令

比较转移指令是新增设的、功能较强的指令,它的格式为:

```
CJNE  (目的字节),(源字节),rel        ;3字节指令
```

它的功能是对指定的目的字节和源字节进行比较,若它们的值不相等,则转移。转移的目标地址为当前的PC值加3后,再加指令的第3字节偏移量(rel)。若目的字节内的数大于源字节内的数,则清0进位标志位CY;若目的字节数小于源字节数,则置位进位标志位CY;若二者相等,则往下执行。本指令执行后不影响任何操作数。

这类指令的源操作数和目的操作数有4种寻址方式,即4条指令。

```
CJNE  A,direct,rel      ;(PC+3)→PC
                        ;若(direct)<(A),则(PC)+rel→PC,且0→CY
                        ;若(direct)>(A),则(PC)+rel→PC,且1→CY
                        ;若(direct)=(A),则顺序执行,且0→CY
CJNE  A,#data,rel       ;(PC)+3→PC
                        ;若#data<(A),则(PC)+rel→PC,且0→CY
                        ;若#data>(A),则(PC)+rel→PC,且1→CY
                        ;若#data=(A),则顺序执行,且0→CY
```

CJNE Rn,#data,rel	;(PC)+3→PC
	;若#data<(Rn),则(PC)+rel→PC,且0→CY
	;若#data>(Rn),则(PC)+rel→PC,且1→CY
	;若#data=(Rn),则顺序执行,且0→CY
CJNE @Ri,#data,rel	;(PC)+3→PC
	;若#data<((Ri)),则(PC)+rel→PC,且0→CY
	;若#data>((Ri)),则(PC)+rel→PC,且1→CY
	;若#data=((Ri)),则顺序执行,且0→CY

89C51的这条比较转移指令内容丰富,功能很强。它可以是累加器内容与立即数或直接地址单元内容进行比较,可以是工作寄存器内容与立即数进行比较,也可以是内部RAM单元内容与立即数进行比较。若两数不相等,则程序转向目标地址((PC)+rel→PC)去执行;当源字节内容大于目的字节内容时,置位CY,否则复位CY。

CJNE指令流程图如图2.17所示。

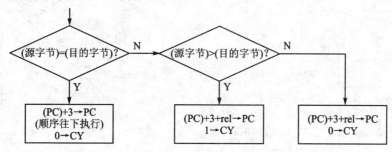

图2.17 CJNE指令流程示意图

由于这是条3字节指令,取出第3字节(rel),(PC)+3指向下条指令的第一个字节的地址,然后对源字节数和目的字节数进行比较,判定比较结果。由于这时PC的当前值已是(PC)+3,因此,程序的转移范围应为以(PC)+3为起始地址的+127~-128共256字节单元地址。

3) 循环转移指令

89C51循环转移指令同样功能很强。它比较8048,增设了以直接地址单元内容作为循环控制寄存器使用,连同工作寄存器Rn,就派生出很多条循环转移指令。这是其他微型计算机所不能比拟的。

DJNZ Rn,rel	;(PC)+2→PC,(Rn)-1→Rn
	;当(Rn)≠0时,则(PC)+rel→PC
	;当(Rn)=0时,则结束循环,程序往下执行
DJNZ direct,rel	;(PC)+3→PC,(direct)-1→direct
	;当(direct)≠0时,则(PC)+rel→PC
	;当(direct)=0时,则结束循环,程序往下执行

程序每执行一次本指令,便将第一操作数的字节变量减1,并判字节变量是否为0。若不为0,则转移到目标地址,继续执行循环程序段;若为0,则终止循环程序段的执行,程序往下执行。

其中,rel为相对于DJNZ指令的下一条指令第一个字节的相对偏移量,用一个带符号的8位数表示。所以,循环转移的目标地址应为DJNZ指令的下条指令地址和偏移量之和(即当前

PC 值加 rel)。

DJNZ 指令操作的流程图如图 2.18 所示。

4. 调用和返回指令

在程序设计中,有时因操作需要而反复执行某段程序。这时,应使这段程序能被公用,以减少程序编写和调试的工作量,于是引进了主程序和子程序的概念。指令系统中一般都有主程序调用子程序的指令和从子程序返回主程序的指令。通常把具有一定功能的公用程序段作为子程序,子程序的最后一条指令为返回主程序指令(RET)。主程序调用子程序以及从子程序返回主程序的过程如图 2.19 所示。

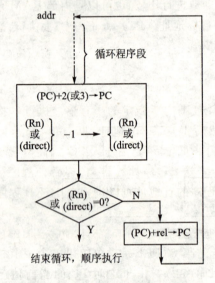

图 2.18 DJNZ 指令流程示意图

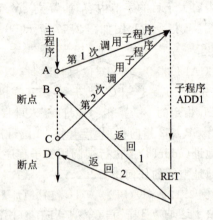

图 2.19 主程序调用子程序与从子程序返回示意图

当 CPU 执行主程序到 A 处遇到调用子程序 ADD1 的指令时,CPU 自动把 B 处,即下一条指令第一字节的地址(PC 值,称为断点)压入堆栈中,栈指针(SP)+2,并将子程序 ADD1 的起始地址送入 PC。于是,CPU 就转向子程序 ADD1 去执行。当遇到 ADD1 中的 RET 指令时,CPU 自动把断点 B 的地址弹回到 PC 中,于是,CPU 又回到主程序继续往下执行。当主程序执行到 C 处又遇到调用子程序 ADD1 的指令时,便再次重复上述过程。可见,子程序能被主程序多次调用。

89C51 设置了短调用和长调用指令。前者为双字节指令,用于目标地址在当前指令的 2 KB 范围内调用;后者为 3 字节指令,可调用 64 KB 程序空间的任一目标地址的子程序。

1) 短调用指令

短调用指令提供 11 位目标地址,限定在 2 KB 地址空间内调用。

```
ACALL   addr11        ;(PC) + 2→PC
                      ;(SP) + 1→SP
                      ;(PC_{7~0})→(SP)       ⎫
                      ;(SP) + 1→SP          ⎬ 断点值压入堆栈
                      ;(PC_{15~8})→(SP)      ⎭
                      ;addr_{10~0}→PC_{10~0}(2 KB 区域内地址)(PC_{15~11})不变
```

本指令为双字节、双周期指令。执行完本指令,程序计数器内容先加2,指向下一条指令的地址;然后将PC值压入堆栈保存,栈指针(SP)加2;接着将11位目标地址($addr_{10\sim0}$)送程序计数器的低11位($PC_{10\sim0}$),PC值的高5位($PC_{15\sim11}$)不变,即由指令第1字节的高3位($addr_{10\sim8}$)、第2字节($addr_{7\sim0}$)共11位和当前PC值的高5位($PC_{15\sim11}$)组成16位转移目标地址。因此,所调用的子程序首地址必须在ACALL指令后第1字节开始的2KB范围内的程序存储器中。

2) 长调用指令

由于89C51单片机可寻址64 KB的程序存储器,为了方便地寻址64 KB范围内任一子程序空间,特设有长调用指令。

```
LCALL  addr16        ;(PC)+3→PC
                     ;(SP)+1→SP
                     ;(PC7~0)→(SP)      ┐
                     ;(SP)+1→SP         ├ 断点值压入堆栈
                     ;(PC15~8)→(SP)     ┘
                     ;addr15~0→(PC)
```

LCALL指令提供16位目标地址,以调用64 KB范围内所指定的子程序。执行本指令时,首先(PC)+3→PC,以获得下一条指令地址;然后把这16位地址(断点值,即返回到LCALL指令的下一条指令地址)压入堆栈(先压入$PC_{7\sim0}$低位字节,后压入$PC_{15\sim8}$高位字节),栈指针SP加2指向栈顶;接着将16位目标地址addr16送入程序计数器PC,从而使程序转向目标地址(addr16)去执行被调用的子程序。这样,子程序的首地址可以设置在64 KB程序存储器地址空间的任何位置。

【例2.12】 设(SP)=07H,符号地址SUBRTN指向程序存储器的5678H,(PC)=0123H。

从0123H处执行指令"LCALL SUBRTN",执行结果为(PC)+3=0123H+3=0126H。将PC内容压入堆栈:向(SP)+1=08H中压入26H,向(SP)+1=09H中压入01H,(SP)=09H。SUBRTN=5678H送入PC,即(PC)=5678H。程序转向以5678H为首地址的子程序执行。

3) 返回指令

```
RET       ;((SP))→PC15~8,弹出断点高8位
          ;(SP)-1→SP
          ;((SP))→PC7~0,弹出断点低8位
RETI      ;(SP)-1→SP
          ;((SP))→PC15~8,(SP)-1→SP
          ;((SP))→PC7~0,(SP)-1→SP
```

RET指令是从子程序返回。当程序执行到本指令时,表示结束子程序的执行,返回调用指令(ACALL或LCALL)的下一条指令处(断点)继续往下执行。因此,它的主要操作是将栈顶的断点地址送PC,即((SP))→$PC_{15\sim8}$,(SP)-1→SP;((SP))→$PC_{7\sim0}$,(SP)-1→SP。于是,子程序返回主程序继续执行。

RETI指令是中断返回指令,除具有RET指令的功能外,还将开放中断逻辑。

2.3.5 位操作(布尔处理)指令

89C51硬件结构中有个位处理机(布尔处理机),它具有一套处理位变量的指令集,包括位

变量传送、逻辑运算、控制程序转移等指令。

在进行位操作时,位累加器 C 即为进位标志 CY,位地址是片内 RAM 字节地址 20H~2FH 单元中连续的 128 个位(位地址 00H~7FH)和部分特殊功能寄存器。凡 SFR 中字节地址能被 8 整除的特殊功能寄存器都具有可寻址的位地址,其中 ACC(位地址 E0H~E7H)、B(位地址 F0H~F7H)和片内 RAM 中 128 个位都可作软件标志或存储位变量。

在汇编语言中,位地址的表达方式有多种:
➢ 直接(位)地址方式,如:D4H;
➢ 点操作符号方式,如:PSW.4;
➢ 位名称方式,如:RS1;
➢ 用户定义名方式,如用伪指令 bit:

```
SUB.REG bit RS1
```

经定义后,允许指令中用 SUB.REG 代替 RS1。

上面 4 种方式都可表示 PSW(D0H)中的第 4 位,它的位地址是 D4H,而名称为 RS1,用户定义为 SUB.REG。

1. 位数据传送指令(2 条)

```
MOV  C,bit         ;(bit)→C
MOV  bit,C         ;(C)→bit
```

上述指令把源操作数指定的位变量传送到目的操作数指定的位单元中。其中,一个操作数为位地址(bit),另一个必定为布尔累加器 C(即进位标志位 CY)。此指令不影响其他寄存器或标志位。

指令中位地址 bit 若为 00H~7FH,则位地址在片内 RAM(20H~2FH 单元)中共 128 位;bit 若为 80H~FFH,则位地址在 11 个特殊功能寄存器中。

其中,有 4 个 8 位的并行 I/O 口,每位均可单独进行操作。因此,布尔 I/O 口共有 32 个(P0.0~P0.7、P1.0~P1.7、P2.0~P2.7、P3.0~P3.7)。

2. 位修正指令(6 条)

1) 位清 0 指令

```
CLR  C             ;0→C
CLR  bit           ;0→bit
```

2) 位置 1 指令

```
SETB  C            ;1→C
SETB  bit          ;1→bit
```

3) 位取反指令

```
CPL  C             ;(C̄)→C
CPL  bit           ;(bit̄)→bit
```

这类指令的功能分别是清除、取反、置位进位标志C或直接寻址位,执行结果不影响其他标志位。当直接位地址为端口中某一位时,具有"读－修改－写"功能。

3. 位逻辑运算指令(4条)

1) 位逻辑"与"指令

```
ANL  C,bit              ;(C)∧(bit)→C
ANL  C,/bit             ;(C)∧(bit上划线)→C
```

2) 位逻辑"或"指令

```
ORL  C, bit             ;(C)∨(bit)→C
ORL  C,/bit             ;(C)∨(bit上划线)→C
```

这组指令的功能是,把位累加器C的内容与直接位地址的内容进行逻辑"与"、"或"操作,结果再送回C中。斜杠"/"表示对该位取反后再参与运算,但不改变原来的数值。

4. 位条件转移类指令(5条)

这类指令包括判布尔累加器转移,判位变量转移和判位变量清0转移3组,现分别介绍如下。

1) 判布尔累加器C转移指令

```
JC   rel                ;(PC)+2→PC
                        ;若(C)=1,则(PC)+rel→PC
                        ;若(C)=0,则顺序往下执行
JNC  rel                ;(PC)+2→PC
                        ;若(C)=0,则(PC)+rel→PC
                        ;若(C)=1,则顺序往下执行
```

上述两条指令分别对进位标志位C进行检测,当(C)=1(前一条)或(C)=0(后一条)时,程序转向目标地址;否则,顺序执行下一条指令。

目标地址是(PC)+2后的PC当前值(指向下一条指令)与指令的第二字节中带符号的相对地址(rel)之和。

2) 判位变量转移指令

```
JB   bit, rel           ;(PC)+3→PC
                        ;若(bit)=1,则(PC)+rel→PC
                        ;若(bit)=0,则顺序往下执行
JNB  bit, rel           ;(PC)+3→PC
                        ;若(bit)=0,则(PC)+rel→PC
                        ;若(bit)=1,则顺序往下执行
```

上述2条指令分别检测指定位,若位变量为1(前一条指令)或位变量为0(后一条指令),则程序转向目标地址去执行;否则,顺序执行下一条指令。对该位变量进行测试时,不影响原变量值,也不影响标志位。目标地址为(PC)+3后的PC当前值(指向下一条指令)与带符号的相对偏移量之和。

第 2 章 单片机指令系统及汇编语言程序设计

3）判位变量并清 0 转移指令

```
JBC   bit, rel        ;(PC) + 3→PC
                      ;若(bit) = 1,则(PC) + rel→PC,0→bit
                      ;若(bit) = 0,则顺序往下执行
```

本指令对指定位变量检测,若位变量值为 1,则将该位清 0,程序转向目标地址去执行;否则顺序往下执行。注意,不管该位变量为何值,在进行检测后即清 0。目标地址为(PC)+3 后的 PC 当前值加上指令的第 3 字节中带符号的 8 位偏移量。

89C51 的指令系统充分反映了它是一台面向控制的功能很强的电子计算机。

指令系统是熟悉单片机功能,开发与应用单片机的基础。掌握指令系统必须与单片机的 CPU 结构、存储空间的分布和 I/O 端口的分布结合起来,真正理解符号指令的操作含义,结合实际问题多作程序分析和简单程序设计,才能达到好的效果。

2.4 编程的步骤、方法和技巧

根据要实现的目标(如被控对象的功能和工作过程要求),首先设计硬件电路;然后再根据具体的硬件环境进行程序设计。

2.4.1 编程步骤

1. 分析问题

首先,要对需要解决的问题进行分析,以求对问题有正确的理解。例如,解决问题的任务是什么?工作过程是什么?现有的条件、已知的数据、对运算的精度和速度方面的要求是什么?设计的硬件结构是否方便编程等等。

2. 确定算法

算法就是如何将实际问题转化成程序模块来处理。

解决一个问题,常常有几种可选择的方法。从数学角度来描述,可能有几种不同的算法。在编制程序以前,先要对不同的算法进行分析、比较,找出最适宜的算法。

3. 画程序流程图

程序流程图是使用各种图形、符号、有向线段等来说明程序设计过程的一种直观的表示,常采用以下图形及符号:

- 椭圆框(○)或桶形框(▭)表示程序的开始或结束;
- 矩形框(□)表示要进行的工作;
- 菱形框(◇)表示要判断的事情,菱形框内的表达式表示要判断的内容;
- 圆圈(○)表示连接点;
- 指向线(→)表示程序的流向。

流程图步骤分得越细致,编写程序时也就越方便。

一个程序按其功能可分为若干部分,通过流程图把具有一定功能的各部分有机地联系起来,从而使人们能够抓住程序的基本线索,对全局有完整的了解。这样,设计人员容易发现设计思想上的错误和矛盾,也便于找出解决问题的途径。因此,画流程图是程序结构设计时采用的一种重要手段。有了流程图,可以很容易地把较大的程序分成若干个模块,分别进行设计,最后合在一起联调。一个系统的软件要有总的流程图,即主程序框图。它可以画得粗一点,侧重于反映各模块之间的相互联系。另外,还要有局部的流程图,反映某个模块的具体实现方案。

4. 编写程序

用 89C51 汇编语言编写的源程序行(一条语句)包括 4 个部分,也叫 4 个字段,汇编程序能识别它们。这 4 个字段是:

〔标号:〕〔操作码〕〔操作数〕 ;〔注释〕

每个字段之间要用分隔符分隔,而每个字段内部不能使用分隔符。可以用作分隔符的符号有空格"␣"、冒号":"、逗号","、分号";"等。例如:

LOOP1: MOV A,#00H   ;立即数 00H→A

1) 标　号

标号是用户定义的符号地址。一条指令的标号是该条指令的符号名字,标号的值是汇编这条指令时指令的地址。标号由以英文字母开始的 1~8 个字母或数字串组成,以冒号":"结尾。

标号可以由赋值伪指令赋值。如果标号没有赋值,则汇编程序就把存放该指令目标码第 1 字节的存储单元的地址赋给该标号,所以,标号又叫指令标号。

2) 操作码

对于一条汇编语言指令,这个字段是必不可少的。它用一组字母符号表示指令的操作码。在 89C51 中,由自己的指令系统助记符组成。

3) 操作数

汇编语言指令可以要求或不要求操作数,所以,这一字段可以有也可以没有。若有 2 个操作数,则操作数之间应用逗号分开。

操作数字段的内容是复杂多样的,它可能包括下列诸项:

① 工作寄存器名。由 PSW.3 和 PSW.4 规定的当前工作寄存器区中的 R0~R7 都可以出现在操作数字段中。

② 特殊功能寄存器名。89C51 中 21 个特殊功能寄存器的名字都可以作为操作数使用。

③ 标号名。可以在操作数字段中引用的标号名包括:

赋值标号——由汇编命令 EQU 等赋值的标号可以作为操作数。

指令标号——指令标号虽未给赋值,但这条指令的第 1 字节地址就是这个标号的值,在以后的指令操作数字段中可以引用。

④ 常数。为了方便用户,汇编语言指令允许以各种数制表示常数,亦即常数可以写成二进制、十进制或十六进制等形式。常数总是要以一个数字开头(若十六进制的第一个数为"A"~"F"字符,则前面要加 0),而数字后要直接跟一个表明数制的字母(B 表示二进制,H 表示十六进制)。

⑤ $。操作数字段中还可以使用符号"$",用来表示程序计数器的当前值。这个符号最常出现在转移指令中,如"JNB TF0,$"表示若 TF0 为 0,则仍执行该指令;否则往下执行(它等效于"$:JNB TF0,$")。

⑥ 表达式。汇编程序允许把表达式作为操作数使用。在汇编时，计算出表达式的值，并把该值填入目标码中。例如：MOV A,SUM+1。

5. 注　释

注释字段不是汇编语言的功能部分，只用于改善程序的可读性。良好的注释是汇编语言程序编写中的重要组成部分。

2.4.2　编程方法和技巧

1. 模块化的程序设计方法

1) 程序功能模块化的优点

实际的应用程序一般都由一个主程序（包括若干个功能模块）和多个子程序构成。每一程序模块都能完成一个明确的任务，实现某个具体功能，如发送、接收、延时、显示、打印等。采用模块化的程序设计方法有如下优点：

- 单个模块结构的程序功能单一，易于编写、调试和修改；
- 便于分工，从而可使多个程序员同时进行程序的编写和调试工作，加快软件研制进度；
- 程序可读性好，便于功能扩充和版本升级；
- 对程序的修改可局部进行，其他部分可以保持不变；
- 对于使用频繁的子程序可以建立子程序库，便于多个模块调用。

2) 划分模块的原则

在进行模块划分时，应首先弄清楚每个模块的功能，确定其数据结构以及与其他模块的关系；其次是对主要任务进一步细化，把一些专用的子任务交由下一级即第二级子模块完成，这时也需要弄清楚它们之间的相互关系。按这种方法一直细分成易于理解和实现的小模块为止。

模块的划分有很大的灵活性，但也不能随意划分。划分模块时应遵循下述原则：

- 每个模块应具有独立的功能，能产生一个明确的结果，这就是单模块的功能高内聚性。
- 模块之间的控制耦合应尽量简单，数据耦合应尽量少，这就是模块间的低耦合性。控制耦合是指模块进入和退出的条件及方式，数据耦合是指模块间的信息交换（传递）方式、交换量的多少及交换的频繁程度。
- 模块长度适中。模块语句的长度通常为 20～100 条较合适。模块太长时，分析和调试比较困难，失去了模块化程序结构的优越性；模块过短则其连接太复杂，信息交换太频繁，因而也不合适。

2. 编程技巧

在进行程序设计时，应注意以下事项及技巧。

- 尽量采用循环结构和子程序。这样可以使程序的总容量大大减少，提高程序的效率，节省内存。在多重循环时，要注意各重循环的初值和循环结束条件。
- 尽量少用无条件转移指令。这样可以使程序条理更加清楚，从而减少错误。
- 对于通用的子程序，考虑到其通用性，除了用于存放子程序入口参数的寄存器外，子程序中用到的其他寄存器的内容应压入堆栈（返回前再弹出），即保护现场。一般不必把标志寄存器压入堆栈。

第 2 章 单片机指令系统及汇编语言程序设计

- 由于中断请求是随机产生的,所以在中断处理程序中,除了要保护处理程序中用到的寄存器外,还要保护标志寄存器。因为在中断处理过程中,难免对标志位产生影响,而中断处理结束后返回主程序时,可能会遇到以中断前的状态标志为依据的条件转移指令,如果标志位被破坏,则整个程序就被打乱了。
- 累加器是信息传递的枢纽,用累加器传递入口参数或返回参数比较方便。即在调用子程序时,通过累加器传递程序的入口参数;或反过来,通过累加器向主程序传递返回参数。因此,在子程序中,一般不必把累加器内容压入堆栈。

2.4.3 汇编语言程序的基本结构

汇编语言程序具有 4 种结构形式:顺序结构、分支结构、循环结构和子程序结构。

1. 顺序程序

顺序程序是最简单的程序结构,也称直线程序。这种程序中既无分支、循环,也不调用子程序,程序按顺序一条一条地执行指令。

【例 2.13】 双字节加法程序段。

设被加数存放于片内 RAM 的 addr1(低位字节)和 addr2(高位字节)中,加数存放于 adddr3(低位字节)和 addr4(高位字节)中,运算结果和数存放于 addr1 和 addr2 中。其程序段如下:

```
START: PUSH  ACC             ;将 A 中内容进栈保护
       MOV   R0,#addr1        ;将 addr1 地址值送 R0
       MOV   R1,#addr3        ;将 addr3 地址值送 R1
       MOV   A,@R0            ;被加数低字节内容送 A
       ADD   A,@R1            ;低字节数相加
       MOV   @R0,A            ;低字节数和存 addr1 中
       INC   R0               ;指向被加数高位字节
       INC   R1               ;指向加数高位字节
       MOV   A,@R0            ;被加数高位字节送 A
       ADDC  A,@R1            ;高字节数相加
       MOV   @R0,A            ;高字节数和存 addr2 中
       POP   ACC              ;恢复 A 原内容
```

这里将 A 原内容进栈保护,如果原 R0 和 R1 内容有用,则亦须进栈保护。

【例 2.14】 拆字。将片内 RAM 20H 单元的内容拆成两段,每段 4 位,并将它们分别存入 21H 与 22H 单元中。程序如下:

```
       ORG   2000H
START: MOV   R0,#21H          ;21H→R0
       MOV   A,20H            ;(20H)→A
       ANL   A,#0FH           ;A∧#0FH→A
       MOV   @R0,A            ;(A)→(R0)
       INC   R0               ;R0+1→R0
       MOV   A,20H            ;(20H)→A
       SWAP  A,               ;A_{0~3}↔A_{4~7}
       ANL   A,#0FH           ;A∧#0FH
       MOV   @R0,A            ;(A)→(R0)
```

【例 2.15】 16 位数求补。设 16 位二进制数在 R1 和 R0 中，求补结果存放于 R3 和 R2 中。

```
MOV    A,R0        ;16 位数低 8 位送 A
CPL    A           ;求反
ADD    A,#01H      ;加 1
MOV    R2,A        ;存补码低 8 位
MOV    A,R1        ;取 16 位数高 8 位
CPL    A           ;求反
ADDC   A,#00H      ;加进位
MOV    R3,A        ;存补码高 8 位
```

求补过程就是取反加 1。由于 89C51 的加 1 指令不影响标志位，所以，取反后立即用 ADD 指令；然后高 8 位取反，再加上来自低位的进位。

2. 分支程序

程序分支是通过条件转移指令实现的，即根据条件对程序的执行进行判断：若满足条件，则进行程序转移；若不满足条件，则顺序执行程序。

在 89C51 指令系统中，通过条件判断实现单分支程序转移的指令有 JZ、JNZ、CJNE 和 DJNZ 等。此外，还有以位状态作为条件进行程序分支的指令，如 JC、JNC、JB、JNB 和 JBC 等。使用这些指令，可以完成以 0、1、正、负，以及相等、不相等作为各种条件判断依据的程序转移。

分支程序又分为单分支和多分支结构。单分支结构的程序很多，此处就不专门举例了。

对于多分支程序，首先把分支程序按序号排列，然后按照序号值进行转移。假如分支转移序号的最大值为 n，则分支转移结构如图 2.20 所示。例如，n 个按键，则转向 n 个键的功能处理程序。

【例 2.16】 128 种分支转移程序。程序框图如图 2.20 所示。

入口：(R3) = 转移目的地址的序号 00H～7FH。

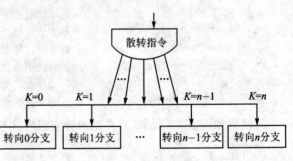

图 2.20 分支程序结构

出口：转移到相应功能分支程序入口。

功能：根据入口条件转移到 128 个目的地址。程序段如下：

```
JMP_128: MOV    A,R3
         RL     A
         MOV    DPTR,#JMPTAB
         JMP    @A+DPTR
JMPTAB:  AJMP   ROUT00
         AJMP   ROUT01    ⎫
          ⋮               ⎬ 128 个功能程序首址
         AJMP   ROUT7F    ⎭
```

说明：此程序要求128个转移目的地址（ROUT00~ROUT7F）必须驻留在与绝对转移指令 AJMP 相同的一个 2 KB 存储区内。RL 指令对变址部分乘以 2，因为每条 AJMP 指令占两字节。如果改用 LJMP 指令，则目的地址可以任意安排在 64 KB 的程序存储器空间内，但程序应作较大的修改。

【例 2.17】 存放于 addr1 和 addr2 中的两个无符号二进制数，求其中的大数并存于 addr3 中，其程序流程如图 2.21 所示，程序段如下：

```
TART:   MOV   A,addr1           ;将addr1中内容送A
        CJNE  A,addr2,LOOP1     ;两数比较，不相等则转LOOP1
        SJMP  LOOP3
LOOP1:  JC    LOOP2             ;当CY=1,转LOOP2
        MOV   addr3,A           ;CY=0,(A)>(addr2)
        SJMP  LOOP3             ;转结束
LOOP2:  MOV   addr3,addr2       ;CY=1,(addr2)>(A)
LOOP3:  END                     ;结束
```

可见，CJNE 是一条功能极强的比较指令，它可指出两数的大、小和相等。通过寄存器和直接寻址方式，可派生出很多条比较指令。同样，它也属于相对转移。

【例 2.18】 片内 RAM ONE 和 TWO 两个单元中存有两个无符号数，将两个数中的小者存入 30H 单元。

程序如下：

```
        MOV   A, ONE            ;第一个数送A
        CJNE  A, TWO, BIG       ;比较
        SJMP  STORE             ;相等ONE作为小
BIG:    JC    STORE             ;有借位ONE为小
        MOV   A, TWO            ;无借位TWO为小
STORE:  MOV   30H, A            ;小者送RAM
```

其流程如图 2.22 所示，为典型的分支程序。

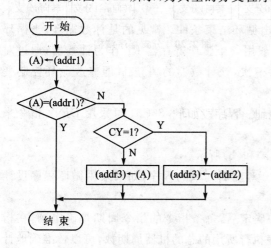

图 2.21 求大数程序流程图

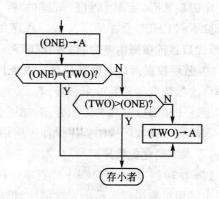

图 2.22 分支程序框图

第 2 章 单片机指令系统及汇编语言程序设计

【例 2.19】 设变量 x 存放在 VAR 单元中，函数值 y 存放在 FUNC 中，按下式给 y 赋值。

$$y = \begin{cases} 1 & x > 0 \\ 0 & x = 0 \\ -1 & x < 0 \end{cases}$$

程序流程图如图 2.23 所示。

程序如下：

```
        VAR   DATA  30H
        FUNC  DATA  31H
START:  MOV   A,VAR          ;取 x
        JZ    COMP           ;为 0 转 COMP
        JNB   ACC.7,POSI     ;x>0 转 POSI
        MOV   A,#0FFH        ;x<0,-1→A
        SJMP  COMP
POSI:   MOV   A,#01H
COMP:   MOV   FUNC,A
```

3. 循环程序

循环程序是最常见的程序组织方式。在程序运行时，有时需要连续重复执行某段程序，这时可以使用循环程序。这种设计方法可大大地简化程序。

循环程序的结构一般包括下面几个部分。

① 置循环初值。对于循环过程中所使用的工作单元，在循环开始时应置初值。例如，工作寄存器设置计数初值，累加器 A 清 0，以及设置地址指针、长度等。这是循环程序中的一个重要部分，不注意就很容易出错。

② 循环体（循环工作部分）。循环体即重复执行的程序段部分，分为循环工作部分和循环控制部分。

循环控制部分每循环一次，检查结束条件，当满足条件时，就停止循环，往下继续执行其他程序。

③ 修改控制变量。在循环程序中，必须给出循环结束条件。常见的是计数循环，当循环了一定的次数后，就停止循环。在单片机中，一般用一个工作寄存器 Rn 作为计数器，通过对该计数器赋初值来设置循环次数。程序每循环一次，该计数器的值减 1，即修改循环控制变量，当计数器的值减为 0 时，就停止循环。

④ 循环控制部分。根据循环结束条件，判断是否结束循环。89C51 可采用 DJNZ 指令来自动修改控制变量并能结束循环。

上述 4 个部分有两种组织方式，如图 2.24(a) 和 (b) 所示。

循环程序在实际应用程序设计中应用极广。对前面列举的程序，如果采用循环程序设计方法，可大大简化源程序。

【例 2.20】 软件延时程序。当单片机时钟确定后，每条指令的指令周期是确定的，在指令表中已用机器周期表示出来。因此，根据程序执行所用的总的机器周期数，可以较准确地计算程序执行完所用的时间。软件延时是实际经常采用的一种短时间定时方法。

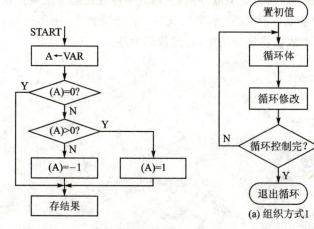
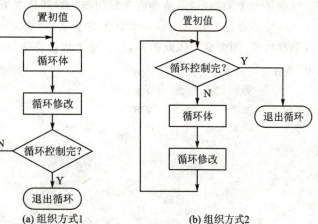

图 2.23 赋值程序流程　　　　图 2.24 循环组织方式流程图

(1) 采用循环程序进行软件延时子程序

```
DELAY:  MOV   R2,#data     ;预置循环控制常数
DELAY1: DJNZ  R2,DELAY1    ;当(R2)≠0时,转向本身
        RET
```

根据 R2 的不同初值,可实现 3～513(#data=1～255)个机器周期的延时(第 1 条为单周期指令,第 2 条为双周期指令)。

(2) 采用双重循环的延时子程序

计算延时时间 t:

$$N=1+(1+2\times255+2)\times250+1+1+2=128\,255 \text{ 个机器周期}(T)$$

如果 $f=6\text{ MHz}, T=2\text{ μs}$,则

$$t=N\times T=128\,255\times2=256\,510\text{ μs}=256.51\text{ ms}$$

调整 R0 和 R1 中的参数,可改变延时时间。如果需要加长延时时间,则可增加循环嵌入。在延时时间较长,不便多占用 CPU 时间的情况下,一般采用定时器方法。

若需要延时更长时间,则可采用多重的循环,如 1 s 延时可用 3 重循环,而用 7 重循环可延时几年!

【**例 2.21**】 搜索最大值。从片内 RAM 的 BLOCK 单元开始有一个无符号数据块,其长度存于 LEN 单元中,试求出其中最大的。

这是一个最简单、最基本的搜索问题。寻找最大值的方法很多,其中最直接的方法是比较和交换交替进行。先取出第一个数作为基准,与第二个数进行比较:若基准数大,则不交换;若基准数小,则交换。依此类推,直至整个数据块比较结束,基准数即为最大。程序如下:

```
START: LEN     DATA    20H
       MAX     DATA    21H
       BLOCK   DATA    22H
       CLR     A
       MOV     R2,LEN          ;数据块长度送 R2
       MOV     R1,#BLOCK       ;置地址指针
LOOP:  CLR     C
       SUBB    A,@R1           ;用减法做比较
       JNC     NEXT            ;无借位 A 大
       MOV     A,@R1           ;否则大者送 A
       SJMP    NEXT1
NEXT:  ADD     A,@R1           ;A 大恢复 A
NEXT1: INC     R1              ;修改地址指针
       DJNZ    R2,LOOP         ;未完继续
       MOV     MAX,A           ;若完则存大数
```

2.5 汇编语言源程序的编辑与汇编

单片机的程序设计通常都是借助于微机实现的,即在微机上使用编辑软件编写源程序,使用交叉汇编程序对源程序进行汇编;然后采用串行通信方法,把汇编得到的目标程序传送到单片机内,并进行程序调试和运行。

2.5.1 源程序的编辑

编辑源程序就是在微机上借助编辑软件,编写汇编语言源程序。可供使用的编辑工具很多,如行编辑或屏幕编辑软件。

例如,在文本区编写一个源程序如下:

```
ORG     0030H
MOVX    @DPTR,A
MOV     A,#41H
END
```

编辑结束后,存盘退出。接下来是使用交叉汇编软件,对编辑完成的源程序进行汇编。如果源程序无误,机器会显示"OK!"。如果有错误,机器会显示有几个错误以及在哪条语句中。这时,就要重新编辑,然后重新进行汇编,直至汇编通过。

2.5.2 源程序的汇编

汇编语言源程序必须转换为机器码表示的目标程序,计算机才能执行,这种转换过程称为汇编。对单片机来说,有手工汇编和机器汇编两种汇编方法。

1. 手工汇编

手工汇编是把程序用助记符指令写出后,再通过手工方式查指令编码表,逐个把助记符指令"翻译"成机器码,然后把得到的机器码程序键入单片机,进行调试和运行。

手工汇编是按绝对地址进行定位的,因此,汇编工作有两点不便之处。

① 偏移量的计算。手工汇编时,要根据转移的目标地址以及地址差计算转移指令的偏移量,不但麻烦而且稍有疏忽很容易出错。

② 程序的修改。手工汇编后的目标程序,如须增加、删除或修改指令,就会引起后面各条指令地址的变化,转移指令的偏移量也要随之重新计算。

因此,手工汇编是一种很麻烦的汇编方法,通常只有小程序或条件所限时才使用。

2. 机器汇编

机器汇编是在计算机上使用交叉汇编程序进行源程序的汇编。汇编工作由机器自动完成,最后得到以机器码表示的目标程序。

鉴于现在 PC 机的使用非常普遍,这种交叉汇编通常都是在 PC 机上进行的。汇编完成后,再由 PC 机把生成的目标程序加载到用户样机上。

例如,前面编辑过的源程序,汇编完成后,如果没有错误,则形成两个文件。

一个为打印文件,格式为:

```
地    址         目标码         源程序
                               ORG   0030H
0030H           F0             MOVX  @DPTR,A
                7441           MOV   A,#41H
                               END
```

另一个称为目标码文件,格式为:

```
        0030   0033   F07441
        首地址  末地址   目标码
```

该目标文件由 PC 机通过串行通信下载到仿真器(或用户样机)运行。

在分析现成产品 ROM/EPROM 芯片中的程序时,要将二进制机器语言程序翻译成汇编语言程序,该过程称为反汇编。

汇编和反汇编的过程如图 2.25 所示。

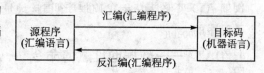

图 2.25 汇编和反汇编过程

2.5.3 伪指令

不同的微机系统有不同的汇编程序,也就定义了不同的汇编命令。这些由英文字母表示的汇编命令称为伪指令。伪指令不是真正的指令,无对应的机器码,在汇编时不产生目标程序(机器码),只是用来对汇编过程进行某种控制。89C51 汇编程序(如 Intel 的 ASM51)定义的常用伪指令有以下几条。

1. ORG——汇编起始命令

格式： ORG　16 位地址

该指令的功能是规定其后面程序的汇编地址,即汇编后生成目标程序存放的起始地址。
例如：

```
            ORG   2000H
START:   MOV   A,#64H
            ⋮
```

既规定了标号 START 的地址是 2000H,又规定了汇编后的第一条指令码从 2000H 开始存放。

ORG 可以多次出现在程序的任何地方。当它出现时,下一条指令的地址就由此重新定位。

2. END——汇编结束命令

END 命令通知汇编程序结束汇编。在 END 之后所有的汇编语言指令均不予以汇编。

3. EQU——赋值命令

格式： 字符名称　EQU　项(数或汇编符号)

EQU 命令是把"项"赋给"字符名称"。注意,这里的字符名称不等于标号(其后没有冒号)。其中的"项"可以是数,也可以是汇编符号。用 EQU 赋过值的符号名可以用作数据地址、代码地址、位地址或是一个立即数。因此,它可以是 8 位的,也可以是 16 位的。例如：

```
AA      EQU  R1
MOV     A,AA
```

这里 AA 代表工作寄存器 R1。又例如：

```
A10     EQU   10
DELY    EQU   07EBH
MOV     A,A10
LCALL   DELY
```

这里 A10 当作片内 RAM 的一个直接地址,而 DELY 定义了一个 16 位地址,实际上它是一个子程序的入口。

4. DATA——数据地址赋值命令

格式： 字符名称　DATA　表达式

DATA 命令的功能与 EQU 的类似,但有以下差别：
➢ EQU 定义的字符名必须先定义后使用,而 DATA 定义的字符名可以后定义先使用。
➢ EQU 伪指令可以把一个汇编符号赋给一个名字,而 DATA 只能把数据赋给字符名。
➢ DATA 语句中可以把一个表达式的值赋给字符名称,其中的表达式应是可求值的。
DATA 伪指令常在程序中用来定义数据地址。

5. DB——定义字节命令

格式： DB 〔项或项表〕

项或项表可以是1字节且用逗号隔开的字节串或括在单引号('')中的ASCII字符串。它通知汇编程序从当前ROM地址开始,保留1字节或字节串的存储单元,并存入DB后面的数据,例如:

```
        ORG   2000H
        DB    0A3H
LIST:   DB    26H,03H
STR:    DB    'ABC'
        ⋮
```

经汇编后,则有:

(2000H) = A3H
(2001H) = 26H
(2002H) = 03H
(2003H) = 41H
(2004H) = 42H
(2005H) = 43H

其中,41H、42H和43H分别为A、B和C的ASCII编码值。

6. DW——定义字命令

格式: DW 16位数据项或项表

该命令把DW后的16位数据项或项表从当前地址连续存放。每项数值为16位二进制数,高8位先存放,低8位后存放,这与其他指令中16位数的存放方式相同。DW常用于定义一个地址表,例如:

```
        ORG   1500H
TABLE:  DW    7234H,8AH,10H
```

经汇编后,则有:

(1500H) = 72H   (1501H) = 34H
(1502H) = 00H   (1503H) = 8AH
(1504H) = 00H   (1505H) = 10H

7. DS——定义存储空间命令

格式: DS 表达式

在汇编时,从指定地址开始保留DS之后表达式的值所规定的存储单元,以备后用。例如:

```
ORG  1000H
DS   08H
DB   30H,8AH
```

汇编以后,从1000H保留8个单元,然后从1008H开始按DB命令给内存赋值,即

(1008H) = 30H
(1009H) = 8AH

以上的 DB、DW 和 DS 伪指令都只对程序存储器起作用,它们不能对数据存储器进行初始化。

8. BIT——位地址符号命令

格式: 字符名 BIT 位地址

其中,字符名不是标号,其后没有冒号,但它是必需的。其功能是把 BIT 之后的位地址值赋给字符名。例如:

```
A1  BIT  P1.0
A2  BIT  02H
```

这样,P1 口第 0 位的位地址 90H 就赋给了 A1,而 A2 的值则为 02H。

需要说明的是:实际应用中所使用的汇编程序不同,伪指令可能有所增减。

2.6 主程序和子程序的概念

2.6.1 主程序

主程序是单片机系统控制程序的主框架,是一个顺序执行的无限循环的程序,运行过程必须构成一个圈,如图 2.26(a)所示。这是一个很重要的概念。

主程序应不停地顺序查询各种软件标志,并根据其变化调用有关的子程序和执行相应的中断服务子程序,以完成对各种实时事件的处理。图 2.26(b)给出了主程序的结构。

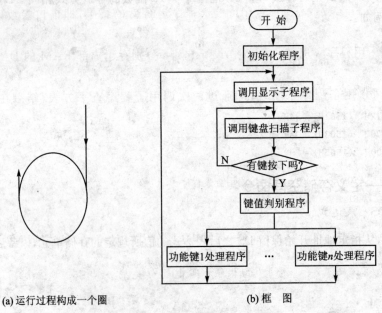

(a) 运行过程构成一个圈　　　　(b) 框　图

图 2.26　主程序结构

2.6.2 子程序及参数传递

在一段程序中,往往有许多地方需要执行同样的一种操作(一个程序段)。这时可以把该操作单独编制成一个子程序,在主程序需要执行这种操作的地方执行一条调用指令,转到子程序去执行;完成规定操作以后,再返回到原来的程序(主程序)继续执行,并可以反复调用,如图 2.27 所示。这样处理可以简化程序的逻辑结构,缩短程序长度,便于模块化,便于调试。

在汇编语言源程序中,主程序调用子程序时要注意两个问题,即主程序和子程序间参数传递和子程序现场保护的问题。

在子程序中,一般应包含现场保护和现场恢复两个部分。

子程序调用中还有一个特别重要的问题就是信息交换,也就是参数传递问题。在调用子程序时,主程序应先把有关参数(即入口参数)放到某些约定的位置,子程序在运行时,可以从约定的位置得到有关的参数;同样,子程序在运行结束前,也应该把运算结果(出口参数)送到约定位置,在返回主程序后,主程序可以从这些地方得到需要的结果。这就是参数传递。子程序必须以 RET 结尾。

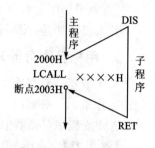

图 2.27 调子程序

实际实现参数传递时,可采用多种约定方法。89C51 单片机常用工作寄存器、累加器、地址指针寄存器(R0、R1 和 DPTR)或堆栈来传递参数。下面举两个例子加以说明。

1. 用工作寄存器或累加器来传递参数

这种方法是把入口参数或出口参数放在工作寄存器 Rn 或累加器 A 中。主程序在调用子程序之前,要把入口参数放在 Rn 或 A 中,子程序运行后的结果,即出口参数也放在 Rn 或 A 中。

【例 2.22】 用程序实现 $c=a^2+b^2$。设 a、b 和 c 分别存入内部 RAM 的 DA、DB 和 DC 3 个单元中。

这个问题可以用子程序来实现,即通过两次调用子程序查平方表,结果在主程序中相加得到。

主程序片段:

```
STAR:  MOV    A,DA         ;取第一操作数
       ACALL  SQR          ;调用查表程序
       MOV    R1,A         ;a² 暂存 R1 中
       MOV    A,DB         ;取 b
       ACALL  SQR          ;第 2 次调用查表程序
       ADD    A,R1         ;a² + b²→A
       MOV    DC,A         ;结果存于 DC 中
       SJMP   $            ;等待
```

子程序片段:

```
SQR:   INC    A            ;偏移量调整(RET1 字节)
       MOVC   A,@A+PC      ;查平方表
       RET
```

```
TAB:   DB    0,1,4,9,16
       DB    25,36,49,64,81
       END
```

从上例中可以看到,子程序也应有一个名字,该名字应作为子程序中第 1 条指令的标号。例如,查表子程序的名字是 SQR。

其入口条件是(A)=待查表的数;出口条件是(A)=平方值。

2. 用指针寄存器来传递参数

由于数据一般存放在存储器中,故可用指针来指示数据的位置。这样可大大减少传递数据的工作量。一般情况下,如果参数在片内 RAM 中,则可用 R0 或 R1 作指针;如果参数在片外 RAM 或程序存储器中,则可用 DPTR 作指针。

【例 2.23】 将 R0 和 R1 指出的内部 RAM 中两个 3 字节无符号整数相加,结果送到由 R0 指出的内部 RAM 中。入口时,R0 和 R1 分别指向加数和被加数的低位字节;出口时,R0 指向结果的高位字节。低字节在低地址,高字节在高地址。利用 89C51 的带进位加法指令,可以直接编写出下面的子程序。

```
NADD:   MOV    R7,#3        ;3 字节加法
        CLR    C
NADD1:  MOV    A,@R0        ;取加数低字节
        ADDC   A,@R1        ;取被加数低字节并加到 A
        MOV    @R0,A
        DEC    R0
        DEC    R1
        DJNZ   R7,NADD1
        INC    R0
        RET
```

2.6.3 中断服务子程序

主程序调用子程序与主程序被中断而去执行中断服务子程序的过程是不同的。主程序调用子程序是当主程序运行到"LCALL DIS"指令时,先自动压入断点 2003H,然后执行子程序,如图 2.27 所示;而主程序中断是随机的,如图 2.28 所示。

当主程序运行时,如果遇到中断申请,则 CPU 执行完当前的一条指令(如 MOV A,#00H)后,首先自动压入断点 1002H,然后转去执行中断服务子程序 INT0。

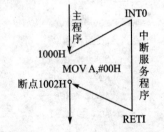

图 2.28 进入中断服务子程序

上述两个过程的共同点都是自动压入断点。当执行子程序到最后一条指令 RET 时,自动弹出断点 2003H 送 PC,返回主程序;当中断服务程序执行到最后一条指令 RETI 时,同样弹出断点 1002H 送 PC,返回主程序。除此之外,两种子程序都需要保护现场和恢复现场,请读者自行设计。

2.7 数据处理程序

采样到的数据要经过必要的处理,才能用于控制和显示。一般单片机小系统的系统软件应按图2.29所示流程处理。

2.7.1 排序程序及数字滤波程序

请参阅《单片机原理及接口技术第3版》10.3节[1]。

2.7.2 标度变换(工程量变换)

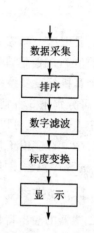

图 2.29 数据处理流程

生产现场的各种参数都有不同的数值和量纲,例如,温度单位用℃,压力单位用Pa(帕),流量单位用m^3/s。这些参数经A/D转换后,统一变为0~M个数码,例如,8位A/D转换器输出的数码为0~255。这些数码虽然代表参数值的大小,但是并不表示带有量纲的参数值,必须将其转换成有量纲的数值,才能进行显示和打印。这种转换称为标度变换或工程量转换。

1. 线性参数标度变换

线性标度变换是最常用的标度变换方式,其前提条件是参数值与A/D转换结果(采样值)之间应呈线性关系。当输入信号为0(即参数值起点值),A/D输出值不为0时,标度变换公式为:

$$A_x = A_0 + (A_m - A_0)\frac{N_x - N_0}{N_m - N_0} \quad (2-1)$$

式中:A_0——参数量程起点值,一次测量仪表的下限;

A_m——参数量程终点值,一次测量仪表的上限;

A_x——参数测量值,实际测量值(工程量);

N_0——量程起点对应的A/D转换后的值,仪表下限所对应的数字量;

N_m——量程终点对应的A/D值,仪表上限所对应的数字量;

N_x——测量值对应的A/D值(采样值),实际上是经数字滤波后确定的采样值。

其中,A_0、A_m、N_0和N_m对一个检测系统来说是常数。

通常,在参数量程起点(输入信号为0),A/D值为0(即$N_0=0$)。因此,上述标度变换公式可简化为:

$$A_x = A_0 + \frac{N_x}{N_m}(A_m - A_0) \quad (2-2)$$

在很多测量系统中,参数量程起点值(即仪表下限值)$A_0=0$,此时,其对应的$N_0=0$。于是,式(2-1)可进一步简化为:

$$A_x = A_m \frac{N_x}{N_m} \quad (2-3)$$

式(2-1)、式(2-2)和式(2-3)即为在不同情况下,线性刻度仪表测量参数的标度变换公式。

例如,某测量点的温度量程为200~400 ℃,采用8位A/D转换器,那么,$A_0=200$ ℃,A_m

$=400\ ℃, N_0=0, N_m=255$，采样值为 N_x。其标度变换公式为：

$$A_x = 200\ ℃ + \frac{N_x}{255} \times 200\ ℃$$

只要把这一算式编成程序，将 A/D 转换后经数字滤波处理后的值 N_x 代入，即可计算出温度的真实值。

计算机标度变换程序就是根据上述 3 个公式进行计算的。为此，可分别把 3 种情况设计成不同的子程序。设计时，可以采用定点运算，也可以采用浮点运算，应根据需要选用。

式(2-1)适用于量程起点(仪表下限)不在零点的参数，计算 A_x 的程序流程图如图 2.30 所示。

2. 非线性参数标度变换

传感器的输出特性是非线性的，如热敏电阻值-温度特性呈指数规律变化；又如热电耦的电压值-温度特性及流量仪表的传感器的流量-压差值等都是非线性的。而前面讲的标度变换公式只适用于线性变化的参数。

图 2.31 是用热敏电阻组成的惠斯顿电桥测温电路。R_1 是热敏电阻，当电桥处于某一温度 T_0 时，R_1 取值 R_{1,T_0}，使电桥达到平衡。

平衡条件为：

$$R_{1,T_0} R_3 = R_2 R_4$$

此时，电桥输出电压 $U_{出}=0\ V$。若温度改变 ΔT，则 R_1 的阻值也改变 ΔR，电桥平衡遭到破坏，产生输出电压 $U_{出}$。从理论上讲，通过测量电压 $U_{出}$ 的值就能推得 R_1 的阻值变化，从而测得环境温度的变化。但是，由于存在非线性问题，若按线性处理，就会产生较大的误差。

一般而言，不同传感器的非线性变化规律各不相同。许多非线性传感器的输出特性变量关系写不出一个简单的公式；或者虽然能写出，但计算相当困难。这时，可采用查表法进行标度变换。

上述温度检测回路是由热敏电阻组成的电桥电路，存在非线性关系。在进行标度变换时，首先直接测量出温度检测回路的温度-电压特性曲线，如图 2.32 所示；然后按照 A/D 转换器的位数(即分辨精确度)以及相应的电压值范围，分别从温度-电压特性曲线中查出各输出电压所对应的环境温度值，将其列成一张表，固化在 Flash ROM 中；当单片机采集到数字量(即 A/D 转换输出的电压值)后，只要查表就能准确地得出环境温度值，据此再去进行显示和控制。

由图 2.32 阻值-温度特性可知，如果流过热敏电阻 R_1 的电流为 1 mA，则可得到温度-电压特性表如表 2.3 所列。依此表编制标度变换子程序。

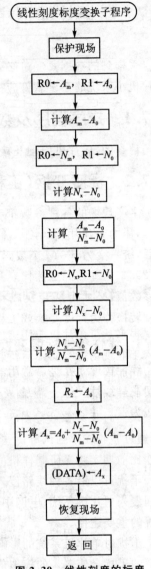

图 2.30 线性刻度的标度变换程序框图

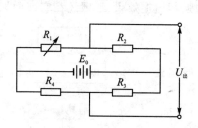

图 2.31 测温电桥电路

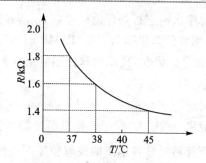

图 2.32 热敏电阻的阻值-温度特性

表 2.3 温度-电压特性

电压/V	1.4	1.5	1.6	1.7	1.8	…
温度/℃	45.00	40.00	38.00	37.50	37.00	

2.8 软件抗干扰技术

很多从事单片机应用工作的人员都有这样的经历,将经过千辛万苦安装和调试好的样机投入工业现场进行实际运行时,几乎都不能正常工作。有的一开机就失灵;有的时好时坏,让人不知所措。为什么实验室能正常模拟运行的系统,到了工业环境就不能正常运行呢?原因是人所共知的——工业环境有强大的干扰,单片机系统没有采取抗干扰的措施,或者措施不力。须经过反复修改硬件设计和软件设计,增加不少对症措施之后,系统才能够适应现场环境,通过验收或得到认可。这时再对整个研制开发过程进行回顾,将会发现,为抗干扰而做的工作比前期实验室研制样机的工作还要多,有时甚至多几倍。由此可见抗干扰技术的重要性。

干扰可以沿各种线路侵入单片机系统,也可以以场的形式(高电压、大电流、电火花等)从空间侵入单片机系统;电网中各种浪涌电压入侵,系统的接地装置不良或不合理等,也是引入干扰的重要途径。

干扰对单片机系统的影响可以分为3个部位:前向通道、CPU 内核及后向通道。对前向通道的干扰会使输入的模拟信号失真,数字信号出错。对这一部位的抗干扰,硬件方面可采用光电隔离、硬件滤波电路等措施,在软件方面可采用前面讲的数字滤波方法。

干扰可使单片机系统内核 3 总线上的数字信号错乱,从而引发一系列无法预料的后果,并会将这个错误一直传递下去,形成一系列错误。CPU 得到错误的地址信号后,引起程序计数器出错,使程序运行离开正常轨道,导致程序失控、跑飞或死循环,进而使后向通道的输出信号混乱,不能正常反映单片机系统的真实输出,从而导致一系列严重后果。本节主要讨论软件抗干扰的问题,关于硬件的抗干扰措施这里不做论述。

2.8.1 软件陷阱技术

当 CPU 受到干扰后,往往将一些操作数当作指令码来执行,造成程序执行混乱。这时,首先要尽快将程序纳入正轨(执行真正的指令序列)。

软件陷阱就是用一条引导指令强行将捕获的程序引向一个指定的地址,在那里有一段专门对程序出错进行处理的程序,以使程序按既定目标执行。如果把这段程序的入口标号称为 ERR,则软件陷阱即为一条"LJMP ERR"的指令。为加强其捕捉效果,一般还在它前面加两条 NOP 指令。因此,真正的软件陷阱由 3 条指令构成:

```
NOP
NOP
LJMP   ERR
```

下面将对软件陷阱的设置位置作一简单的介绍。

1. 未使用的中断向量区

当干扰使未使用的中断开放,并激活这些中断时,就会导致系统程序执行混乱。但如果在这些地方设置陷阱,就能及时捕捉到错误中断。假设系统共使用 3 个中断:$\overline{INT0}$、T0 和 T1,其中断子程序分别为 PGINT0、PGT0 和 PGT1,则可以按如下方式设置中断向量区。

```
                ORG     0000H
0000    START:  LJMP    MAIN        ;引向主程序入口
0003            LJMP    PGINT0      ;INT0 中断正常入口
0006            NOP                 ;冗余指令
0007            NOP                 ;陷阱
0008            LJMP    ERR
000B            LJMP    PGT0        ;T0 中断正常入口
000E            NOP                 ;冗余指令
000F            NOP                 ;陷阱
0010            LJMP    ERR
0013            LJMP    ERR         ;未使用 INT1,设陷阱
0016            NOP                 ;冗余指令
0017            NOP                 ;陷阱
0018            LJMP    ERR
001B            LJMP    PGT1        ;T1 中断正常入口
001E            NOP                 ;冗余指令
001F            NOP                 ;陷阱
0020            LJMP    ERR
0023            LJMP    ERR         ;未使用串行口中断,设陷阱
0026            NOP                 ;冗余指令
0027            NOP                 ;陷阱
0028            LJMP    ERR
```

2. 未使用的大片 ROM 空间

现在使用的 89C51 片内 Flash ROM 一般都很少能将其全部用完。对于剩余的大片未编程 ROM 空间,一般都维持原状(0FFH)。0FFH 对于 89C51 指令系统来说,是一条单字节指令"MOV R7,A",程序跑飞到这一区域后将顺流而下,不再跳跃(除非受到新的干扰)。这样,只要每隔一段设置一个陷阱,就能捕捉到跑飞的程序。有的编程者用"02 00 00"(即 LJMP START)来填充 ROM 的未使用空间,以为两个 00H 既是地址,可设置陷阱,又是 NOP 指令,即冗余指令,起到双重作用。实际上,这样做是不妥的。因为每当程序出错后都直接从头开始

执行,有可能发生一系列的麻烦事情。软件陷阱一般指向出错处理过程ERR才比较稳妥,而ERR可以安排在0030H开始的地方。程序不管怎样修改,编译后ERR的地址总是固定的(因为它前面的中断向量区是固定的)。这样就可以用"00 00 20 00 30"5字节作为陷阱来填充ROM中的未使用空间,或者每隔一段设置一个陷阱(02 00 30),其他单元保持0FFH不变。

3. 表　格

表格有两类:一类是数据表格,供"MOVC A,@A+PC"指令或"MOVC A,@A+DPTR"指令使用,其内容完全不是指令;另一类是散转表格,供"JMP @A+DPTR"指令使用,其内容为一系列的3字节指令LJMP或2字节指令AJMP。由于表格中内容和检索值存在一一对应关系,在表格中安排陷阱将会破坏其连续性和对应关系,所以,只能在表格的最后安排5字节陷阱(NOP、NOP和LJMP ERR)。

4. 程序区

程序区是由一系列执行指令构成的,一般不能在这些指令串中间任意安排陷阱;否则,正常执行的程序也可能被捕获。在这些指令串中间常有一些断点,正常执行的程序到此便不会继续往下执行了,这类指令有LJMP、SJMP、AJMP、RET和RETI。这时,PC的值应发生正常跳转,如果还要顺次往下执行,就必然要出错。如果跑飞来的程序刚好落到断点的操作数上或落到前面指令的操作数上(又没有在这条指令之前使用冗余指令),则程序就会越过断点,继续往前冲。在这种地方安排陷阱后,就能有效地捕获到它,而又不会影响正常执行的程序流程。例如,在一个根据累加器A中内容的正、负、零情况进行三分支的程序中,软件陷阱的安置方式如下:

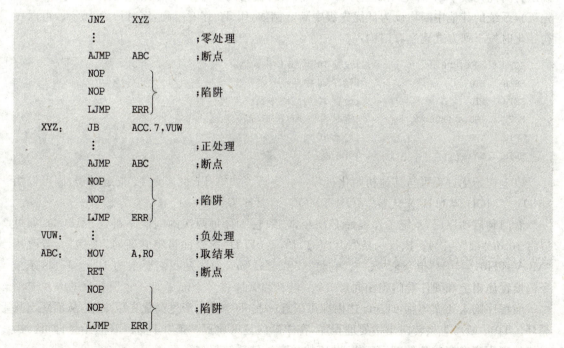

2.8.2　软件看门狗

前面已经提到,当程序跑飞到一个临时构成的死循环中时,软件陷阱也就无能为力了,这

第2章 单片机指令系统及汇编语言程序设计

时系统将完全瘫痪。如果操作者在场，就可以按下人工复位按钮，强制系统复位，摆脱死循环。但操作者不能一直监视着系统，即使监视着系统，也往往是在引起不良后果之后才进行人工复位。能不能不要人来监视，而由计算机自己来监视系统运行情况呢？当然可以，这就是程序运行监视系统（WatchDog）。这好比是主人养了一条狗，主人在正常干活时总是不忘每隔一段固定时间就给狗吃点东西，狗吃过东西就安静下来，不影响主人干活。如果主人打瞌睡不干活了，到一定时间，狗饿了，发现主人还没有给它吃东西，就会大叫起来，把主人吵醒。国外把程序运行监视系统称为 WatchDog（看门狗）就是这个意思。从这个比喻中可以看出，WatchDog 有如下特性：

- 本身能独立工作，基本上不依赖于 CPU；
- CPU 在一个固定的时间间隔内和该系统打一次交道（喂一次狗），以表明系统目前尚正常；
- 当 CPU 陷入死循环后，能及时发觉并使系统复位。

在 8096 系列单片机和增强型 89C51 系列单片机芯片内已经内嵌了看门狗，使用起来很方便。而在普通型 51 系列单片机中，必须由用户自己建立。如果要实现看门狗的真正目标，该系统还必须包括完全独立于 CPU 之外的硬件电路，有时为了简化硬件电路，也可以采用纯软件的看门狗系统。当硬件电路设计未采用看门狗时，软件看门狗是一个比较好的补救措施，只是其可靠性稍差一些。

当系统陷入死循环后，什么样的程序才能使它跳出来呢？只有比这个死循环更高级的中断子程序才能夺走对 CPU 的控制权。为此，可以用一个定时器来作看门狗，将它的溢出中断设定为高优先级中断（掉电中断选用 $\overline{INT0}$ 时，也可设为高级中断，并享有比定时中断更高的优先级），系统的其他中断均设为低优先级中断。例如，用 T0 作看门狗，定时约为 16 ms，可以在初始化时按下列方式建立看门狗：

```
MOV    TMOD,#01H      ;设置 T0 为 16 位定时器
SETB   ET0            ;允许 T0 中断
SETB   PT0            ;设置 T0 为高级中断
MOV    TH0,#0E0H      ;定时约 16 ms（6 MHz 晶振）
SETB   TR0            ;启动 T0
SETB   EA             ;开中断
```

以上初始化过程可与其他初始化过程一并进行。如果 T1 也作为 16 位定时器，则可以用"MOV TMOD,#11H"来代替"MOV TMOD,#01H"指令。

看门狗启动以后，系统工作程序必须经常"喂它"，且每两次的间隔不得大于16 ms（如可以每 10 ms"喂"一次）。执行一条"MOV TH0,#0E0H"指令即可将它暂时"喂饱"。若改用"MOV TH0,#00H"指令来"喂"它，它将"安静"131 ms（而不是我们要求的 16 ms）。这条指令的设置原则上和硬件看门狗相同。

当程序陷入死循环后，16 ms 之内即可引起一次 T0 溢出，产生高优先级中断，从而跳出死循环。T0 中断可直接转向出错处理程序，在中断向量区放置一条"LJMP ERR"指令即可。由出错处理程序来完成各种善后工作，并用软件方法使系统复位。

下面是一个完整的看门狗程序，它包括模拟主程序，"喂狗"（DOG）程序和空弹返回 0000H（TOP）程序。

```
        ORG    0000H
        AJMP   MAIN
        ORG    000BH
        LJMP   TOP
MAIN:   MOV    SP,#60H
        MOV    PSW,#00H
        MOV    SCON,#00H     ;模拟硬件复位,这部分可根据系统对资源使用情况增减
        ⋮
        MOV    IE,#00H
        MOV    IP,#00H
        MOV    TMOD,#01H
        LCALL  DOG           ;调用 DOG 程序的时间间隔应小于定时器定时时间
        ⋮
DOG:    MOV    TH0,#0B1H     ;喂狗程序
        MOV    TL0,#0E0H
        SETB   TR0
        RET
TOP:    POP    ACC           ;空弹断点地址
        POP    ACC
        CLR    A
        PUSH   ACC           ;将返回地址换成 0000H,以便实现软件复位
        PUSH   ACC
        RETI
```

程序说明：一旦程序跑飞,便不能"喂狗",定时器 T0 溢出,进入中断矢量地址 000BH,执行"LJMP TOP"指令,进入空弹程序 TOP。当执行完 TOP 程序后,就将 0000H 送入 PC,从而实现了软件复位。

2.9 最短程序

"最短程序"是指最简洁的主程序以及调用最少子程序的系统软件程序。

在实践过程中,我们发现"最短实验程序"对系统的运行调试很有帮助。特别是对经验较少的开发者,首先在自己的硬件系统上运行"最短程序"时,如果最短程序通过,则说明硬件问题不大；如果最短程序,即很明显没有错误的最基本模块程序运行不能通过,则说明硬件有问题。这时就应该首先将硬件化简成最小系统或排除硬件故障后,再运行"最短程序"。如果运行通过,可逐步增加软件模块和硬件模块,反复实验。

对于任何一个硬件系统,都设置有键盘和 LED（或 LCD）显示器。图 2.33 的最短程序框图适合任何系统。它的功能是：判断有无键按下,若有就在一个 LED 上显示一 A 字。图中 DIS 为显示子程序,KS1 为判断有无键按下子程序。

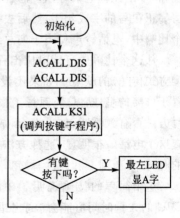

图 2.33 最短程序框图

第 3 章

单片机的中断、定时器及串行口通信

3.1 中断系统

3.1.1 中断的概念

早期的计算机没有中断功能,主机与外设交换信息(数据)只能采用程序控制传送方式。如前所述,查询传送方式交换信息时,CPU 不能再做别的事,而是在大部分时间内处于等待状态,等待 I/O 接口准备就绪。

现代计算机都具有实时处理功能,能对外界随机(异步)发生的事件作出及时处理。这是靠中断技术来实现的。

当 CPU 正在处理某件事情时,外部发生的某一事件(如一个电平的变化、一个脉冲沿的发生或定时器计数的溢出等)请求 CPU 迅速去处理,于是,CPU 暂时中止当前的工作,转去处理所发生的事件。中断服务处理完该事件以后,再回到原来被中止的地方,继续原来的工作,这样的过程称为中断,如图 3.1 所示。实现这种功能的部件称为中断系统(中断机构);产生中断的请求源称为中断源;中断源向 CPU 提出的处理请求,称为中断请求或中断申请;CPU 暂时中止自身的事务,转去处理事件的过程,称为 CPU 的中断响应过程;对事件的整个处理过程,称为中断服务(或中断处理);处理完毕,再回到原来被中止的地方,称为中断返回。

为帮助读者理解中断操作,这里作个比喻。把 CPU 比作正在写报告的有限公司的总经理,将中断比作电话呼叫。总经理的主要任务是写报告,可是如果电话铃响了(一个中断),他写完正在写的字或句子,然后去接电话。听完电话以后,他又回来从打断的地方继续写。在这个比喻中,电话铃声相当于向总经理请求中断。

从这个比喻中还能对比出程序控制传送方式(无条件传送或查询方式传送)的缺点。如果不设中断请求(电话铃声),我们就会被置于可笑的境地:总经理写了报告中的几个字以后,拿起电话听听对方是否有人呼叫,如果没有,放下电话再写几个字;接着再一次检查这个电话。很明显,这种方法浪费了一个重要的资源——总经理的时间。

这个简单的比喻说明了中断功能的重要性。没有中断技术,CPU 的大量时间可能会浪费在原地踏步的操作上。

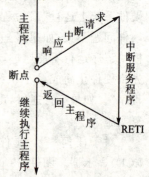

图 3.1 中断流程

3.1.2 中断系统结构及中断控制

89C51单片机中断系统的结构如图3.2所示。

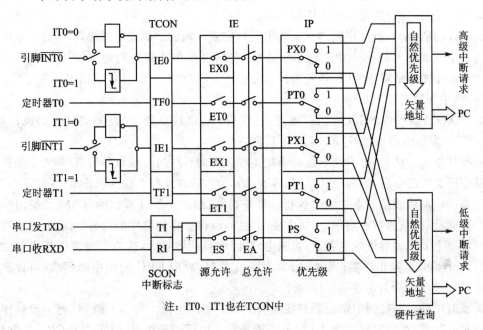

图 3.2 中断系统结构

从图3.2中可见,89C51单片机有5个中断请求源(89C52有6个),4个用于中断控制的寄存器IE、IP、TCON(用6位)和SCON(用2位),用来控制中断的类型、中断的开/关和各种中断源的优先级别。5个中断源有两个中断优先级,每个中断源可以编程为高优先级或低优先级中断,可以实现二级中断服务程序嵌套。

中断是计算机的一个重要功能。采用中断技术能实现以下的功能:

- ➢ 分时操作。计算机的中断系统可以使CPU与外设同时工作。CPU在启动外设后,便继续执行主程序;而外设被启动后,开始进行准备工作。当外设准备就绪时,就向CPU发出中断请求,CPU响应该中断请求并为其服务完毕后,返回到原来的断点处继续运行主程序。外设在得到服务后,也继续进行自己的工作。因此,CPU可以使多个外设同时工作,并分时为各外设提供服务,从而大大提高了CPU的利用率和输入/输出的速度。

- ➢ 实时处理。当计算机用于实时控制时,请求CPU提供服务是随机发生的。有了中断系统,CPU就可以立即响应并加以处理。

- ➢ 故障处理。计算机在运行时往往会出现一些故障,如电源断电、存储器奇偶校验出错、运算溢出等。有了中断系统,当出现上述情况时,CPU可及时转去执行故障处理程序,自行处理故障而不必停机。

1. 中断源

89C51中断系统的5个中断源为:

第3章 单片机的中断、定时器及串行口通信

- INT0：外部中断0请求，低电平有效。通过P3.2引脚输入。
- INT1：外部中断1请求，低电平有效。通过P3.3引脚输入。
- T0：定时器/计数器0溢出中断请求。
- T1：定时器/计数器1溢出中断请求。
- TXD/RXD：串行口中断请求。当串行口完成一帧数据的发送或接收时，便请求中断。

每个中断源都对应一个中断请求标志位，它们设置在特殊功能寄存器 TCON 和 SCON 中。当这些中断源请求中断时，相应的标志分别由 TCON 和 SCON 中的相应位来锁存。

通常，中断源有以下几种：

- I/O设备。一般的I/O设备（键盘、打印机、A/D转换器等）在完成自身的操作后，向CPU发出中断请求，请求CPU为其服务。
- 硬件故障。例如，电源断电就要求把正在执行的程序的一些重要信息（继续正确执行程序所必须的信息，如程序计数器、各寄存器的内容以及标志位的状态等）保存下来，以便重新供电后能从断点处继续执行。另外，目前绝大多数计算机的 RAM 是使用半导体存储器，故电源断电后，必须接上备用电源，以保护存储器中的内容。因此，通常在直流电源上并联大容量的电容器，当断电时，因电容的容量大，故直流电源电压不能立即变为0，而是下降很缓慢；当电压下降到一定值时，就向CPU发出中断请求，由计算机的中断系统执行上述各项操作。
- 实时时钟。在控制中常会遇到定时检测和控制的情况。若用CPU执行一段程序来实现延时，则在规定时间内，CPU便不能进行其他任何操作，从而降低了CPU的利用率。因此，常采用专门的时钟电路。当需要定时时，CPU发出命令，启动时钟电路开始计时，待到达规定的时间后，时钟电路发出中断请求，CPU响应并加以处理。
- 为调试程序而设置的中断源。一个新的程序编好后，必须经过反复调试才能正确可靠地工作。在调试程序时，为了检查中间结果的正确与否或为寻找问题所在，往往在程序中设置断点或单步运行程序，一般称这种中断为自愿中断。而上述前3种中断是由随机事件引起的中断，称为强迫中断。

2. 中断控制

89C51中断系统有以下4个特殊功能寄存器：

- 定时器控制寄存器 TCON（用6位）；
- 串行口控制寄存器 SCON（用2位）；
- 中断允许寄存器 IE；
- 中断优先级寄存器 IP。

其中，TCON 和 SCON 只有一部分位用于中断控制。通过对以上各特殊功能寄存器的各位进行置位或复位等操作，可实现各种中断控制功能。

1) 中断请求标志

(1) TCON 中的中断标志位

TCON 为定时器/计数器 T0 和 T1 的控制寄存器，同时也锁存 T0 和 T1 的溢出中断标志及外部中断0和1的中断标志等。与中断有关的位如图3.3所示。

TCON (88H)	8FH	8EH	8DH	8CH	8BH	8AH	89H	88H
	TF1		TF0		IE1	IT1	IE0	IT0

图 3.3 TCON 中的中断标志位

各控制位的含义如下：

- TF1：定时器/计数器 T1 的溢出中断请求标志位。当启动 T1 计数以后，T1 从初值开始加 1 计数。计数器最高位产生溢出时，由硬件使 TF1 置 1，并向 CPU 发出中断请求。当 CPU 响应中断时，硬件将自动对 TF1 清 0。
- TF0：定时器/计数器 T0 的溢出中断请求标志位。含义与 TF1 相同。
- IE1：外部中断 1 的中断请求标志位。当检测到外部中断引脚 1 上存在有效的中断请求信号时，由硬件使 IE1 置 1。当 CPU 响应该中断请求时，由硬件使 IE1 清 0。
- IT1：外部中断 1 的中断触发方式控制位。
  — IT1=0 时，外部中断 1 程控为电平触发方式。CPU 在每一个机器周期 S5P2 期间采样外部中断 1 请求引脚的输入电平。若外部中断 1 请求为低电平，则 IE1 置 1；若外部中断 1 请求为高电平，则使 IE1 清 0。
  — IT1=1 时，外部中断 1 程控为边沿触发方式。CPU 在每一个机器周期 S5P2 期间采样外部中断 1 请求引脚的输入电平。如果在相继的两个机器周期采样过程中，一个机器周期采样到外部中断 1 请求为高电平，接着的下一个机器周期采样到外部中断 1 请求为低电平，则 IE1 置 1。直到 CPU 响应该中断时，才由硬件使 IE1 清 0。
- IE0：外部中断 0 的中断请求标志位。其含义与 IE1 类同。
- IT0：外部中断 0 的中断触发方式控制位。其含义与 IT1 类同。

(2) SCON 中的中断标志位

SCON 为串行口控制寄存器，其低 2 位锁存串行口的接收中断和发送中断标志 RI 和 TI。SCON 中 TI 和 RI 的格式如图 3.4 所示。

各控制位的含义如下：

- TI：串行口发送中断请求标志位。CPU 将一个数据写入发送缓冲器 SBUF 时，就启动发送。每发送完一帧串行数据后，硬件置位 TI。但 CPU 响应中断时，并不清除 TI，必须在中断服务程序中由软件对 TI 清 0。
- RI：串行口接收中断请求标志位。在串行口允许接收时，每接收完一个串行帧，硬件置位 RI。同样，CPU 响应中断时不会清除 RI，必须用软件对其清 0。

SCON (98H)							99H	98H
							TI	RI

图 3.4 SCON 中的中断标志位

2) 中断允许控制

89C51 对中断源的开放或屏蔽是由中断允许寄存器 IE 控制的。IE 的格式如图 3.5 所示。

IE (A8H)	AFH	AEH	ADH	ACH	ABH	AAH	A9H	A8H
	EA			ES	ET1	EX1	ET0	EX0

图 3.5 中断允许控制位

中断允许寄存器 IE 对中断的开放和关闭实现两级控制。所谓两级控制，就是有一个总的开关中断控制位 EA(IE.7)。当 EA=0 时,屏蔽所有的中断请求,即任何中断请求都不接受;当 EA=1 时,CPU 开放中断,但 5 个中断源还要由 IE 低 5 位的各对应控制位的状态进行中断允许控制(见图 3.2)。IE 中各位的含义如下:

- EA:中断允许总控制位。EA=0,屏蔽所有中断请求;EA=1,CPU 开放中断。对各中断源的中断请求是否允许,还要取决于各中断源的中断允许控制位的状态。
- ES:串行口中断允许位。ES=0,禁止串行口中断;ES=1,允许串行口中断。
- ET1:定时器/计数器 T1 的溢出中断允许位。ET1=0,禁止 T1 中断;ET1=1,允许 T1 中断。
- EX1:外部中断 1 中断允许位。EX1=0,禁止外部中断 1 中断;EX1=1,允许外部中断 1 中断。
- ET0:定时器/计数器 T0 的溢出中断允许位。ET0=0,禁止 T0 中断;ET0=1,允许 T0 中断。
- EX0:外部中断 0 中断允许位。EX0=0,禁止外部中断 0 中断;EX0=1,允许外部中断 0 中断。

3) 中断优先级控制

89C51 有两个中断优先级。每一个中断请求源均可编程为高优先级中断或低优先级中断。中断系统中有两个不可寻址的"优先级生效"触发器,一个指出 CPU 是否正在执行高优先级的中断服务程序,另一个指出 CPU 是否正在执行低优先级中断服务程序。这两个触发器为 1 时,则分别屏蔽所有的中断请求。另外,89C51 片内有一个中断优先级寄存器 IP,其格式如图 3.6 所示。

IP (B8H)				BCH PS	BBH PT1	BAH PX1	B9H PT0	B8H PX0

图 3.6 中断优先级寄存器 IP 的控制位

IP 中的低 5 位为各中断源优先级的控制位,可用软件来设定。各位的含义如下:

- PS:串行口中断优先级控制位。
- PT1:定时器/计数器 T1 中断优先级控制位。
- PX1:外部中断 1 中断优先级控制位。
- PT0:定时器/计数器 T0 中断优先级控制位。
- PX0:外部中断 0 中断优先级控制位。

若某几个控制位为 1,则相应的中断源就规定为高级中断;反之,若某几个控制位为 0,则相应的中断源就规定为低级中断。

当同时接收到几个同一优先级的中断请求时,响应哪个中断源则取决于内部硬件查询顺序。其优先级顺序排列如图 3.7 所示。

图 3.7 中断源优先级排列顺序

有了 IP 的控制,即可实现如下两个功能。

(1) 按内部查询顺序排队

通常,系统中有多个中断源,因此就会出现数个中断源同时提出中断请求的情况。这样,就必须由设计者事先根据它们的轻重缓急,为每个中断源确定一个CPU为其服务的顺序号。当数个中断源同时向CPU发出中断请求时,CPU根据中断源顺序号的次序依次响应其中断请求。

(2) 实现中断嵌套

当CPU正在处理一个中断请求时,又出现了另一个优先级比它高的中断请求,这时,CPU就暂时中止执行对原来优先级较低的中断源的服务程序,保护当前断点,转去响应优先级更高的中断请求,并为其服务。待服务结束,再继续执行原来较低级的中断服务程序。该过程称为中断嵌套(类似于子程序的嵌套),该中断系统称为多级中断系统。二级中断嵌套的中断过程如图3.8所示。

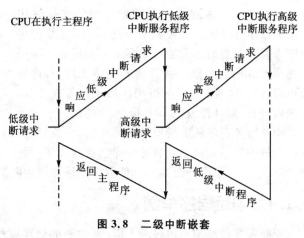

图3.8 二级中断嵌套

3.1.3 中断响应及中断处理过程

在89C51内部,中断则表现为CPU的微查询操作。89C51在每个机器周期的S6中查询中断源,并在下一个机器周期的S1中响应相应的中断,并进行中断处理。

中断处理过程可分为3个阶段:中断响应、中断处理和中断返回。由于各计算机系统的中断系统硬件结构不同,中断响应的方式也有所不同。在此说明89C51单片机的中断处理过程。

以外设提出接收数据请求为例。当CPU执行主程序到第K条指令时,外设向CPU发一信号,告知自己的数据寄存器已"空",提出接收数据的请求(即中断请求)。CPU接到中断请求信号,在本条指令执行完后,中断主程序的执行并保存断点地址,然后转去准备向外设输出数据(即响应中断)。CPU向外设输出数据(中断服务),数据输出完毕,CPU返回到主程序的第K+1条指令处继续执行(即中断返回)。在中断响应时,首先应在堆栈中保护主程序的断点地址(第K+1条指令的地址),以便中断返回时,执行RETI指令能将断点地址从堆栈中弹出到PC,正确返回。

由此可见,CPU执行的中断服务程序如同子程序一样,因此又被称作中断服务子程序。但两者的区别在于,子程序是用LCALL(或ACALL)指令来调用的,而中断服务子程序是通过中断请求实现的。因此,在中断服务子程序中也存在保护现场、恢复现场的问题。中断处理的大致流程图如图3.9所示。

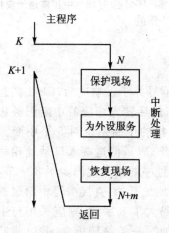

图3.9 中断处理的大致流程

CPU执行中断服务程序之前,自动将程序计数器的内容(断点地址)压入堆栈保护起来(但不保护状态寄存器PSW的内容,也不保护累加器A和其他寄存器的内容);然后将对应的中断矢量装入程序计数器PC,使程序转向该中断矢量地址单元中,以执行中断服务程序。各中断源及与之对应的矢量地址见表3.1。

由于89C51系列单片机的两个相邻中断源中断服务程序入口地址相距只有8个单元,一般的中断服务程序是容纳不下的。通常是在相应的中断服务程序入口地址中放一条长跳转指令LJMP,这样就可以转到64 KB的任何可用区域了。若在2 KB范围内转移,则可存放AJMP指令。

表3.1 中断源及其对应的矢量地址

中断源	中断矢量地址
外部中断0($\overline{INT0}$)	0003H
定时器T0中断	000BH
外部中断1($\overline{INT1}$)	0013H
定时器T1中断	001BH
串行口中断	0023H

中断服务程序从矢量地址开始执行,一直到返回指令RETI为止。RETI指令的操作,一方面告诉中断系统该中断服务程序已执行完毕;另一方面把原来压入堆栈保护的断点地址从栈顶弹出,装入程序计数器PC,使程序返回到被中断的程序断点处继续执行。如图3.1所示。

3.1.4 中断程序举例

中断程序的结构及内容与CPU对中断的处理过程密切相关,通常分为两大部分。

1. 主程序

1) 主程序的起始地址

89C51系列单片机复位后,(PC)=0000H,而0003H~002BH分别为各中断源的入口地址。因此,编程时应在0000H处写一跳转指令(一般为长跳转指令),使CPU在执行程序时,从0000H跳过各中断源的入口地址。主程序则是以跳转的目标地址作为起始地址开始编写的,一般从0030H开始,如图3.10所示。

2) 主程序的初始化内容

所谓初始化,是对将要用到的89C51系列单片机内部部件进行初始工作状态设定。89C51系列单片机复位后,特殊功能寄存器IE和IP的内容均为00H,所以应对IE和IP进行初始化编程,以开放CPU中断,允许某些中断源中断和设置中断优先级等。

图3.10 主程序地址安排

2. 中断服务程序

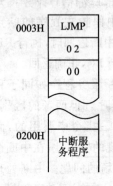

图3.11 中断服务程序地址

当CPU接收到中断请求信号并予以响应后,CPU把当前的PC内容压入栈中进行保护,然后转入相应的中断服务程序入口处执行。89C51系列单片机的中断系统对5个中断源分别规定了各自的入口地址(见表3.1),但这些入口地址相距很近(仅8字节)。如果中断服务程序的指令代码少于8字节,则可从规定的中断服务程序入口地址开始,直接编写中断服务程序;若中断服务程序的指令代码大于8字节,则应采用与主程序相同的方法,在相应的入口处写一条跳转指令,并以跳转指令的目标地址作为中断服务程序的起始地址进行编程。

以$\overline{INT0}$为例,中断矢量地址为0003H,中断服务程序从0200H开始,如图3.11所示。

3.2 定时器及应用

3.2.1 定时器及其控制

89C51 单片机片内有两个 16 位定时器/计数器，即定时器 0(T0)和定时器 1(T1)。它们都有定时和事件计数的功能，可用于定时控制、延时、对外部事件计数和检测等场合。

定时器 T0 和 T1 的结构以及与 CPU 的关系如图 3.12 所示。两个 16 位定时器实际上都是 16 位加 1 计数器。其中，T0 由两个 8 位特殊功能寄存器 TH0 和 TL0 构成；T1 由 TH1 和 TL1 构成。每个定时器都可由软件设置为定时工作方式或计数工作方式及其他灵活多样的可控功能方式。这些功能都由特殊功能寄存器 TMOD 和 TCON 所控制。

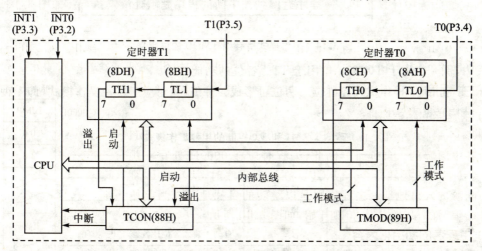

图 3.12 89C51 定时器结构

设置为定时工作方式时，定时器计数 89C51 片内振荡器输出的经 12 分频后的脉冲，即每个机器周期使定时器(T0 或 T1)的数值加 1，直至计满溢出。当 89C51 采用 12 MHz 晶振时，一个机器周期为 1 μs，计数频率为 1 MHz。

设置为计数工作方式时，通过引脚 T0(P3.4)和 T1(P3.5)对外部脉冲信号计数。当输入脉冲信号产生由 1 至 0 的下降沿时，定时器的值加 1。在每个机器周期的 S5P2 期间采样 T0 和 T1 引脚的输入电平。若前一个机器周期采样值为 1，下一个机器周期采样值为 0，则计数器加 1。此后的机器周期 S3P1 期间，新的数值装入计数器。因此，检测一个 1 至 0 的跳变需要两个机器周期，故最高计数频率为振荡频率的 1/24。虽然对输入信号的占空比无特殊要求，但为了确保某个电平在变化之前至少被采样一次，要求电平保持时间至少是一个完整的机器周期。对输入脉冲信号的基本要求如图 3.13 所示，T_{cy} 为机器周期。

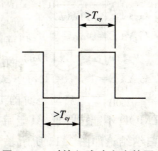

图 3.13 对输入脉冲宽度的要求

不管是定时还是计数工作方式，定时器 T0 或 T1 在对内部时钟或对外部事件计数时，不占用 CPU 时间，除非定时器/计数器溢出，才可能中断 CPU 的当前操作。由此可见，定时器是单片机中效率高而且工作灵活的部件。

除了可以选择定时或计数工作方式外,每个定时器/计数器还有4种工作模式,也就是每个定时器可构成4种电路结构模式。其中,模式0~2对T0和T1都是一样的,模式3对两者是不同的。

定时器共有两个控制字,由软件写入TMOD和TCON两个8位寄存器,用来设置T0或T1的操作模式和控制功能。当89C51系统复位时,两个寄存器所有位都被清0。

1. 工作模式寄存器 TMOD

TMOD用于控制T0和T1的工作模式,其各位的定义格式如图3.14所示。

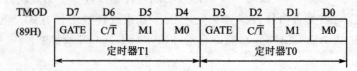

图 3.14 工作模式寄存器 TMOD 的位定义

其中,低4位用于T0,高4位用于T1。各位的功能如下。

- M1 和 M0:操作模式控制位。两位可形成4种编码,对应于4种操作模式(即4种电路结构),见表3.2。

表 3.2 M1 和 M0 控制的 4 种工作模式

M1	M0	工作模式	功能描述
0	0	模式 0	13 位计数器
0	1	模式 1	16 位计数器
1	0	模式 2	自动再装入 8 位计数器
1	1	模式 3	定时器 0:分成二个 8 位计数器 定时器 1:停止计数

- $C/\overline{T}$:定时器/计数器方式选择位。

  $C/\overline{T}=0$　设置为定时方式。定时器计数89C51片内脉冲,亦即对机器周期(振荡周期的12倍)计数。

  $C/\overline{T}=1$　设置为计数方式,计数器的输入是来自T0(P3.4)或T1(P3.5)端的外部脉冲。

- GATE:门控位。

  GATE=0　只要用软件使TR0(或TR1)置1,就可以启动定时器,而不管$\overline{INT0}$(或$\overline{INT1}$)的电平是高还是低(参见定时器结构图3.18~图3.20)。

  GATE=1　只有$\overline{INT0}$(或$\overline{INT1}$)引脚为高电平且由软件使TR0(或TR1)置1时,才能启动定时器工作。

TMOD不能位寻址,只能用字节设置定时器工作模式,低半字节设定T0,高半字节设定T1。归纳结论如图3.15所示。

2. 控制寄存器 TCON

定时器控制寄存器TCON除可字节寻址外,还可位寻址,各位定义及格式如图3.16所示。

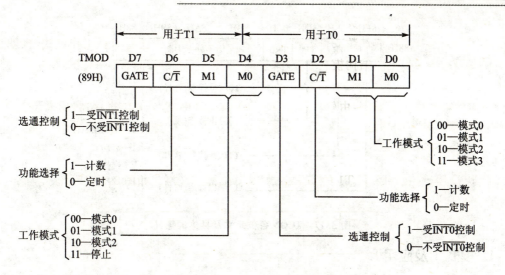

图 3.15 TMOD 各位定义及具体的意义

TCON	8FH	8EH	8DH	8CH	8BH	8AH	89H	88H
(88H)	TF1	TR1	TF0	TR0	IE1	IT1	IE0	IT0

图 3.16 控制寄存器 TCON 的位定义

TCON 各位的作用如下。

- TF1(TCON.7)：T1 溢出标志位。当 T1 溢出时，由硬件自动使中断触发器 TF1 置 1，并向 CPU 申请中断。当 CPU 响应中断进入中断服务程序后，TF1 又被硬件自动清 0。TF1 也可以用软件清 0。
- TF0(TCON.5)：T0 溢出标志位。其功能和操作情况同 TF1。
- TR1(TCON.6)：T1 运行控制位。可通过软件置 1 或清 0 来启动或关闭 T1。在程序中用指令"SETB TR1"使 TR1 位置 1，定时器 T1 便开始计数。
- TR0(TCON.4)：T0 运行控制位。其功能及操作情况同 TR1。
- IE1、IT1、IE0 和 IT0(TCON.3～TCON.0)：外部中断 $\overline{INT1}$ 和 $\overline{INT0}$ 请求及请求方式控制位。

89C51 复位时，TCON 的所有位清 0。

归纳结论如图 3.17 所示。

3.2.2 定时器的 4 种模式及应用

89C51 单片机的定时器/计数器 T0 和 T1 可由软件对特殊功能寄存器 TMOD 中控制位 $C/\overline{T}$ 进行设置，以选择定时功能或计数功能。对 M1 和 M0 位的设置对应于 4 种工作模式，即模式 0、模式 1、模式 2 和模式 3。在模式 0、模式 1 和模式 2 时，T0 与 T1 的工作模式相同；在模式 3 时，两个定时器的工作模式不同。模式 0 为 TL0(5 位)、TH0(8 位)方式，模式 1 为 TL1(8 位)、TH1(8 位)方式，其余完全相同。通常模式 0 很少用，常以模式 1 替代，本章不再介绍模式 0。

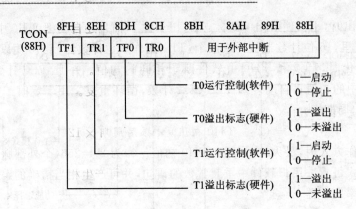

图 3.17 TCON 各位定义及具体的意义

1. 模式 1 及应用

该模式对应一个 16 位定时器/计数器,见图 3.18。其结构与操作几乎与模式 0 完全相同,唯一的差别是:在模式 1 中,寄存器 TH0 和 TL0 是以全部 16 位参与操作。用于定时工作方式时,定时时间为:

$$t = (2^{16} - T0\ 初值) \times 振荡周期 \times 12$$

用于计数工作方式时,计数长度为 $2^{16} = 65\,536$(个外部脉冲)。

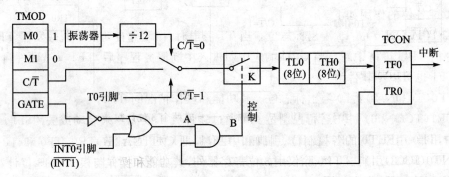

图 3.18 T0(或 T1)模式 1 结构——16 位计数器

2. 模式 2 及应用

模式 2 把 TL0(或 TL1)配置成一个可以自动重装载的 8 位定时器/计数器,如图 3.19 所示。

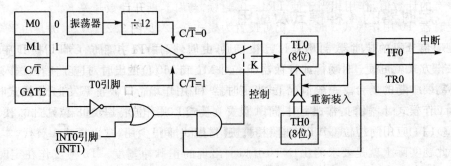

图 3.19 T0(或 T1)模式 2 结构——8 位计数器

TL0 计数溢出时,不仅使溢出中断标志位 TF0 置 1,而且还自动把 TH0 中的内容重新装载到 TL0 中。这里,16 位计数器被拆成两个,TL0 用作 8 位计数器,TH0 用以保存初值。

在程序初始化时,TL0 和 TH0 由软件赋予相同的初值。一旦 TL0 计数溢出,便置位 TF0,并将 TH0 中的初值再自动装入 TL0,继续计数,循环重复。用于定时工作方式时,其定时时间(TF0 溢出周期)为:

$$t = (2^8 - TH0 \text{ 初值}) \times \text{振荡周期} \times 12$$

用于计数工作方式时,最大计数长度(TH0 初值=0)为 $2^8 = 256$(个外部脉冲)。

这种工作模式可省去用户软件中重装常数的语句,并可产生相当精确的定时时间,特别适于作串行口波特率发生器。

3. 模式 3 及应用

工作模式 3 对 T0 和 T1 大不相同。若将 T0 设置为模式 3,则 TL0 和 TH0 被分成两个相互独立的 8 位计数器,如图 3.20 所示。

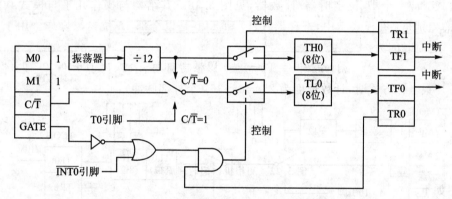

图 3.20　T0 模式 3 结构——分成两个 8 位计数器

其中,TL0 用原 T0 的各控制位、引脚和中断源,即 C/$\overline{\text{T}}$、GATE、TR0、TF0 和 T0(P3.4)引脚及 $\overline{\text{INT0}}$(P3.2)引脚。TL0 除仅用 8 位寄存器外,其功能和操作与模式 0(13 位计数器)和模式 1(16 位计数器)完全相同。TL0 也可工作在定时器方式或计数器方式。

TH0 只可用作简单的内部定时功能(见图 3.20 上半部分)。它占用了定时器 T1 的控制位 TR1 和中断标志位 TF1,其启动和关闭仅受 TR1 的控制。

定时器 T1 无工作模式 3 状态。若将 T1 设置为模式 3,就会使 T1 立即停止计数,也就是保持住原有的计数值,作用相当于使 TR1=0,封锁"与"门,断开计数开关 K。

在定时器 T0 用作模式 3 时,T1 仍可设置为模式 0~2,见图 3.21(a)和(b)。由于 TR1 和 TF1 被定时器 T0 占用,计数器开关 K 已被接通,此时,仅用 T1 控制位 C/$\overline{\text{T}}$ 切换其定时器或计数器工作方式就可使 T1 运行。寄存器(8 位、13 位或 16 位)溢出时,只能将输出送入串行口或用于不需要中断的场合。一般情况下,当定时器 T1 用作串行口波特率发生器时,定时器 T0 才设置为工作模式 3。此时,常把定时器 T1 设置为模式 2,用作波特率发生器,见图 3.21(b)。

【**例 3.1**】　应用门控位 GATE 测照相机快门打开时间。

解:此题实际上就是要求测出 $\overline{\text{INT0}}$ 引脚上出现的正脉冲宽度。T0 应工作在定时方式。TMOD 的门控位 GATE 为 1 且运行控制位 TR0(或 TR1)为 1 时,定时器/计数器的启动和关闭受外部中断引脚信号 $\overline{\text{INT0}}$(INT1)控制。为此在初始化程序中使 T0 工作于模式 1,置

第3章 单片机的中断、定时器及串行口通信

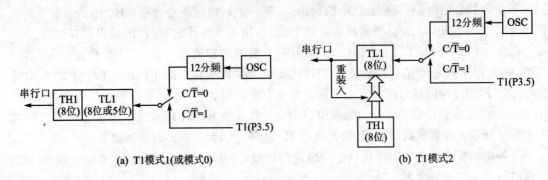

(a) T1模式1(或模式0)　　　　　(b) T1模式2

图 3.21　T0 模式 3 时 T1 的结构

GATE=1,TR1=1。一旦 $\overline{INT0}$(P3.2)引脚出现高电平,T1 开始对机器周期 T_m 计数,直到 $\overline{INT0}$ 出现低电平,T0 停止计数;然后读出 T0 的计数值乘以 T_m。测试过程如图 3.22 所示。

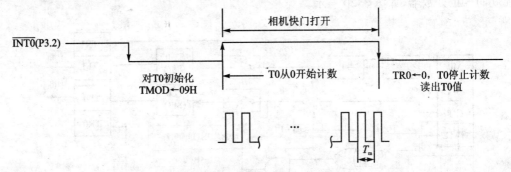

图 3.22　测相机快门时间原理

程序如下:

```
BEGIN:  MOV   TMOD,#09H      ;T0 为定时器模式 1,GATE 置 1
        MOV   TL0,#00H
        MOV   TH0,#00H
WAIT1:  JB    P3.2,WAIT1     ;等待 INT0 变低
        SETB  TR0            ;为启动 T0 作好准备
WAIT2:  JNB   P3.2,WAIT2     ;等待正脉冲到,并开始计数
WAIT3:  JB    P3.2,WAIT3     ;等待 INT0 变低
        CLR   TR0            ;停止 T0 计数
        MOV   R0,#70H
        MOV   @R0,TL0        ;存放 TL0 的计数值
        INC   R0
        MOV   @R0,TH0        ;存放 TH0 的计数值
        SJMP  $
```

3.3　串行口及串行通信技术

本节将介绍 89C51 串行口的结构及应用,PC 机与 89C51 间的双机通信,一台 PC 机控制多台 89C51 前沿机的分布式系统,以及通信接口电路和软件设计,并给出设计实例,包括接口

电路、程序框图、主程序和接收/发送子程序。

3.3.1 串行口及应用

89C51单片机除具有4个8位并行口外,还具有串行接口。此串行接口是一个全双工串行通信接口,即能同时进行串行发送和接收数据。它可以作UART(通用异步接收和发送器)用,也可以作同步移位寄存器用。使用串行接口可以实现89C51单片机系统之间点对点的单机通信和89C51与系统机(如PC机等)的单机或多机通信。

1. 串行口

89C51有一个可编程的全双工串行通信接口,它可用作UART,也可用作同步移位寄存器。其帧格式可以有8位、10位或11位,并能设置各种波特率,给使用带来了很大的灵活性。

1) 结构

89C51通过引脚RXD(P3.0,串行数据接收端)和引脚TXD(P3.1,串行数据发送端)与外界进行通信。其内部结构简化示意图如图3.23所示。图中有两个物理上独立的接收、发送缓冲器SBUF,它们占用同一地址99H,可同时发送、接收数据。发送缓冲器只能写入,不能读出;接收缓冲器只能读出,不能写入。

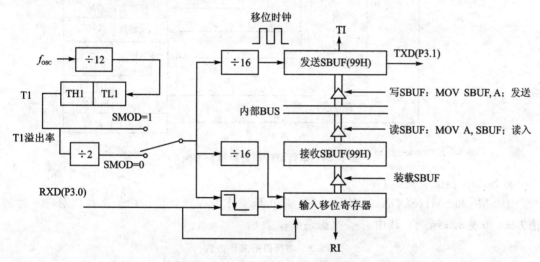

图3.23 串行口内部结构示意简图

串行发送与接收的速率与移位时钟同步。89C51用定时器T1作为串行通信的波特率发生器,T1溢出率经2分频(或不分频)后又经16分频作为串行发送或接收的移位脉冲。移位脉冲的速率即是波特率。

从图中可看出,接收器是双缓冲结构,在前一字节被从接收缓冲器SBUF读出之前,第二字节即开始被接收(串行输入至移位寄存器),但是,在第二字节接收完毕而前一字节CPU未读取时,会丢失前一字节。

串行口的发送和接收都是以特殊功能寄存器SBUF的名义进行读/写的。当向SBUF发"写"命令时(执行"MOV SBUF,A"指令),即是向发送缓冲器SBUF装载,并开始由TXD引脚向外发送一帧数据。发送完便使发送中断标志位TI=1。

在满足串行口接收中断标志位RI(SCON.0)=0的条件下,置允许接收位REN(SCON.

4)=1就会接收一帧数据进入移位寄存器,并装载到接收SBUF中,同时使RI=1。当发送读SBUF命令时(执行"MOV A,SBUF"指令),便由接收缓冲器(SBUF)取出信息通过89C51内部总线送CPU。

对于发送缓冲器,因为发送时CPU是主动的,不会产生重叠错误,一般不需要用双缓冲器结构来保持最大传送速率。

2) 串行口控制字及控制寄存器

89C51串行口是可编程接口,对它初始化编程只用两个控制字分别写入特殊功能寄存器SCON(98H)和电源控制寄存器PCON(87H)中即可。

(1) SCON(98H)

89C51串行通信的方式选择、接收和发送控制以及串行口的状态标志等均由特殊功能寄存器SCON控制和指示,其控制字格式如图3.24所示。

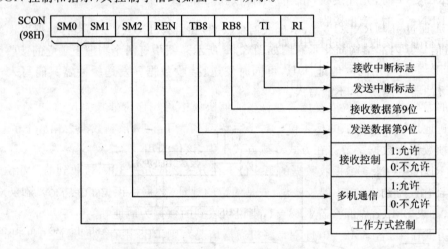

图3.24 串行口控制寄存器SCON

对SCON各位说明如下:

① SM0和SM1(SCON.7,SCON.6):串行口工作方式选择位。两个选择位对应4种通信方式,如表3.3所列。其中,f_{osc}是振荡频率。

表3.3 串行口的工作方式

SM0	SM1	工作方式	说 明	波特率
0	0	方式0	同步移位寄存器	$f_{osc}/12$
0	1	方式1	10位异步收发	由定时器控制
1	0	方式2	11位异步收发	$f_{osc}/32$ 或 $f_{osc}/64$
1	1	方式3	11位异步收发	由定时器控制

② SM2(SCON.5):多机通信控制位,主要用于方式2和方式3。

若置SM2=1,则允许多机通信。多机通信协议规定,若第9位数据(D8)为1,则本帧数据为地址帧;若第9位为0,则本帧为数据帧。当一片89C51(主机)与多片89C51(从机)通信时,所有从机的SM2位都置1。主机首先发送的一帧数据为地址,即某从机机号,其中第9位为1,所有的从机接收到数据后,将其中第9位装入RB8中。各个从机根据收到的第9位数据

(RB8 中)的值来决定从机可否再接收主机的信息。若(RB8)＝0,说明是数据帧,则使接收中断标志位 RI＝0,信息丢失;若(RB8)＝1,说明是地址帧,数据装入 SBUF 并置 RI＝1,中断所有从机,被寻址的目标从机清除 SM2,以接收主机发来的一帧数据。其他从机仍然保持SM2＝1。

若 SM2＝0,即不属于多机通信情况,则接收一帧数据后,不管第 9 位数据是 0 还是 1,都置 RI＝1,接收到的数据装入 SBUF 中。

根据 SM2 这个功能,可实现多个 89C51 应用系统的串行通信。

在方式 1 时,若 SM2＝1,则只有接收到有效停止位时,RI 才置 1,以便接收下一帧数据。在方式 0 时,SM2 必须是 0。

③ REN(SCON.4):允许接收控制位,由软件置 1 或清 0。

当 REN＝1 时,允许接收,相当于串行接收的开关;

当 REN＝0 时,禁止接收。

在串行通信接收控制过程中,如果满足 RI＝0 和 REN＝1(允许接收)的条件,就允许接收,一帧数据就装载入接收 SBUF 中。

④ TB8(SCON.3):发送数据的第 9 位(D8)装入 TB8 中。在方式 2 或方式 3 中,根据发送数据的需要由软件置位或复位。在许多通信协议中可用作奇偶校验位,也可在多机通信中作为发送地址帧或数据帧的标志位。对于后者,TB8＝1,说明该帧数据为地址字节;TB8＝0,说明该帧数据为数据字节。在方式 0 或方式 1 中,该位未用。

⑤ RB8(SCON.2):接收数据的第 9 位。在方式 2 或方式 3 中,接收到的第 9 位数据放在 RB8 位。它或是约定的奇/偶校验位,或是约定的地址/数据标识位。在方式 2 和方式 3 多机通信中,如果 SM2＝1,那么若 RB8＝1,则说明收到的数据为地址帧。

在方式 1 中,若 SM2＝0(即不是多机通信情况),则 RB8 中存放的是已接收到的停止位。在方式 0 中,该位未用。

⑥ TI(SCON.1):发送中断标志位,在一帧数据发送完时置位。在方式 0 串行发送第 8 位结束或其他方式串行发送到停止位的开始时由硬件置位,可用软件查询。它同时也申请中断。TI 置位意味着向 CPU 提供"发送缓冲器 SBUF 已空"的信息,CPU 可以准备发送下一帧数据。串行口发送中断被响应后,TI 不会自动清 0,必须由软件清 0。

⑦ RI(SCON.0):接收中断标志位,在接收到一帧有效数据后由硬件置位。在方式 0 中,第 8 位数据发送结束时,由硬件置位;在其他 3 种方式中,当接收到停止位中间时由硬件置位。RI＝1,申请中断,表示一帧数据接收结束,并已装入接收 SBUF 中,要求 CPU 取走数据。CPU 响应中断,取走数据。RI 也必须由软件清 0,清除中断申请,并准备接收下一帧数据。

串行发送中断标志 TI 和接收中断标志 RI 是同一个中断源,CPU 事先不知道是发送中断 TI 还是接收中断 RI 产生的中断请求,所以,在全双工通信时,必须由软件来判别。

复位时,SCON 所有位均清 0。

(2) PCON(87H)

电源控制寄存器 PCON 中只有 SMOD 位与串行口工作有关,如图 3.25 所示。

SMOD(PCON.7):波特率倍增位。在串行口方式 1、方式 2 和方式 3 时,波特率和 2^{SMOD} 成正比,亦即当 SMOD＝1 时,波特率提高 1 倍。复位时,SMOD＝0。

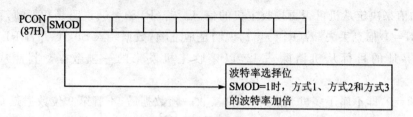

图 3.25　电源控制寄存器 PCON

3) 串行通信工作方式

根据实际需要,89C51 串行口可以设置 4 种工作方式,可有 8 位、10 位或 11 位帧格式。

方式 0 以 8 位数据为一帧,不设起始位和停止位,先发送或接收最低位。其帧格式如下：

| … | D0 | D1 | D2 | D3 | D4 | D5 | D6 | D7 | … |

方式 1 以 10 位为一帧传输,设有 1 个起始位(0)、8 个数据位和 1 个停止位(1)。其帧格式为：

| 起始 | D0 | D1 | D2 | D3 | D4 | D5 | D6 | D7 | 停止 |

方式 2 和方式 3 以 11 位为 1 帧传输,设有 1 个起始位(0)、8 个数据位、1 个附加第 9 位和 1 个停止位(1)。其帧格式为：

| 起始 | D0 | D1 | D2 | D3 | D4 | D5 | D6 | D7 | D8 | 停止 |

附加第 9 位(D8)由软件置 1 或清 0。发送时在 TB8 中,接收时送 RB8 中。

(1) 串行口方式 0

方式 0 为同步移位寄存器输入/输出方式,常用于扩展 I/O 口。串行数据通过 RXD 输入或输出,而 TXD 用于输出移位时钟,作为外接部件的同步信号。图 3.26(a)为发送电路,图 3.27(a)为接收电路。这种方式不适用于两个 89C51 之间的直接数据通信,但可以通过外接移位寄存器来实现单片机的接口扩展。例如,74HC164 可用于扩展并行输出口,74HC165 可用于扩展输入口。在这种方式下,收/发的数据为 8 位,低位在前,无起始位、奇偶校验位及停止位,波特率是固定的。

在发送过程中,当执行一条将数据写入发送缓冲器 SBUF(99H)的指令时,串行口把 SBUF 中 8 位数据以 $f_{osc}/12$ 的波特率从 RXD(P3.0)端输出,发送完毕置中断标志 TI=1。方式 0 发送时序如图 3.26(b)所示。写 SBUF 指令在 S6P1 处产生一个正脉冲,在下一个机器周期的 S6P2 处,数据的最低位输出到 RXD(P3.0)脚上;再在下一个机器周期的 S3、S4 和 S5 输出移位时钟为低电平时,在 S6 及下一个机器周期的 S1 和 S2 为高电平,就这样将 8 位数据由低位至高位一位一位顺序通过 RXD 线输出,并在 TXD 脚上输出 $f_{osc}/12$ 的移位时钟。在"写 SBUF"有效后的第 10 个机器周期的 S1P1 将发送中断标志 TI 置位。图中 74LS164 是 TTL"串入并出"移位寄存器。

接收时,用软件置 REN=1(同时,RI=0),即开始接收。接收时序如图 3.27(b)所示。当使 SCON 中的 REN=1(RI=0)时,产生一个正的脉冲,在下一个机器周期的 S3P1～S5P2,从

第3章 单片机的中断、定时器及串行口通信

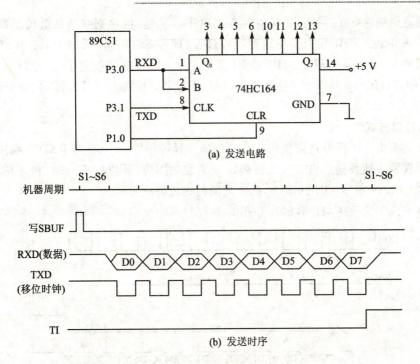

图 3.26 方式 0 发送电路及时序

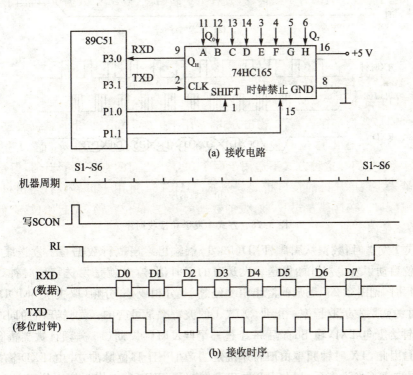

图 3.27 方式 0 接收电路及时序

TXD(P3.1)脚上输出低电平的移位时钟,在此机器周期的 S5P2 对 P3.0 脚采样,并在本机器周期的 S6P2 通过串行口内的输入移位寄存器将采样值移位接收。在同一个机器周期的 S6P1

到下一个机器周期的 S2P2,输出移位时钟为高电平。于是,将数据字节从低位至高位一位一位地接收下来并装入 SBUF 中。在启动接收过程(即写 SCON,清 RI 位),将 SCON 中的 RI 清 0 之后的第 10 个机器周期的 S1P1 和 RI 置位。这一帧数据接收完毕,可进行下一帧接收。

图 3.27(a)中,74HC165 是 TTL"并入串出"移位寄存器,Q_H 端为 74HC165 的串行输出端,经 P3.0 输入至 89C51。

(2) 串行口方式 1

方式 1 真正用于串行发送或接收,为 10 位通用异步接口。TXD 与 RXD 分别用于发送与接收数据。收发一帧数据的格式为 1 位起始位、8 位数据位(低位在前)、1 位停止位,共 10 位。在接收时,停止位进入 SCON 的 RB8,此方式的传送波特率可调。

串行口方式 1 的发送与接收时序如图 3.28(a)和(b)所示。

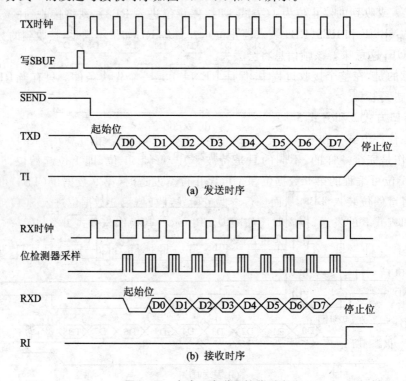

图 3.28 方式 1 发送和接收时序

① 方式 1 发送时,数据从引脚 TXD(P3.1)端输出。当执行数据写入发送缓冲器 SBUF 的命令时,就启动了发送器开始发送。发送时的定时信号,也就是发送移位时钟(TX 时钟),是由定时器 T1(见图 3.23)送来的溢出信号经过 16 分频或 32 分频(取决于 SMOD 的值)而得到的,TX 时钟就是发送波特率。可见,方式 1 的波特率是可变的。发送开始的同时,$\overline{SEND}$ 变为有效,将起始位向 TXD 输出;此后每经过一个 TX 时钟周期(16 分频计数器溢出一次为一个时钟周期,因此,TX 时钟频率由波特率决定。)产生一个移位脉冲,并由 TXD 输出一个数据位;8 位数据位全部发送完后,置位 TI,并申请中断置 TXD 为 1 作为停止位,再经一个时钟周期,$\overline{SEND}$ 失效。

② 方式 1 接收时,数据从引脚 RXD(P3.0)端输入。接收是在 SCON 寄存器中 REN 位置 1 的前提下,并检测到起始位(RXD 上检测到 1→0 的跳变,即起始位)而开始的。接收时,定

时信号有两种(如图 3.28(b)所示):一种是接收移位时钟(RX 时钟),它的频率与传送波特率相同,也是由定时器 T1 的溢出信号经过 16 或 32 分频而得到的;另一种是位检测器采样脉冲,它的频率是 RX 时钟的 16 倍,亦即在一位数据期间有 16 位检测器采样脉冲,为完成检测,以 16 倍波特率的速率对 RXD 进行采样。为了接收准确无误,在正式接收数据之前,还必须判定这个 1→0 跳变是否是由干扰引起的。为此,在该位中间(即一位时间分成 16 等份,在第 7、第 8 及第 9 等份)连续对 RXD 采样 3 次,取其中两次相同的值进行判断。这样能较好地消除干扰的影响。当确认是真正的起始位(0)后,就开始接收一帧数据。当一帧数据接收完毕后,必须同时满足以下两个条件,这次接收才真正有效。

- RI=0,即上一帧数据接收完成时,RI=1 发出的中断请求已被响应,SBUF 中数据已被取走。由软件使 RI=0,以便提供"接收 SBUF 已空"的信息。
- SM2=0 或收到的停止位为 1(方式 1 时,停止位进入 RB8),则将接收到的数据装入串行口的 SBUF 和 RB8(RB8 装入停止位),并置位 RI;如果不满足,接收到的数据不能装入 SBUF,这意味着该帧信息将会丢失。

值得注意的是,在整个接收过程中,保证 REN=1 是一个先决条件。只有当 REN=1 时,才能对 RXD 进行检测。

(3) 串行口方式 2 和方式 3

串行口工作在方式 2 和方式 3 均为每帧 11 位异步通信格式,由 TXD 和 RXD 发送与接收(两种方式操作是完全一样的,不同的只是特波率)。每帧 11 位,即 1 位起始位、8 位数据位(低位在前)、1 位可编程的第 9 数据位和 1 位停止位。发送时,第 9 数据位(TB8)可以设置为 1 或 0,也可将奇偶位装入 TB8,从而进行奇偶校验;接收时,第 9 数据位进入 SCON 的 RB8。

方式 2 和方式 3 的发送、接收时序如图 3.29 所示。其操作与方式 1 类似。

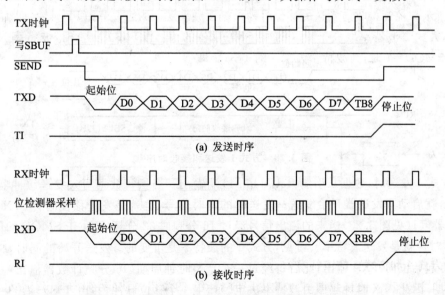

图 3.29 方式 2、方式 3 发送和接收时序

发送前,先根据通信协议由软件设置 TB8(如作奇偶校验位或地址/数据标志位),然后将要发送的数据写入 SBUF,即可启动发送过程。串行口能自动把 TB8 取出,并装入到第 9 位数据位的位置,再逐一发送出去。发送完毕,使 TI=1。

接收时,使 SCON 中的 REN=1,允许接收。当检测到 RXD(P3.0)端有 1→0 的跳变(起始位)时,开始接收 9 位数据,送入移位寄存器(9 位)。当满足 RI=0 且 SM2=0,或接收到的第 9 位数据为 1 时,前 8 位数据送入 SBUF,附加的第 9 位数据送入 SCON 中的 RB8,置 RI 为 1;否则,此次接收无效,也不置位 RI。

4) 波特率设计

在串行通信中,收发双方对发送或接收的数据速率有一定的约定,通过软件对 89C51 串行口编程可约定 4 种工作方式。其中,方式 0 和方式 2 的波特率是固定的;而方式 1 和方式 3 的波特率是可变的,由定时器 T1 的溢出率来决定。

串行口的 4 种工作方式对应 3 种波特率。由于输入的移位时钟来源不同,因此,各种方式的波特率计算公式也不同。

(1) 方式 0 的波特率

由图 3.30 可见,方式 0 时,发送或接收一位数据的移位时钟脉冲由 S6(即第 6 个状态周期,第 12 节拍)给出,即每个机器周期产生一个移位时钟,发送或接收一位数据。因此,波特率固定为振荡频率的 1/12,并不受 PCON 寄存器中 SMOD 位的影响。

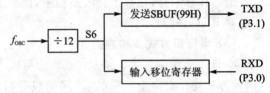

方式 0 波特率 $\cong f_{osc}/12$

注意:符号"$\cong$"表示左面的表达式只是引用右面表达式的数值,即右面的表达式提供了一种计算的方法。

图 3.30 串行口方式 0 波特率的产生

(2) 方式 2 的波特率

串行口方式 2 波特率的产生与方式 0 不同,即输入的时钟源不同,其时钟输入部分如图 3.31 所示。控制接收与发送的移位时钟由振荡频率 f_{osc} 的第 2 节拍 P2 时钟(即 $f_{osc}/2$)给出,所以,方式 2 波特率取决于 PCON 中 SMOD 位的值:当 SMOD=0 时,波特率为 f_{osc} 的 1/64;当 SMOD=1 时,则波特率为 f_{osc} 的 1/32。即

$$方式 2 波特率 \cong \frac{2^{SMOD}}{64} \times f_{osc}$$

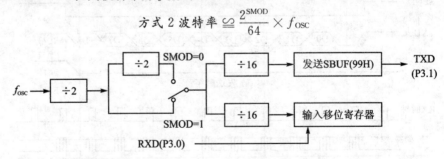

图 3.31 串行口方式 2 波特率的产生

(3) 方式 1 和方式 3 的波特率

方式 1 和方式 3 的移位时钟脉冲由定时器 T1 的溢出率决定,如图 3.32 所示。因此,89C51 串行口方式 1 和方式 3 的波特率由定时器 T1 的溢出率与 SMOD 值同时决定。即

$$方式 1、方式 3 波特率 \cong T1 溢出率 / n$$

当 SMOD=0 时,n=32;当 SMOD=1 时,n=16。因此,可用下式确定方式 1 和方式 3 的波特率:

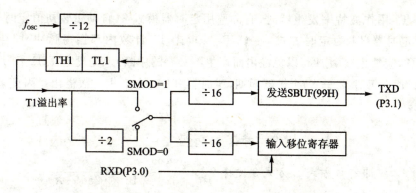

图 3.32 串行口方式 1 和方式 3 波特率的产生

$$\text{方式1、方式3 波特率} \cong \frac{2^{\text{SMOD}}}{32} \times \text{T1 溢出速率}$$

式中：T1 溢出速率取决于 T1 的计数速率(计数速率 $\cong f_{\text{osc}}/12$)和 T1 预置的初值。若定时器 T1 采用模式 1，则波特率公式如下：

$$\text{串行方式1、方式3 波特率} \cong \frac{2^{\text{SMOD}}}{32} \times \frac{f_{\text{osc}}}{12}/(2^{16}-\text{初值})$$

表 3.4 列出了串行口方式 1、方式 3 的常用波特率及其初值。

表 3.4 常用波特率与其他参数选取关系

串行口工作方式	波特率/kbps	f_{osc}/MHz	定时器 T1			
			SMOD	C/$\overline{\text{T}}$	模 式	定时器初值
方式 0	1 000	12	×	×	×	×
方式 2	375	12	1	×	×	×
	187.5	12	0	×	×	×
方式 1 和方式 3	62.5	12	1	0	2	FFH
	19.2	11.059	1	0	2	FDH
	9.6	11.059	0	0	2	FDH
	4.8	11.059	0	0	2	FAH
	2.4	11.059	0	0	2	F4H
	1.2	11.059	0	0	2	E8H
	0.137 5	11.059	0	0	2	1DH
	0.11	12	0	0	1	FEEBH
方式 0	500	6	×	×	×	×
方式 2	187.5	6	1	×	×	×
方式 1 和方式 3	19.2	6	1	0	2	FEH
	9.6	6	1	0	2	FDH
	4.8	6	0	0	2	FDH
	2.4	6	0	0	2	FAH
	1.2	6	0	0	2	F3H
	0.6	6	0	0	2	E6H
	0.11	6	0	0	2	72H
	0.055	6	0	0	1	FEEBH

第3章 单片机的中断、定时器及串行口通信

定时器 T1 用作波特率发生器时,通常选用定时器模式 2(自动重装初值定时器)比较实用。应设置定时器 T1 为定时方式(使 $C/\overline{T}=0$),让 T1 计数内部振荡脉冲,即计数速率为 $f_{osc}/12$(注意,应禁止 T1 中断,以免溢出而产生不必要的中断)。先设定 TH1 和 TL1 定时计数初值为 X,那么每过 (2^8-X) 个机器周期,定时器 T1 就会产生一次溢出。因此,T1 溢出速率为:

$$T1 溢出速率 \cong \frac{f_{osc}}{12}/(2^8-X)$$

$$串行口方式1、方式3波特率 \cong \frac{2^{SMOD}}{32} \times \frac{f_{osc}}{12\times(256-X)}$$

于是,可得出定时器 T1 模式 2 的初始值 X:

$$X \cong 256 - \frac{f_{osc} \times (SMOD+1)}{384 \times 波特率}$$

【例 3.2】 89C51 单片机时钟振荡频率为 11.059 2 MHz,选用定时器 T1 工作模式 2 作为波特率发生器,波特率为 2400 b/s,求初值。

解:设置波特率控制位(SMOD)=0。

$$X \cong 256 - \frac{11.0592 \times 10^6 \times (0+1)}{384 \times 2400} = 244 = F4H$$

所以,(TH1)=(TL1)=F4H。

系统晶体振荡频率选为 11.059 2 MHz 就是为了使初值为整数,从而产生精确的特波率。

如果串行通信选用很低的波特率,则可将定时器 T1 置于模式 0 或模式 1,即 13 位或 16 位定时方式;但在这种情况下,T1 溢出时,须用中断服务程序重装初值。中断响应时间和执行指令时间会使波特率产生一定的误差,可用改变初值的办法加以调整。

2. 89C51 串行口的应用

如前所述,89C51 串行口的工作主要受串行口控制寄存器 SCON 的控制,另外,也与电源控制寄存器 PCON 有关系。SCON 寄存器用来控制串行口的工作方式,还有一些其他控制作用。

89C51 单片机串行口的 4 种工作方式传送的数据位数叙述如下:

➢ 方式 0:移位寄存器输入/输出方式。串行数据通过 RXD 线输入或输出,而 TXD 线专用于输出时钟脉冲给外部移位寄存器。方式 0 可用来同步输出或接收 8 位数据(最低位首先输出),波特率固定为 $f_{osc}/12$。其中,f_{osc} 为单片机的振荡器频率。

➢ 方式 1:10 位异步接收/发送方式。一帧数据包括 1 位起始位(0)、8 位数据位和 1 位停止位(1)。串行接口电路在发送时能自动插入起始位和停止位;在接收时,停止位进入特殊功能寄存器 SCON 的 RB8 位。方式 1 的传送波特率是可变的,可通过改变内部定时器的定时值来改变波特率。

➢ 方式 2:11 位异步接收/发送方式。除了 1 位起始位、8 位数据位和 1 位停止位之外,还可以插入第 9 位数据位。

➢ 方式 3:同方式 2,只是波特率可变。

1) 串行口方式 0 的应用

89C51 单片机串行口基本上是异步通信接口,但在方式 0 时是同步操作。外接串入-并出或并入-串出器件,可实现 I/O 的扩展。

串行口方式 0 的数据传送可以采用中断方式,也可以采用查询方式。无论哪种方式,都要借助于 TI 或 RI 标志。在串行口发送时,或者靠 TI 置位后引起中断申请,在中断服务程序中发送下一组数据;或者通过查询 TI 的值,只要 TI 为 0 就继续查询,直到 TI 为 1 后结束查询,进入下一个字符的发送。在串行口接收时,由 RI 引起中断或对 RI 查询来决定何时接收下一个字符。无论采用什么方式,在开始串行通信前,都要先对 SCON 寄存器初始化,进行工作方式的设置。在方式 0 中,SCON 寄存器的初始化只是简单地把 00H 送入 SCON 就可以了。

2) 串行口方式 1 的发送和接收

【例 3.3】 89C51 串行口按双工方式收发 ASCII 字符,最高位用来作奇偶校验位,采用奇校验方式,要求传送的波特率为 1200 b/s。编写有关的通信程序。

解:7 位 ASCII 码加 1 位奇校验共 8 位数据,故可采用串行口方式 1。

89C51 单片机的奇偶校验位 P 是当累加器 A 中 1 的数目为奇数时,P=1。如果直接把 P 的值放入 ASCII 码的最高位,恰好成了偶校验,与要求不符。因此,要把 P 的值取反以后放入 ASCII 码最高位,才是要求的奇校验。

双工通信要求收、发能同时进行。实际上,收、发操作主要是在串行接口进行,CPU 只是把数据从接收缓冲器读出和把数据写入发送缓冲器。数据传送用中断方式进行,响应中断以后,通过检测是 RI 置位还是 TI 置位来决定 CPU 是进行发送操作还是接收操作,发送和接收都通过调用子程序来完成。设发送数据区的首地址为 20H,接收数据区的首地址为 40H,f_{osc} 为 6 MHz,通过查波特率初值(表 3.4)可知定时器的初装值为 F3H。定时器 T1 采用工作模式 2,可以避免计数溢出后用软件重装定时初值的工作。

主程序如下:

```
        MOV     TMOD,#20H       ;定时器1设为模式2
        MOV     TL1,#0F3H       ;定时器初值
        MOV     TH1,#0F3H       ;8位重装值
        SETB    TR1             ;启动定时器1
        MOV     SCON,#50H       ;将串行口设置为方式1,REN=1
        MOV     R0,#20H         ;发送数据区首址
        MOV     R1,#40H         ;接收数据区首址
        ACALL   SOUT            ;先输出一个字符
        SETB    ES
        SETB    EA
LOOP:   SJMP    $               ;等待中断
```

中断服务程序如下:

```
        ORG     0023H           ;串行口中断入口
        AJMP    SBR1            ;转至中断服务程序
        ORG     0100H
SBR1:   JNB     RI,SEND         ;TI=1,为发送中断
        ACALL   SIN             ;RI=1,为接收中断
```

第3章 单片机的中断、定时器及串行口通信

```
        SJMP    NEXT            ;转至统一的出口
SEND:   ACALL   SOUT            ;调用发送子程序
NEXT:   RETI                    ;中断返回
```

发送子程序如下：

```
SOUT:   CLR     TI
        MOV     A,@R0           ;取发送数据到A
        MOV     C,P             ;奇偶标志赋予C
        CPL     C               ;奇校验
        MOV     ACC.7,C         ;加到ASCII码高位
        INC     R0              ;修改发送数据指针
        MOV     SBUF,A          ;发送ASCII码
        RET                     ;返回
```

接收子程序如下：

```
SIN:    CLR     RI
        MOV     A,SBUF          ;读出接收缓冲区内容
        MOV     C,P             ;取出校验位
        CPL     C               ;奇校验
        ANL     A,#7FH          ;删去校验位
        MOV     @R1,A           ;读入接收缓冲区
        INC     R1              ;修改接收数据指针
        RET                     ;返回
```

若在主程序中已初始化 REN＝1，则允许接收。以上程序基本上具备了全双工通信的能力，但不能说很完善。例如，在接收子程序中，虽然检验了奇偶校验位，但没有进行出错处理；另外，发送和接收数据区的范围都很有限，也不能满足实际需要。但有了一个基本的框架之后，逐渐完善还是可以做到的。

3) 串行口方式2、方式3的发送和接收

串行口方式2与方式3基本一样(只是波特率设置不同)，接收/发送11位信息：开始为1位起始位(0)，中间为8位数据位，数据位之后为1位程控位(由用户置SCON的TB8决定)，最后是1位停止位(1)。方式2和方式3只比方式1多了一位程控位。

【例3.4】 用第9个数据位作奇偶校验位，编制串行口方式2的发送程序。

解： 设计一个发送程序，将片内RAM 50H～5FH中的数据串行发送；串行口设定为方式2状态，TB8作奇偶校验位。在数据写入发送缓冲器之前，先将数据的奇偶位P写入TB8，这时，第9位数据作奇偶校验用。

方式2发送程序流程图如图3.33所示。

程序清单如下：

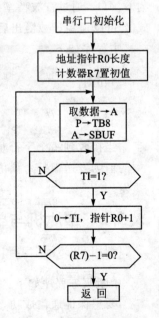

图3.33 程序流程图

```
TRT:    MOV   SCON,#80H      ;方式2设定
        MOV   PCON,#80H      ;取波特率为 f_osc/32
        MOV   R0,#50H        ;首地址 50H→R0
        MOV   R7,#10H        ;数据长度 10H→R7
LOOP:   MOV   A,@R0          ;取数据→A
        MOV   C,PSW.0        ;P→TB8
        MOV   TB8,C
        MOV   SBUF,A         ;数据→SBUF,启动发送
WAIT:   JBC   TI,CONT        ;判断发送中断标志
        SJMP  WAIT
CONT:   INC   R0
        DJNZ  R7,LOOP
        RET
```

【例 3.5】 编制一个串行口方式 2 接收程序,并核对奇偶校验位。

解:根据上面介绍的特点,在方式 2 和方式 3 的发送过程中,将数据和附加在 TB8 中的奇偶位一起发向对方。因此,作为接收的一方应设法取出该奇偶位进行核对,相应的接收程序段如下:

```
RRR:    MOV   SCON,#90H      ;选方式2,并允许接收(REN=1)
LOOP:   JBC   RI,RECEIV      ;等待接收数据并清 RI
        SJMP  LOOP
RECEIV: MOV   A,SBUF         ;将接收到的字符取出后,送到 ACC。注意,传送指令影响
                             ;PSW,产生接收端的奇偶值
        JB    PSW.0,ONE      ;判断接收端的奇偶值
        JB    RB8,ERR        ;判断发送端的奇偶值
        SJMP  RIGHT
ONE:    JB    RB8,ERR
RIGHT:  …                    ;接收正确
         ⋮
ERR:    …                    ;接收有错
```

当接收到一个字符时,从 SBUF 转移到 ACC 中时会产生接收端的奇偶值,而保存在 RB8 中的值为发送端的奇偶值,两个奇偶值应相等,否则接收字符有错。发现错误要及时通知对方重发。

3.3.2 单片机与单片机间的点对点异步通信

利用 89C51 的串行口可以实现两个 89C51 单片机间的串行异步通信。

1. 通信协议

要想保证通信成功,通信双方必须有一系列的约定。比如,作为发送方,必须知道什么时候发送信息,发什么;对方是否收到,收到的内容有没有错,要不要重发;怎样通知对方结束等。作为接收方,必须知道对方是否发送了信息,发的是什么;收到的信息是否有错,如果有错怎样通知对方重发;怎样判断结束等。这种约定就叫做通信规程或协议,必须在编程之前确定下来。要想使通信双方能够正确交换信息和数据,在协议中对什么时候开始通信,什么时候结束

通信,何时交换信息等都必须作出明确的规定。只有双方遵守这些规定,才能顺利地进行通信。

2. 波特率设置

在串行通信中,一个重要的指标是波特率,它反映了串行通信的速率,也反映了对传输通道的要求。波特率越高,要求传输通道的频带越宽。一般异步通信的波特率为 50～9 600 b/s。

由于异步通信双方各用自己的时钟源,要保证捕捉到的信号正确,最好采用较高频率的时钟。一般选择时钟频率比波特率高 16 倍或 64 倍。若时钟频率等于波特率,则频率稍有偏差便会产生接收错误。

在异步通信中,收、发双方必须事先规定两件事:一是字符格式,即规定字符各部分所占的位数是否采用奇偶校验以及校验的方式(是偶校验还是奇校验)等通信协议;二是采用的波特率以及时钟频率和波特率的比例关系。

89C51 串行通信的波特率(由图 3.32 可知)由定时器 T1 的溢出率获得(仅指串行口方式 1 或方式 3 时)。当串行口工作于方式 1 或方式 3 时,波特率为:

$$\text{波特率} \cong \frac{2^{\text{SMOD}}}{32} \times \frac{f_{\text{OSC}}}{12} \left(\frac{1}{2^k - \text{初值}} \right)$$

式中:k 为定时器 1 的位数。在定时器模式 0 时,$k=13$;在定时器模式 1 时,$k=16$;在定时器模式 2 或模式 3 时,$k=8$。

若定时器 T1 工作于模式 1,采用频率为 11.059 MHz 的晶振,要求利用定时器 1 产生 1200 b/s 的波特率,则

$$\text{波特率} \cong \frac{2^{\text{SMOD}}}{32} \times \frac{f_{\text{OSC}}}{12} \left(\frac{1}{2^{16} - \text{初值}} \right)$$

令 SMOD=0,可算得初值为:

$$\text{初值} \cong 2^{16} - \frac{11.059 \times 10^6}{32 \times 12 \times 1200} \approx 65\,512 = \text{FFE8H}$$

那么,TH1 的初值为 0FFH,TL1 的初值为 0E8H。

有关程序如下:

```
MAIN:   SETB  PT1              ;设定 T1 为高中断优先级
        SETB  EA               ;开放 CPU 中断
        SETB  ET1              ;开放定时器 T1 中断
        MOV   TMOD,#01H        ;置定时器 T1 为模式 1
        MOV   TL1,#0E8H        ;装入初值
        MOV   TH1,#0FFH
        MOV   PCON,#00H        ;SMOD = 0
        SETB  TR1              ;启动 T1 运行
        ⋮
```

如果串行口工作于方式 1,T1 作为波特率发生器,需在 T1 溢出中断服务程序中重装初值。T1 溢出中断服务程序为:

```
        MOV    TL1,#0E8H            ;重新装入初值
        MOV    TH1,#0FFH
        RETI                        ;中断返回
```

由于 T1 模式 2 是定时器自动重装载的操作模式,当定时器 T1 工作于模式 2 时,可直接用作串行口的波特率发生器。

与上例相同,算得重装载值为:

$$(TH1) \cong 2^8 - \frac{11.950 \times 10^6}{32 \times 12 \times 1200} \approx 232 = 0E8H$$

有关程序为:

```
        MOV    TMOD,#20H            ;置 T1 为模式 2
        MOV    TL1,#0E8H            ;装入初值
        MOV    TH1,#0E8H
        MOV    PCON,#00H            ;SMOD=0
        SETB   TR1                  ;启动 T1 运行
        MOV    SCON,#01000000B      ;设置串行口为方式 1
        ⋮
```

除非波特率很低,一般都采用 T1 模式 2,因为当 T1 溢出后,参数自动装入,可避免不必要的中断请求。

在 3.3.1 小节中,表 3.4 给出了晶振频率 $f_{OSC}=6$ MHz 或 12 MHz 时,常用波特率和定时器的初装值。但要注意,表中的初装值和波特率之间是有一定误差的。

若晶振频率 $f_{OSC}=11.095$ MHz,设置波特率为 9 600 b/s,则定时器 T1 的初装值为 0FDH。设定时器操作于模式 2,SMOD=0。

$$波特率 \cong \frac{2^{SMOD}}{32} \times \frac{f_{OSC}}{12} \left(\frac{1}{2^8 - 初值} \right) \cong \frac{11.095 \times 10^6}{32 \times 12 \times (256 - 253)} = 9599.83 \text{ b/s}$$

$$波特率误差 = \frac{9600 \text{b/s} - 9599.83 \text{ b/s}}{9600 \text{ b/s}} = 0.0018\%$$

若要求比较准确的波特率,只能靠调整单片机的时钟频率 f_{OSC} 来得到。

3. 通信程序举例

【例 3.6】 设甲机发送,乙机接收。串行接口工作于方式 3(每帧数据为 11 位,第 9 位用于奇偶校验),两机均选用 6 MHz 的振荡频率,波特率为 2 400 b/s。通信的功能为:

甲机:将片外数据存储器 4000H~407FH 单元的内容向乙机发送,每发送一帧信息,乙机对接收的信息进行奇偶校验。

此例对发送的数据作偶校验,将 P 位值放在 TB8 中。

若校验正确,则乙机向甲机回发"数据发送正确"的信号(例中以 00H 作为应答信号)。甲机收到乙机"正确"的应答信号后,再发送下一个字节。

若奇偶校验有错,则乙机发出"数据发送不正确"的信号(例中以 FFH 作为应答信号)。甲机接收到"不正确"应答信号后,重新发送原数据,直至发送正确。甲机将该数据块发送完毕后停止发送。

乙机：接收甲机发送的数据，并写入以 4000H 为首址的片外数据存储器中。每接收一帧数据，乙机对所接收的数据进行奇、偶校验，并发出相应的应答信号，直至接收完所有数据。

解：

(1) 计算定时器计数初值 X

$$X \cong 256 - \frac{f_{osc}}{\text{波特率} \times 12 \times (32/2^{SMOD})}$$

将已知数据 $f_{osc}=6\times 10^6$ Hz，波特率 $=2400$ b/s 代入，得

$$X \cong 256 - \frac{6\times 10^6}{2400 \times 12 \times (32/2^{SMOD})}$$

取 SMOD$=0$ 时，$X=249.49$。因取整数误差过大，故设 SMOD$=1$，则 $X=242.98\approx 243=$ F3H。因此，实际波特率 $=2403.85$ b/s。

(2) 流程图

能实现上述通信要求的甲、乙机流程图如图 3.34 和图 3.35 所示。

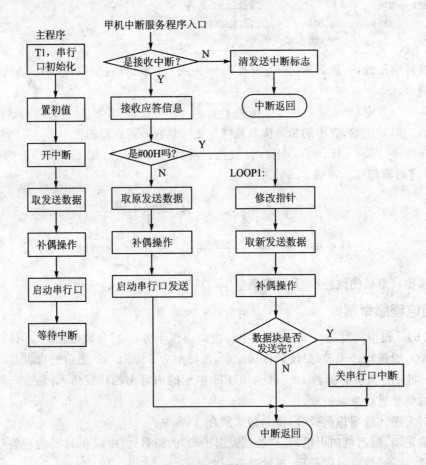

图 3.34 甲机发送流程

第3章 单片机的中断、定时器及串行口通信

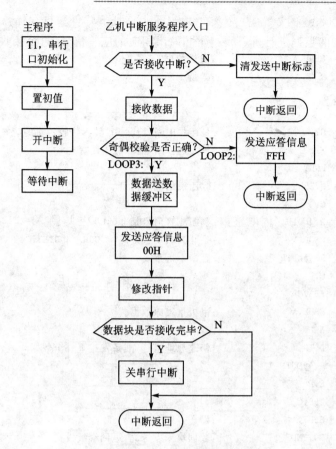

图 3.35 乙机接收流程

(3) 源程序

① 甲 机

主程序：

```
        ORG     0000H
        LJMP    MAIN            ;上电,转向主程序
        ORG     0023H           ;串行口的中断入口地址
        LJMP    SERVE1          ;转向甲机中断服务程序
        ORG     2000H           ;主程序
MAIN:   MOV     TMOD,#20H       ;设 T1 工作于模式 2
        MOV     TH1,#0F3H       ;赋计数初值
        MOV     TL1,#0F3H       ;赋计数值
        SETB    TR1             ;启动定时器 T1
        MOV     PCON,#80H       ;设 SMOD=1
        MOV     SCON,#0D0H      ;置串行口方式 3,允许接收
        MOV     DPTR,#4000H     ;置数据块首址
        MOV     R0,#80H         ;置发送字节数初值
        SETB    ES              ;允许串行口中断
        SETB    EA              ;CPU 开中断
        MOVX    A,@DPTR         ;取第一个数据发送
```

第3章 单片机的中断、定时器及串行口通信

```
            MOV     C,P
            MOV     TB8,C           ;奇偶标志送 TB8
            MOV     SBUF,A          ;发送数据
            SJMP    $               ;等待中断
```

中断服务程序：

```
SERVE1:     JBC     RI,LOOP         ;是接收中断,清除 RI,转入接收乙机的应答信息
            CLR     TI              ;是发送中断,清除此中断标志
            SJMP    ENDT
LOOP:       MOV     A,SBUF          ;取乙机的应答信息
            CLR     C
            SUBB    A,#01H          ;判断应答信号是#00H吗?
            JC      LOOP1           ;是#00H,发送正确(#00H-#01H),C=1,转 LOOP1
            MOVX    A,@DPTR         ;否则甲机重发
            MOV     C,P
            MOV     TB8,C
            MOV     SBUF,A          ;甲机重发原数据
            SJMP    ENDT
LOOP1:      INC     DPTR            ;修改地址指针,准备发送下一个数据
            MOVX    A,@DPTR
            MOV     C,P
            MOV     TB8,C
            MOV     SBUF,A          ;发送
            DJNZ    R0,ENDT         ;数据块未发送完,返回继续发送
            CLR     ES              ;全部发送完,禁止串行口中断
ENDT:       RETI                    ;中断返回
            END
```

② 乙 机

主程序：

```
            ORG     0000H
            LJMP    MAIN            ;上电,转向主程序
            ORG     0023H           ;串行口的中断入口地址
            LJMP    SERVE2          ;转向乙机中断服务程序
            ORG     2000H           ;主程序
MAIN:       MOV     TMOD,#20H       ;设 T1 工作于模式 2
            MOV     TH1,#0F3H       ;赋计数初值
            MOV     TL1,#0F3H       ;赋计数值
            SETB    TR1             ;启动定时器 T1
            MOV     PCON,#80H       ;设 SMOD=1
            MOV     SCON,#0D0H      ;置串行口方式3,允许接收
            MOV     DPTR,#4000H     ;置数据区首址
            MOV     R0,#80H         ;置接收字节数初值
            SETB    ES              ;允许串行口中断
            SETB    EA              ;CPU 开中断
            SJMP    $               ;等待中断
```

中断服务程序：

```
SERVE2: JBC   RI,LOOP      ;是接收中断,清除此中断标志,转 LOOP(接收)
        CLR   TI           ;是发送中断,清除此中断标志,中断返回
        SJMP  ENDT
LOOP:   MOV   A,SBUF       ;接收(读入)数据
        MOV   C,P          ;奇偶标志送 C
        JC    LOOP1        ;为奇数,转 LOOP1
        ORL   C,RB8        ;为偶数,检测 RB8
        JC    LOOP2        ;奇偶校验错,转 LOOP2
        SJMP  LOOP3
LOOP1:  ANL   C,RB8        ;检测 RB8
        JC    LOOP3        ;奇偶校验正确,转 LOOP3
LOOP2:  MOV   A,#0FFH
        MOV   SBUF,A       ;发送"不正确"应答信号
        SJMP  ENDT
LOOP3:  MOVX  @DPTR,A      ;存放接收数据
        MOV   A,#00H
        MOV   SBUF,A       ;发送"正确"应答信号
        INC   DPTR         ;修改数据区指针
        DJNZ  R0,ENDT      ;数据块尚未接收完,返回
        CLR   ES           ;所有数据接收完毕,禁止串行口中断
ENDT:   RETI               ;中断返回
        END
```

3.3.3 单片机与 PC 机间的通信

1. 接口电路

利用 PC 机配置的异步通信适配器，可以很方便地完成 PC 机与 89C51 单片机的数据通信。

PC 机与 89C51 单片机最简单的连接是零调制 3 线经济型，这是进行全双工通信所必须的最少数目的线路。

由于 89C51 单片机输入、输出电平为 TTL 电平，而 PC 机配置的是 RS-232C 标准串行接口，二者的电气规范不一致，因此，要完成 PC 机与单片机的数据通信，必须进行电平转换。

现在采用 MAX232 单芯片实现 89C51 单片机与 PC 机的 RS-232C 标准接口通信电路。

从 MAX232 芯片中两路发送接收中任选一路作为接口。应注意其发送、接收的引脚要对应。如果使 $T1_{IN}$ 接单片机的发送端 TXD，则 PC 机的 RS-232 的接收端 RXD 一定要对应接 $T1_{OUT}$ 引脚。同时，$R1_{OUT}$ 接单片机的 RXD 引脚，PC 机的 RS-232 的发送端 TXD 对应接 $R1_{IN}$ 引脚。其接口电路如图 3.36 所示。

第3章 单片机的中断、定时器及串行口通信

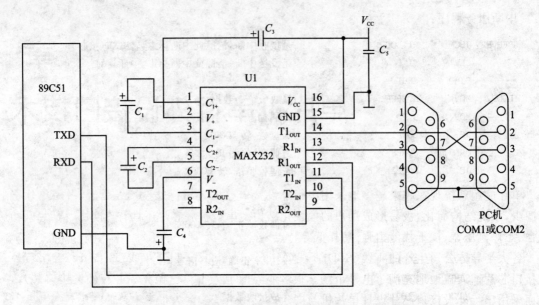

注：$C_1 \sim C_4 = 1\ \mu F$，要用钽电容（独石电容效果不好），电容要尽量靠近 MAX232

图 3.36 采用 MAX232 接口的串行通信电路图

2. PC机通信软件设计

1) 通信协议

- 波特率：1200 b/s；
- 信息格式：8 位数据位，1 位停止位，无奇偶检验；
- 传送方式：PC机采用查询方式收发数据，89C51采用中断方式接收，查询方式发送；
- 校验方式：累加和校验；
- 握手信号：采用软件握手。发送方在发送之前先发一联络信号（用"?"号的 ASCII 码，接收方接到"?"号后回送一个"·"号作为应答信号），随后依次发送数据块长度（字节数），发送数据，最后发送校验和。接收方在收到发送方发过来的校验和后与自己所累加的校验和相比较。若相同，则回送一个"0"，表示正确传送并结束本次的通信过程；若不相同，则回送一个"F"，并使发送方重新发送数据，直到接收正确为止。

2) PC机及单片机程序

程序此处省略，请读者参阅参考文献[1]第 7 章。

第4章 单片机串行外设接口技术

单片应用系统现在越来越多地采用串行外设接口技术。串行外设接线灵活,占用单片机资源少,系统结构简化,极易形成用户的模块化结构。串行扩展芯片还具有速度快、精度高、功能强、工作电压宽、抗干扰能力强、功耗低等特点。

各大半导体公司生产的4线(SPI)、3线(Microwire)、2线(I^2C)、1线(1-Wire)等串行外设接口芯片铺天盖地充满了电子市场。很多业界前卫人士早已抛弃了并行外设接口芯片,转而采用串行外设接口芯片设计单片机与嵌入式应用系统。因为很多串行芯片不仅占用I/O口线少,在速度和精度上也超过了同类的并行芯片;所以,串行外设扩展技术在IC卡、智能化仪器仪表以及分布式测控系统等领域获得了广泛应用。

对于单片机的实时控制和智能仪表等应用系统,被测对象的有关参量往往是一些连续变化的模拟量,如温度、压力、流量、速度等物理量,这些模拟量必须转换成数字量后才能输入到计算机进行处理。这就是单片机与被测对象联系的所谓前向通道。计算机处理的结果,常常需要转换为模拟信号,驱动相应的执行机构,实现对被控制对象的控制;或者是进行数字量、开关量的直接控制。这就是与被控制对象(如电机)相联系的后向通道。若输入是非电的模拟信号,还需要通过传感器转换成电信号并加以放大,把模拟量转换成数字量。该过程称为"量化",也称为模/数转换。实现模/数转换的设备称为模/数转换器(A/D Coverter,ADC);将数字量转换成模拟量的设备称为数/模转换器(D/A Coverter,DAC)。图4.1所示为具有前向通道模拟量输入A/D、后向通道模拟量输出D/A、以及人-机通道键盘、显示器、IC卡、打印机等配置的89C51应用系统框图。为节省I/O口线,89C51片外扩展应尽量采用串行外设接口芯片。

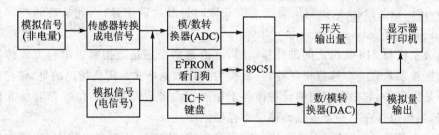

图4.1 系统前向、后向和人-机通道配置框图

本章介绍串行外设接口技术的工作原理及特点,以及典型串行外设接口芯片的硬件接口及编程。

当前单片机与嵌入式应用系统中使用的串行接口总线主要有PHILIPS公司的I^2C总线(Inter IC Bus)、原Dallas公司的单总线(1-Wire)、Freescale公司(原MOTOROLA公司半导体部)的 SPI(Serial Peripheral Interface)串行外设接口、NS 公司的串行扩展接口 Microwire/Plus,以及 89C51 的 UART 方式 0 下的串行扩展接口。

串行总线与串行传输接口的主要区别在于扩展器件的选通方式。串行总线上所有扩展器件都有自己的地址编号,单片机通过软件来选通;而串行传输接口上的扩展器件,单片机通过相应的 I/O 口线来选通。

下面分别介绍各种串行扩展总线接口的工作原理和主要性能特性。应用实例将分布在后面各章中。

4.1 SPI 和 Microwire 串行外设接口技术

4.1.1 SPI 串行外设接口

SPI(Serial Peripheral Interface)是 Freescale 公司推出的同步串行扩展接口。该接口共使用 4 条信号线:主机输出片选信号线 CS、主机输出时钟信号线 SCLK、主机输出/从机输入数据线 MOSI 以及主机输入/从机输出数据线 MISO。串行时钟 SCLK 用于同步 MOSI 和 MISO 传输信号。SPI 串行扩展接口是全双工同步通信口。主机方式传送数据的最高速率达到 1.05 Mb/s。

1. SPI 从机与单片机接口的数据/控制信号

在由 SPI 串行总线构成的单片机应用系统中,SPI 从机采用图 4.2 所示的连接方法。

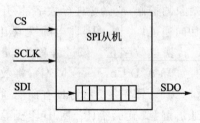

图 4.2 SPI 从机的典型连接图

从图 4.2 不难看出,SPI 从机使用了 2 根数据线(SDI、SDO)和 2 根控制线(CS、SCLK)。其中,数据线 SDO 不仅用于 SPI 从机向系统主机返回数据,还可以用作多个 SPI 从机之间的级联。当前从机的 SDO 输出端可以连接到下一级从机的 SDI 输入端。

SPI 串行接口设备既可以工作在主机模式下,也可以工作在从机模式下。系统主机为 SPI 总线通信过程提供同步时钟信号,并决定从机片选信号的状态,使能将要进行通信的 SPI 从机。SPI 从机则从系统主机获取时钟及片选信号,因此从机的控制信号 CS、SCLK 都是输入信号。

在系统主机与 SPI 从机之间进行通信时,不论是命令还是数据都以串行方式传送。串行传送的数据被泵入到一个移位寄存器,并转换为并行数据格式。需要指出的是,移位寄存器的位数并不是固定的,它根据不同的设备而各不相同。大多数设备的移位寄存器是 8 位或 8 位的整数倍,当然也存在一些奇数位的移位寄存器。

如果一个 SPI 从机没有被选中,它的数据输出端 SDO 将处于高阻状态,从而与当前处于激活状态的隔离开。

SPI 串行总线使用两条控制信号线 CS、SCKL 和两条数据信号线 SDI、SDO。在 Freescale 公司的 SPI 技术规范中将数据信号线 SDO 称为 MISO(Master-In-Slave-Out),数据信号线 SDI 称为 MOSI(Master-Out-Slave-In),控制信号线 CS 称为 SS(Slave Select),时钟信号

SCLK 称为 SCK(Serial Clock)。

在 SPI 串行总线通信过程中，CS 用来控制外围设备的选通（低电平有效），未选通设备的 SDO 信号线将处于高阻状态。SCLK 则用来为数据通信提供同步时钟。不论 SPI 从机是否处于选通状态，系统主机都会为所有的 SPI 从机提供 SCLK 信号。

SPI 串行总线系统除了用于连接一个处理器（系统主机）和若干个 SPI 从机外，还可以用于一个主处理器与多个从处理器之间、多个处理器与若干个 SPI 从机之间的连接。普通的应用场合采用一个处理器作为系统主机，来控制一个或多个 SPI 从机从主机读取数据或向主机写入数据。

2. SPI 总线系统的组成

图 4.3 是 SPI 总线系统典型结构示意图。

单片机与外围扩展器件在时钟线 SCK、数据线 MOSI 和 MISO 上都是同名端相连。带 SPI 接口的外围器件都有片选端 CS。在扩展多个 SPI 外围器件（如图 4.3 所示）时，单片机应分别通过 I/O 口线来分时选通外围器件。当 SPI 接口上有多个 SPI 接口的单片机时，应区别其主从地位，在某一时刻只能有一个单片机为主机。图 4.3 中 MCU（主）为主机、MCU（从）为从机。

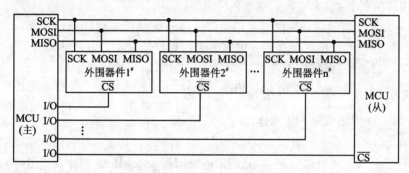

图 4.3 SPI 外围扩展示意图

SPI 有较高的数据传送速度，主机最高速率可达 1.085 Mb/s，目前不少外围器件都带有 SPI 接口。在大多数应用场合中，使用 1 个 MCU 作为主机，以控制向 1 个或多个外围器件的数据传送。从机只能在主机发命令时才能接收或向主机传送数据。其数据的传输格式是高位（MSB）在前，低位（LSB）在后。

当 SPI 工作时，移位寄存器中的数据逐位从输出引脚（MOSI）输出（高位在前），同时从输入引脚（MISO）接收的数据逐位移到移位寄存器中（高位在前）。发送一个字节后，从另一个外围器件接收的字节数据进入移位寄存器中。主 SPI 的时钟信号（SCK）使传输同步。

3. SPI 总线时序

SPI 串行扩展系统中作为主机的单片机在启动一次传送时便产生 8 个时钟传送给接口芯片，作为同步时钟，控制数据的输入与输出。数据的传送格式是高位（MSB）在前，低位（LSB）在后，如图 4.4 所示。数据线上输出数据的变化以及输入数据的采样，都取决于 SCK。但对于不同的芯片，有的可能是 SCK 上升沿起作用，有的可能是 SCK 下降沿起作用。

第 4 章 单片机串行外设接口技术

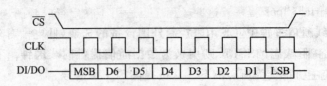

图 4.4 SPI 数据传送格式

4. SPI 的配置

SPI 串行数据通信接口可以配置为 4 种不同的工作模式，如表 4.1 所列。

表 4.1 中，CPHA 用来表示同步时钟信号的相位，CPOL 用来表示同步时钟信号的极性。当同步时钟信号的相位为 0(CPHA＝0)、同步时钟信号的极性也为 0(CPOL＝0)时，通信过程中的串行数据位在同步时钟信号的上升沿锁存；当同步时钟信号的相位为 0(CPHA＝0)、同步时

表 4.1 SPI 串行通信接口模式

SPI 模式	CPOL	CPHA
0	0	0
1	0	1
2	1	0
3	1	1

钟信号的极性为 1(CPOL＝1)时，通信过程中的串行数据位在同步时钟信号的下降沿锁存。在 CPHA＝1 的情况下，同步时钟信号的相位会翻转 180°。

Freescale 公司的微处理器均允许对同步时钟信号的相位和极性进行设置，正的极性设置将在同步时钟信号的上升沿锁存数据。但实际上数据位是在上升沿之前的一个下降沿处就放在了信号线上，这样可以保证数据读出/写入时(上升沿处)是稳定可靠的。

5. 单片机串行扩展 SPI 外设接口的方法

1) 用一般 I/O 口线模拟 SPI 操作

对于没有 SPI 接口的 89C51 来说，可使用软件来模拟 SPI 的操作，包括串行时钟、数据输入和输出。对于不同的串行接口芯片，它们的时钟时序是不同的。对于在 SCK 的上升沿输入(接收)数据和在下降沿输出(发送)数据的器件，一般应取图 4.5 中的串行时钟输出 P1.1 的初始状态为 1，在接口芯片允许后，置 P1.1 为 0。因此，MCU 输出 1 位 SCK 时钟，同时，使接口芯片串行输出 1 位数据至 89C51 的 P1.3(模拟 MCU 的 MISO 线)；再置 P1.1 为 1，使 89C51 从 P1.0 输出 1 位数据(先为高位)至串行接口芯片。到此，模拟 1 位数据输入/输出完成。以后再置 P1.1 为 0，模拟下一位的输入/输出……依次循环 8 次，可完成 1 次通过 SPI 传送 1 字节的操作。对于在 SCK 的下降沿输入数据和上升沿输出数据的器件，则应取串行时钟输出的初始状态为 0，在接口芯片允许时，先置 P1.1 为 1，此时，外围接口芯片输出 1 位数据(MCU 接收 1 位数据)；再置时钟为 0，接口芯片接收 1 位数据(MCU 发送 1 位数据)，可完成 1 位数据的传送。

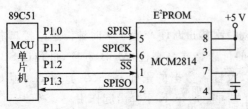

图 4.5 SPI 总线接口原理图

图 4.5 为 89C51(MCU)与 MCM2814 (E^2PROM)的硬件连接图。图 4.5 中，P1.0 模拟 MCU 的数据输出端(MOSI)，P1.1 模拟 SPI 的 SCK 输出端，P1.2 模拟 SPI 的从机选择端，P1.3 模拟 SPI 的数据输入端(MISO)。下面介绍用 89C51 汇编语言模拟 SPI 串行输入、串行

输出和串行输入/输出 3 个子程序。这些子程序也适用于在串行时钟的上升沿输入和下降沿输出的各种串行接口芯片，如 8 位或 10 位 A/D 芯片、74LS 系列输出芯片等。对于下降沿输入、上升沿输出的各种串行接口芯片，只须改变 P1.1 的输出顺序，即输出 0，再输入 1；再输出 0……则这些子程序也同样适用。

(1) MCU 串行输入子程序 SPIIN

从 MCM2814 的 SPISO 线上接收 1 字节数据并放入寄存器 R0 中。

```
SPIIN:  SETB  P1.1         ;使 P1.1(时钟)输出为 1
        CLR   P1.2         ;选择从机
        MOV   R1,#08H      ;置循环次数
SPIN1:  CLR   P1.1         ;使 P1.1(时钟)输出为 0
        NOP                ;延时
        NOP
        MOV   C,P1.3       ;从机输出 SPISO 送进位 C
        RLC   A            ;左移至累加器 ACC
        SETB  P1.0         ;使 P1.0(时钟)输出为 1
        DJNZ  R1,SPIN1     ;判断是否循环 8 次(1 字节数据)
        MOV   R0,A         ;1 字节数据送 R0
        RET                ;返回
```

(2) MCU 串行输出子程序 SPIOUT

将 89C51 中 R0 寄存器的内容传送到 MCM2814 的 SPISI 线上。

```
SPIOUN: SETB  P1.1         ;使 P1.1(时钟)输出为 1
        CLR   P1.2         ;选择从机
        MOV   R1,#08H      ;置循环次数
        MOV   A,R0         ;1 字节数据送累加器 ACC
SPIOT1: CLR   P1.1         ;使 P1.1(时钟)输出为 0
        NOP                ;延时
        NOP
        RLC   A            ;左移至累加器 ACC 最高位至 C
        MOV   P1.0,C       ;进位 C 送从机输入 SPISI 线上
        SETB  P1.1         ;使 P1.1(时钟)输出为 1
        DJNZ  R1,SPIOT1    ;判断是否循环 8 次(1 字节数据)
        RET                ;返回
```

(3) MCU 串行输入/输出子程序 SPIIO

将 89C51 中 R0 寄存器的内容传送到 MCM2814 的 SPISI 中，同时从 MCM2814 的 SPISO 接收 1 字节数据存入 R0 中。

```
SPIIO:  SETB  P1.1         ;使 P1.1(时钟)输出为 1
        CLR   P1.2         ;选择从机
        MOV   R1,#08H      ;置循环次数
        MOV   A,R0         ;1 字节数据送累加器 ACC
SPIO1:  CLR   P1.1         ;使 P1.1(时钟)输出为 0
        NOP                ;延时
```

```
        NOP
        MOV   C,P1.3          ;从机输出 SPISO 送进位 C
        RLC   A               ;左移至累加器 ACC 最高位至 C
        MOV   P1.0,C          ;进位 C 送从机输入
        SETB  P1.1            ;使 P1.1(时钟)输出为 1
        DJNZ  R1,SPIO1        ;判断是否循环 8 次(1 字节数据)
        MOV   R0,A
        RET                   ;返回
```

2) 利用 89C51 串行口实现 SPI 操作

单片机应用系统中,最常用的功能无非是开关量 I/O、A/D、D/A、时钟、显示及打印功能等。下面分析利用单片机串口与多个串行 I/O 接口芯片进行接口的可行性。

(1) 串行时钟芯片

在有些需要绝对时间的场合,例如打印记录、电话计费、监控系统中的运行及故障时间统计等,都需要以年、月、日、时、分、秒等表示的绝对时间。虽然单片机内部的定时器可以通过软件进位计数产生绝对时钟,但由于掉电之后数据丢失、修改麻烦等原因,这样产生的绝对时钟总使设计者感到不满意。因此,我们提倡对绝对时钟要求较高的场合使用外部时钟芯片,Holtek 公司生产的串行时钟芯片 HT1380 就是一个与 DS1302 兼容的典型器件。

HT1380 是一个 8 引脚的日历时钟芯片,它可以通过串行口与单片机交换信息,如图 4.6 所示。在该芯片中,X1、X2 接晶振,SCLK 作为时钟输入端,I/O 端为串行数据输入/输出端口,$\overline{RST}$ 是复位引脚。由于该芯片只有当 $\overline{RST}$ 为高时才能对时钟芯片进行读/写操作,因此可以利用单片机的 I/O 口线对它进行控制(类似于芯片选择信号)。当 $\overline{RST}$ 为低时,I/O 引脚对外是高阻状态,因此它允许多个串行芯片同时挂靠在串行端口上。CPU 对它的输入/输出操作可以按串行方式 0(即扩展 I/O 方式)进行。

(2) 串行 LED 显示接口 MAX7219

该芯片可驱动 8 个 LED 显示器,这在智能仪表中已经足够了。89C51 单片机与它的接口如图 4.7 所示。同样,单片机可以通过串行口以方式 0 与 MAX7219 交换信息。TXD 作为移位时钟,RXD 作为串行数据 I/O 端,Load 为芯片选择端。当 Load 为低电平时,对它进行读/写操作;当 Load 为高电平时,DIN 处于高阻状态。它同样允许多个串行接口芯片共同使用 89C51 的串行口。

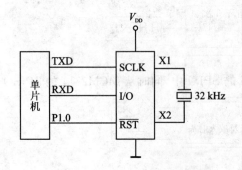

图 4.6 HT1380 与单片机接口电路

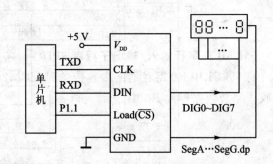

图 4.7 MAX7219 与单片机接口电路

(3) 串行模拟量输入芯片 MAX1458

MAX1458 是一个可对差分输入信号（如电桥）进行程控放大（放大倍数可以由软件设定），并进行 12 位 A/D 转换的芯片。它将放大与转换电路集成在一个芯片上，图 4.8 给出了它与单片机的串行接口电路。它既可把转换好的数据通过串口送到 CPU，同时也可将转换前的模拟信号输出到显示仪表。当 CS 为高电平时，可对 MAX1458 进行读/写，单片机对它的读/写也是以串口方式 0 进行的；当 CS 为低电平时，DIO 对外处于高阻状态。

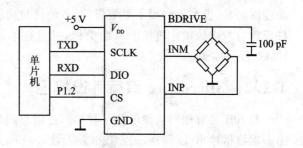

图 4.8 串行 A/D 芯片与单片机接口电路

(4) 串行接口芯片的一般接口规律

除上面 3 种芯片之外，单片机还可以通过串行接口芯片与 E^2PROM、D/A 转换芯片等连接。它们与 CPU 的串行接口方式同以上几种芯片类似，即：

- 都需要通过单片机的开关量 I/O 口线进行芯片选择；
- 当芯片未选中时，数据端口均处于高阻状态；
- 与单片机交换信息时均要求单片机串行口以方式 0 进行；
- 传输数据时的帧格式均要求先传送命令/地址，再传送数据；
- 大都具有图 4.9 所示的时序波形。

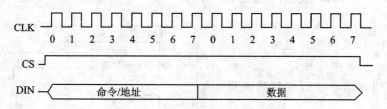

图 4.9 串行接口信号的一般时序图

(5) 扩展多个串行接口芯片的典型控制器的结构

在图 4.10 所示的控制器电路中，数据采集均由串行接口芯片完成。由于无总线扩展，单

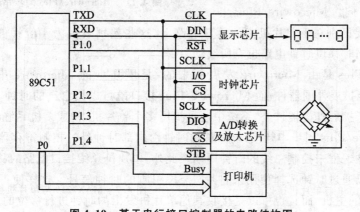

图 4.10 基于串行接口控制器的电路结构图

片机节余出来的其他资源可以作为打印机输出控制、功能键、中断逻辑等电路。在扩展了系统功能的同时,极大地利用了系统资源,且使接口简单,控制器体积减小,可靠性提高。系统的软件设计与常规的单片机扩展系统类似,只是在芯片选择方面不是通过地址线完成,而是通过I/O口线来实现。

4.1.2 Microwire 串行外设接口

与 SPI 具有相同功能的另一种串行外设总线是 Microwire 总线,它是三线同步串行接口,由一根数据输出线(SO)、一根数据输入线(SI)和一根时钟线(SK)组成。Microwire 总线最初是内建在 NS 公司 COP400/COP800/HPC 系列单片机中的,通过 Microwire 总线可以为单片机和外围器件提供串行通信接口。Microwire 总线只需要 3 根信号线和一根从机选择线 CS,可以缩小整个系统的尺寸,同时连接和拆卸也很方便,使系统的设计得到简化。

最初的 Microwire 总线上只能连接一台单片机作为主机,由它控制时钟线,总线上的其他器件都是从机。随着技术的发展,NS 公司推出了 8 位 COP800 系列单片机,该系列单片机仍采用原来的 Microwire 总线,但单片机上的总线接口改为既可由自身发出时钟,也可设置成由外部输入时钟信号,也就是说连接到总线上的单片机既可以是主机,也可以是从机。为了区别于原有的 Microwire 总线,称之为增强型的 Microwire/Plus 总线。增强型的 Microwire/Plus 总线上允许连接多台单片机和外设,因此总线具有更大的灵活性和可变性,可以应用于分布式、多处理器的复杂系统。

1. Microwire/Plus 接口内部结构

NS 公司生产的 8 位 COP800 系列单片机和 16 位 HPC 系列单片机都设置了 Microwire/Plus 同步串行接口。图 4.11 对 Microwire/Plus 同步串行接口的内部框架构进行了描述。从图 4.11 可以看出,Microwire/Plus 总线包含 3 根信号线:一根数据输出线 SO、一根数据输入线 SI 和同步时钟线 SK,而且信号的时序及电气指标也相同。Microwire/Plus 与

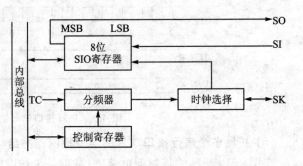

图 4.11 Microwire/Plus 同步串行接口

Microwire 的主要区别在于单片机内的接口电路上,这些差别表现为 4 位移位寄存器改成 8 位移位寄存器,同时移位时钟电路也有所改动。

Microwire/Plus 是由 Microwire 发展而来的,是增强型的 Microwire 串行接口。Microwire 接口只能扩展外围器件;而 Microwire/Plus 接口既可以用自己的时钟,也可以由外部输入时钟;故除了扩展外围器件外,系统中还可扩展多个单片机,构成多机系统。

在 Microwire/Plus 同步串行接口中,移位时钟由内部时钟经过控制寄存器和分频器后提供,可以通过软件编程来控制总线的时钟周期。此外,单片机总线接口电路的移位时钟既可以来自片内,也可以通过时钟选择使用来自外 SK 引脚的时钟信号。这样使得单片机不仅可以作为发送时钟的主机,而且也可以是接收其他单片机发出的时钟进行移位的从机,使总线由单处理器扩展为多处理器。

2. Microwire/Plus 总线读/写时序

在 Microwire 总线系统中,每个连接到总线上的器件都具有 3 根信号线,即数据输出线 DO(SO)、数据输入线(SI)和时钟线 SK。所有器件的时钟线连接到同一根 SK 线上,主机向 SK 线发送时钟脉冲信号,从机在时钟信号的同步沿输出/输入数据。主机的数据输出线 SO 和所有从机的数据输入线相接,从机的数据输出线都接到主机的数据输入线上。主机通过片选信号 CS 选通某一从机,然后发出时钟脉冲。主机和被选通的从机在时钟的下降沿从各自的 SO 线输出一位数据,在时钟的上升沿从各自的 SI 端读入一位数据。在每个时钟周期内,发送和接收一位数据,从而实现数据交换。

Microwire 接口 93C46 的片选 CS、时钟 CLK、输入数据线 DI 及输出数据线 DO 的同步、时序如图 4.12 所示。

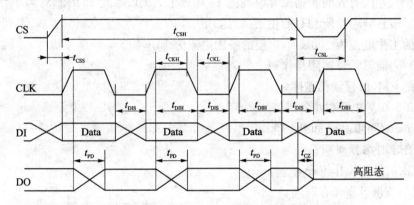

图 4.12 93C46(E^2PROM)同步时序

3. Microwire 总线典型应用

图 4.13 所示为 Microwire/Plus 的串行外围扩展示意图。串行外围扩展中所有接口上的时钟线 SK 均与总线连接在一起,而 SO 和 SI 则依照主机的数据传送方向而定,主机的 SO 与所有外围器件的输入端 DI 或 SI 相连;主机的 SI 与外围器件的输出端 DO 或 SO 相连。与 SPI 类似,在扩展多个外围器件时,必须通过 I/O 口线来选通外围器件。

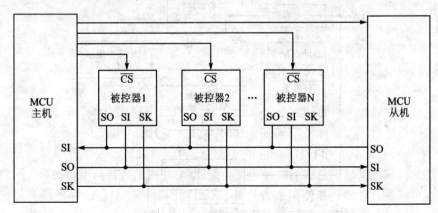

图 4.13 Microwire/Plus 外围扩展示意图

NS 公司为广大用户提供了一系列具有 Microwire/Plus 接口的外围芯片,如 A/D 转换器 ADC0832 和 ADC0838,显示驱动器 MM5450,存诸器 NMC93C66 等。

以单片机为主机的 Microwire/Plus 串行扩展系充中,单片机可以带有 Microwire/Plus 接口,也可以不具有该接口;而外围芯片必须具备 Microwire/Plus 形式接口。

4.1.3 E^2PROM 芯片 93C46 的应用

与 Microwire 同步串行总线接口性能兼容的 93C 系列 E^2PROM 有 NS 公司的 NM93C06/46/56/66,Microchip 公司的 93C06/46/56/66,ATMEL 公司的 AT93C46/56/57/66 和仙童公司的 FM93C46/56 等。

串行 E^2PROM 擦除和写入 1 字节数据的时间不超过 2 ms,擦除/写入周期寿命一般可达到 10 万次以上,片内写入的数据保存时间达 40 年以上。93C 系列 E^2PROM 与单片机连接非常简单方便。该系列芯片所具有的主要特性如下:

- 典型的工作电流为 200 μA,典型的备用电流为 10 μA;
- 数据写入前不需要擦除操作;
- 可靠的 CMOS 浮动门技术;
- 单一＋5.0 V 电源供电;
- Microwire 同步串行总线接口;
- 器件自定时编程周期;
- 10 万次的擦除操作寿命;
- 40 年的数据可靠保存时间。

下面以 93C46 芯片为例说明其工作原理、接口及编程。

1. 93C46 芯片内部结构及引脚功能

NM93C46 由指令寄存器、地址寄存器、指令解码器、地址解码器、控制逻辑、时钟发生器、编程电压产生器、64×16 位 E^2PROM 存储器阵列、数据输入/输出寄存器以及数据输出缓冲器等部分组成。NM93Cx6 的内部结构如 4.14 所示。NM93C46 的 DIP 封装如图 4.15 所示,

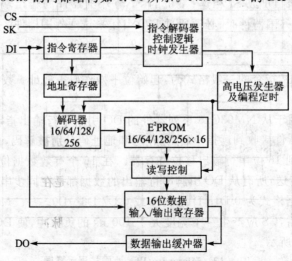

图 4.14　NM93Cx6 内部结构框图

引脚功能见表 4.2。

2. NM93C46 指令及操作时序

NM93Cx6 共支持 7 条指令,它们分别是读(READ)、写(WRITE)、擦除(ERASE)、整片写(WRALL)、整片擦除(ERAL)、擦/写允许(EWEN)和擦/写禁止(EWDS)。通过指令解码器,NM93x6 依据所写入的指令执行相应的操作,在读、写、擦除操作过程中,必须指定所要操作的单元地址。

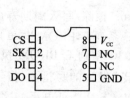

图 4.15 NM93C46 的 DIP 封装形式

表 4.2 NM93C46 的引脚功能

引脚名称	功　能
CS	片选端(高有效)
SK	串行时钟信号端
DI	串行数据输入端
DO	串行数据输出端
GND	地
NC	空脚
V_{CC}	电源

NM93C46 的操作指令由 1 位起始位开始,接着是 2 位操作码,然后是 6 位地址段,最后是 16 位数据段。各指令代码见表 4.3。

表 4.3 NM93C46 指令代码表

操作指令	起始位	操作码	地址段						数据段
读	1	10	A5	A4	A3	A2	A1	A0	
写使能	1	00	1	1	X	X	X	X	
写	1	01	A5	A4	A3	A2	A1	A0	D15~D0
全写	1	00	0	1	X	X	X	X	D15~D0
写禁止	1	00	0	0	X	X	X	X	
擦除	1	11	A5	A4	A3	A2	A1	A0	
全擦除	1	00	1	0	X	X	X	X	

从表 4.3 可以看出,指令的一般格式为:起始位+操作码+地址+数据。

(1) 读操作

读指令(READ)用于从 NM93Cx6 系列器件的 DO 引脚串行输出指定寄存器单元存储的数据。在 NM93Cx6 器件接收到读指令后,操作码和地址码分别被解码,此后指定寄存器单元所存储的数据被传送到 16 位串行输出移位寄存器。在 16 个有效数据位输出之前,一个逻辑 0 电平的空位首先被传送,所有从 DO 引脚串行输出的数据都是在同步串行时钟 SK 的上升沿处发生改变。输出数据格式为 0 D15 D14…D0 或 0 D7 D6…D0。

在数据完整输出后,CS 应产生一个宽度大于 100 ns 的负脉冲,使 DO 线恢复高阻态。读操作时序图如图 4.16 所示。

(2) 写操作

写指令(WRITE)是将 CPU 给出的数据写入指定地址的存储单元。

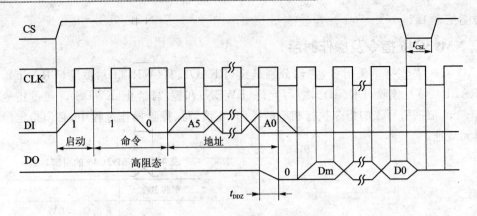

图 4.16 读操作时序图

E^2PROM 写入数据之前首先要对该单元进行擦除，但 93C 系列 E^2PROM 执行 WRITE 指令过程中能自动进行擦除和写入（编程）。当芯片收到 CPU 发出的写指令，指定地址和待写入的数据最后一位后，必须在下一个 CLK 上升沿到来之前，CS 变为低电平。这个 CS 的下降沿激发片内的自动定时擦除和编程周期，此时外部 CLK 将不起作用。当 CS 保持低电平一定宽度后（≥100 ns），又升到高电平，这时 DO 线上就输出 READY/BUSY 状态。DO=0，表示芯片编程仍然在进行中；DO=1，表示芯片单元已完成数据的写入。CS 再变低，DO 恢复高阻态。

写操作时序图如图 4.17 所示。

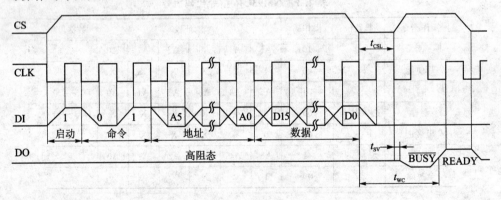

图 4.17 写操作时序图

(3) 擦/写允许和擦/写禁止

当 NM93Cx6 系列器件上电后，它们都处于擦/写禁止 EWDS(Erase/Write Disable)状态。为了对 NM93Cx6 器件的寄存器单元进行编程，必须首先通过擦/写允许(WEN)指令打开器件的擦/写。一旦通过指令设置了擦/写允许状态，器件将一直处于允许状态，直到擦/写禁止指令执行或器件掉电。

芯片接收到 EWEN(Erase/Write Enable)指令后，就处于擦/写允许状态。这种状态一直保持到芯片重新接收到一个 EWDS 指令，或历经一段断电延时为止。

芯片上电后，都要执行一条 EWEN 指令后方可执行擦/写操作。为了保护数据的意外改写，擦/写完成后要执行一条 EWDS 指令。芯片重新擦/写，又应重新执行一次 EWEN 指令，依此类推。读操作不受 EWEN 和 EWDS 指令的限制。EWEN 和 EWDS 指令中,芯片接收命令码和地址后,CS 产生一个低电平脉冲。其时序图如图 4.18 和图 4.19 所示。

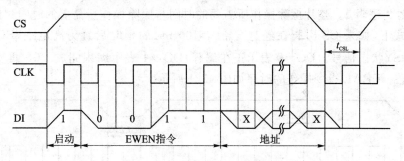

图 4.18　擦/写允许操作时序图

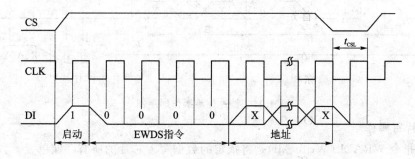

图 4.19　擦/写禁止操作时序图

(4) 擦除操作

擦指令(ERASE)对选定的寄存器单元进行编程使所有的数据位都为逻辑 1 状态。在外部处理器写入的地址码的最后一位 A0 被移入 93Cx6 后,片选信号 CS 置为低电平状态,CS 引脚由高到低的跳变将启动 93Cx6 器件内部的自定时编程周期。在经过 t_{CSL}(≥100 ns)的延时后,如果将 CS 引脚置为高电平,93Cx6 的 DO 输出引脚将用于指示器件是处于 READY/$\overline{BUSY}$ 状态。如果 DO 引脚为逻辑 0,表示器件的编程过程还未结束;如果 DO 引脚为逻辑 1,则表明擦除指令所选中的寄存器单元已被成功擦除,可以执行其他操作。擦除操作时序如图 4.20 所示。

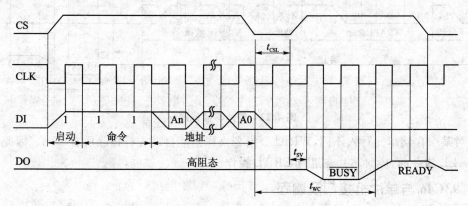

图 4.20　擦除操作时序图

(5) 整片擦除操作

整片擦除指令 ERAL(Erase All)同时对存储器阵列中的所有寄存器单元编程,将所有的数据位都设置为逻辑 1。整片擦除操作所需要的时间与擦除操作所需要的时间相同。在整片擦除操作模式下,如果 CS 引脚在经过 t_{CAL}($\geqslant$100 ns)的延时后置为高电平,DO 引脚表示 READY/$\overline{BUSY}$ 状态信号。DO=0 表示正在编程;DO=1 表示编程完成。CS 再变低,DO 线恢复成高阻态。ERAL 指令操作的时序如图 4.21 所示。

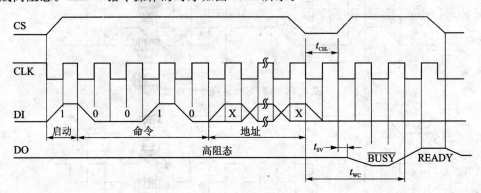

图 4.21 整片擦除操作时序图

(6) 整片写操作

整片写指令 WRALL(Write All)是将指定的数据写入芯片的所有存储单元。具体的数据值由 WRALL 指令中紧跟在操作码之后的 16 位数据决定。与写操作一样,在整片写操作模式下,如果 CS 引脚在经过 t_{CSL}($\geqslant$100 ns)的延时后置为高电平,DO 输出引脚将出现 READY/$\overline{BUSY}$ 状态信号。DO=0 表示写操作在进行;D0=1 表示写操作完成。CS 再变低,DO 恢复高阻态。时序图如图 4.22 所示。

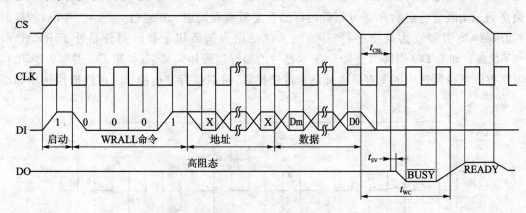

图 4.22 整片写操作图

与对某个存储单元写入不同,WRALL 指令操作不能自动先行擦除所有单元。因此,在执行 WRALL 指令前,应对芯片先进行 ERAL 操作。

3. 93C46 与单片机接口及编程

93C46 与 89C51 接口电路如图 4.23 所示。89C51 的 P1.0~P1.3 模拟 Microwire 串行总线操作。

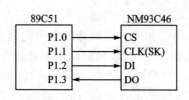

图 4.23　NM93C46 与 89C51 接口

E^2PROM 93C46 读/写程序如下：

```
;引脚定义
        DO      EQU     P1.3
        DI      EQU     P1.2
        SK      EQU     P1.1
        CS      EQU     P1.0

;送8位数据给93C46
;占用：A,B
;调用：无
;入口：A中为数据
;出口：无
SNDBYT: MOV     B,#08H
SNDLOP: RLC     A
        MOV     DI,C
        CLR     SK
        SETB    SK
        DJNZ    B,SNDLOP
        RET

;从93C46中读8个数据
;占用：A,B
;调用：无
;入口：无
;出口：A中为数据
RCVBYT: MOV     B,#08H
PCVLOP: CLR     SK
        SETB    SK
        MOV     C,DO
        RLC     A
        DJNZ    B,RCVLOP
        RET

;读93C46中数据
;占用：A,B
;调用：SNDBYT,RCVBYT
;入口：A中为地址
;出口：B中为数据
```

```
EEPRD: NOP
       PUSH   ACC
       NOP                      ;选送 EWEN 指令
       SETB   CS
       SETB   DI                ;送起始位
       CLR    SK
       SETB   SK
       MOV    A,#30H            ;置 EWEN 指令
       LCALL  SNDBYT            ;送 EWEN 指令
       CLR    CS
       POP    ACC
       SETB   CS
       SETB   DI                ;送起始位
       CLR    SK
       SETB   SK
       ANL    A,#3FH            ;置读指令
       ORL    A,#80H
       LCALL  SNDBYT            ;送读指令
       LCALL  RCVBYT            ;得到高 8 位数据
       LCALL  RCVBYT            ;得到低 8 位数据
       MOV    B,A
       CLR    CS
       PUSH   B
       NOP                      ;送 EWDS 指令
       SETB   CS
       SETB   DI                ;送起始位
       CLR    SK
       SETB   SK
       MOV    A,#00H            ;置 EWDS 指令
       LCALL  SNDBYT            ;送 EWDS 指令
       CLR    CS
       POP    B
       RET
;写入 93C46 数据
;占用：A,B
;调用：SNDBYT,RCVBYT,DELAY
;入口：A 中为地址,B 中为数据
;出口：无
EEPWR: NOP
       PUSH   ACC               ;保存要写入地址
       PUSH   B                 ;保存要写入数据
       LCALL  EEPRD
       POP    ACC
       PUSH   ACC
```

	CINE	A,B,EEPWR1	
	POP	B	;与原数据相同不进行写操作
	POP	ACC	
	RET		
EEPWR1:	POP	B	;调整入栈顺序
	POP	ACC	
	PUSH	B	
	PUSH	ACC	
	NOP		;先送 EWEN 指令
	SETB	CS	
	SETB	DI	;送起始位
	CLR	SK	
	SETB	SK	
	MOV	A,#30H	;置 EWEN 指令
	LCALL	SNDBYT	;送 EWEN 指令
	CLR	CS	
	NOP		
	SETB	CS	
	SETB	DI	;送起始位
	CLR	SK	
	SETB	SK	
	POP	ACC	;写入地址出栈
	ANL	A,#3FH	;置写指令
	ORL	A,#40H	
	LCALL	SNDBYT	;送写指令
	MOV	A,#0FFH	
	LCALL	SNDBYT	;送高 8 位数据
	POP	ACC	
	LCALL	SNDBYT	;送低 8 位数据
	CLR	CS	
	MOV	A,#01H	;延时 20 ms
	LCALL	DELAY	
	NOP		;送 EWDS 指令
	SETB	CS	
	SETB	DI	;送起始位
	CLR	SK	
	SETB	SK	
	MOV	A,#00H	;置 EWDS 指令
	LCALL	SNDBYT	;送 EWDS 指令
	CLR	CS	
	RET		

4.1.4 数字温度传感器 DS1620 与单片机的接口及编程

DS1620 是 MAXIM(Dallas)公司推出的具有 3-Wire 接口总线、温度传感、温度数据转换、温度控制等功能的 IC 芯片。它与单片机之间采用串行通信,其芯片表面具有温度传感功能。它对温度的测量范围是 -55~+120℃。将测量温度转换为 9 位二进制数据仅需 1 s。作温度控制器使用时,不需要外加其他辅助元器件。

DS1620 的特性如下:
- 测温范围为 −55～+125℃;
- 转换精度为 9 位二进制数,测温分辨率为 0.5℃;
- 具有非易失性上、下限报警设定功能,有 3 个报警输出端:T_H、T_L 和 T_{COM};
- 可以在单片机控制下工作,也可以不带单片机单独用作恒温控制器。

1. 内部结构及引脚功能

DS1620 的内部结构及引脚排列如图 4.24、图 4.25 所示,其引脚功能如表 4.4 所列。

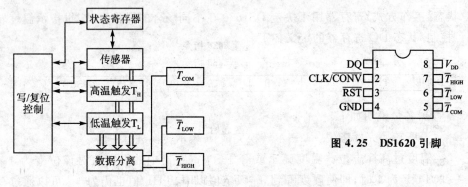

图 4.24　DS1620 内部结构图　　　　图 4.25　DS1620 引脚

表 4.4　DS1620 引脚功能

引脚	功能	引脚	功能
DQ	3 线数据 I/O 端	$\overline{T}_{HIGH}$	高温触发端
CLK/$\overline{CONV}$	时钟输入或独立工作端	$\overline{T}_{LOW}$	低温触发端
RST	复位输入端	T_{COM}	高/低温结合触发端
GND	接地端	V_{DD}	+5 V 电源端

2. 温度值数据格式

DS1620 的温度值为 9 位数字值,数据用补码表示,最低位表示 0.5℃。通过三线传送数据时,低位在前,高位在后。DS1620 读出或写入的温度数据值可以是 9 位的字(在第 9 位后将 RST 置为低电平),也可以是两个 8 位字节的 16 位字。这时高 7 位为无关位。这种方式在 8 位单片机中处理是比较方便的。

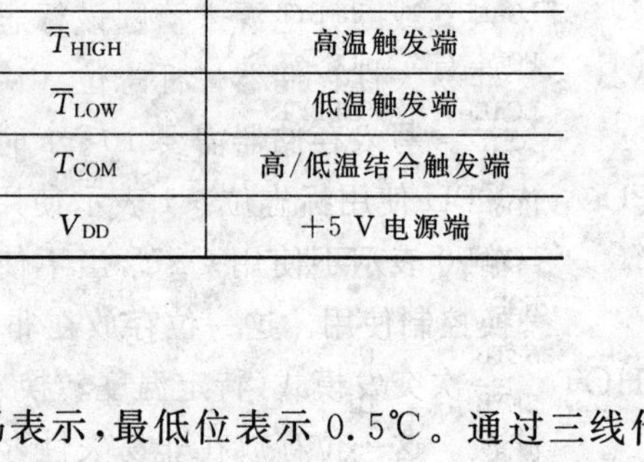

16位温度寄存器 T=−25℃　　　　最高位(符号位)

| X | X | X | X | X | X | X | X | 1 |

最低位

| 1 | 1 | 0 | 0 | 1 | 1 | 1 | 0 |

图 4.26　温度值采用带符号的二进制补码格式

图 4.26 所示为温度值采用带符号的二进制补码格式。

温度值采用带符号的二进制补码格式,最高位为符号位。1 表示负值,0 表示正值。DS1620 输出数据与被测温度的关系如表 4.5 所列。

表 4.5　DS1620 输出数据与被测温度的关系

被测温度/℃	二进制输出数据	十六进制输出数据	被测温度/℃	二进制输出数据	十六进制输出数据
+125	011111010	00FA	−0.5	111111111	01FF
+25	000110010	0032	−25	1110011110	01CE
+0.5	000000001	0001	−55	110010010	0192
0	000000000	0000			

3. 操作和控制

控制/状态(工作方式)寄存器用于决定 DS1620 在不同场合的操作方式,也指示温度转换时的状态。控制/状态 DO 寄存器的定义如下:

D7							D0
DONE	THF	TLF	NVB	1	0	CPU	ISHOT

对 D0 寄存器各位说明如下:

DONE　温度转换完标志位。1 表示转换完成,0 表示转换进行中。

THF　　温度过高标志位。温度高于或等于 T_H 寄存器中的设定值时该位变为 1。当 THF 为 1 时,即使温度降到 T_H 设定值以下,THF 值也仍为 1。可以通过写入 0 或断开电源来清除该标志位。

TLF　　温度过低标志位。温度低于或等于 T_L 寄存器中的设定值时该位变为 1。当 TLF 为 1 时,即使温度升高到 T_L 设定值以上,TLF 值也仍为 1。可以通过写入 0 或断开电源来清除该标志位。

NVB　　非易失性存储器忙标志位。1 表示正在向存储器中写入数据,0 表示存储器不忙。写入存储器需要 10 ms 时间。

CPU　　CPU 使用标志位。1 表示使用 CPU,DS1620 和 CPU 通过三线制进行数据传输;0 表示不使用 CPU,当不使用 CPU 时,$\overline{RST}$ 接低电平,CLK/$\overline{CONV}$ 作为转换控制使用。这一位存放在非易失存储器中,允许至少 50000 次写操作。

ISHOT　一次突发模式(特定温度转换)。1 表示进行该时刻的一次转换,0 表示连续转换。这一位存放在非易失性存储器中,允许至少 50000 次写操作。

DS1620 有两种操作模式。一种是使用 CPU,与 CPU 进行三线通信模式;另一种是不使用 CPU,DS1620 单独工作模式,如自动控制电扇。

(1) 单独工作模式(无 CPU 参与)

在这种工作模式下,SD1620 作为热继电器使用,常用连续转换方式,可在没有 CPU 参与下工作。预先必须写入控制寄存器操作模式和 T_H、T_L 寄存器的温度设定值,CLK/$\overline{CONV}$ 用作转换开始控制端。要注意:这种工作模式下,控制/状态寄存器的 CPU 标志位必须设为 0。为了使 CLK/$\overline{CONV}$ 用作转换控制,$\overline{RST}$ 必须为低电平。如果 CLK/$\overline{CONV}$ 被拉低,且在 10 ms 以内置高,则产生一次转换;如果 CLK/$\overline{CONV}$ 保持低电平,则 DS1620 连续进行转换。当 CPU 为 0 时,转换由 CLK/$\overline{CONV}$ 控制,而不受 ISHOT 控制位的限制。

DS1620 有 3 个温度触发控制端。当 DS1620 的温度高于或等于 T_H 寄存器设定值时,

T_{HIGH} 输出为高电平；当温度低于或等于 T_L 寄存器设定值时，T_{LOW} 输出为高电平；当温度高于 T_H 寄存器设定值时，T_{COM} 输出为高电平，直到温度下降到 T_L 寄存器设定值以下时才会变为低电平。3个温度触发控制端的输出特性如图4.27所示。

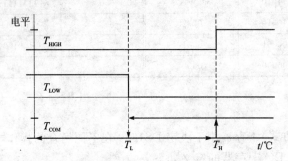

图4.27　DS1620的3个温度触发控制端输出特性

DS1620在无CPU参与下可独立用于温度控制。DS1620有3个温度触发输出，都可作为温控端使用，用于控制加热或制冷装置。在设置控制/状态寄存器以及 T_H 和 T_L 寄存器内容后，DS1620可在脱离CPU的情况下单独作温控器使用。图4.28是利用 T_{HIGH} 控制的应用实例。当环境温度高于 T_H 寄存器的温度设定值后，T_{HIGH} 输出为高电平，2N7000导通，启动风扇散热；当环境温度低于 T_H 寄存器的设定值后，T_{HIGH} 输出为低电平，2N7000截止，风扇停转。

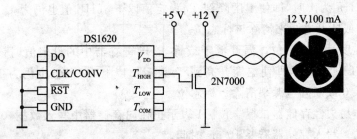

图4.28　用DS1620控制风扇

(2) 三线串行通信模式(有CPU参与)

三线制由3个信号线组成：$\overline{RST}$（复位）、CLK（时钟）和DQ（数据）。数据传送在 $\overline{RST}$ 由低电平变为高电平后开始。在数据传送过程中，使 $\overline{RST}$ 变为低电平会终止数据传送。时钟由一系列上升沿和下降沿组成。DS1620输入、输出数据时，都必须是上升沿数据有效。读写数据时低位在前，高位在后。DS1620的三线制操作时序如图4.29所示。

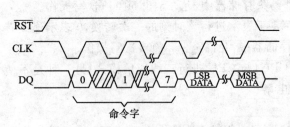

图4.29　DS1620读/写数据时序图

DS1620的工作状态(方式)是由外部输入的指令来控制的。从时序图可知，三线制的操作大部分是命令字在前，数据在后(部分命令后不需要数据)。下面是DS1620的几个主要命令字：

开始转换(EEH)　　开始转换温度数据，后面不需要有其它数据；

读温度[AAH]	读出最后一次温度转换的结果,后面的9个脉冲输出温度寄存器中9位温度值;
写方式寄存器(0CH)	该命令后的连续8个脉冲写方式寄存器的内容;
读方式寄存器(ACH)	该命令后的连续8个脉冲读方式寄存器新的内容;
写T_H寄存器(01H)	该命令后的连续9个脉冲写入T_H寄存器9位温度高限设定值;
写T_L寄存器(02H)	该命令后的连续9个脉冲写入T_L寄存器9位温度低限设定值;
读T_H寄存器(A1H)	该命令后的连续9个脉冲读出T_H寄存器9位温度高限设定值;
读T_L寄存器(A2H)	该命令后的连续9个脉冲读出T_L寄存器9位温度低限设定值;
停止转换(22H)	停止温度转换。

4. 接口电路及编程

如图4.30所示,89C51单片机的P3.3～P3.5与DS1620按三线通信方式相连,可进行数字温度测量。P1口输出七段码,P3.0～P3.3通过驱动三极管接到共阳数码管的COM端,4个按键在P3.7的配合下提供功能扩展。

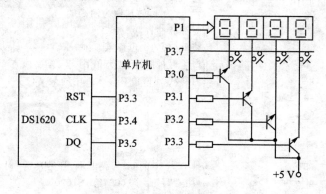

图4.30 数字温度测量电路框图

程序的流程图如图4.31所示,各程序模块均为程序及嵌套子程序的调用,其中读、写DS1620模块为子程序,完成1字节的温度值或指令的读/写;按键服务模块主要完成对高/低温临界寄存器中T_H、T_L值的改写。

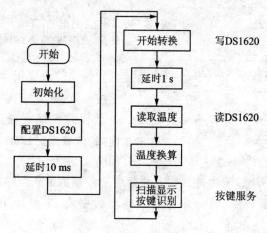

图4.31 程序流程图

下面给出读/写 DS1620、配置 DS1620、开始转换、读取温度等 5 个子程序的汇编语言程序。

```
;引脚定义：
RST     bet     P3.3
CLK     bet     P3.4
DQ      bet     P3.5
;写 DS1620
W-1620: MOV     R0,#08H         ;每次写入8字节
WRITE:  CLR     CLK             ;时钟脉冲置0
        RRC     A               ;右移A,使最低位移入进位位C中
        MOV     DQ,C            ;输出1位(即C)到DQ
        SETB    CLK             ;产生时钟脉冲的上升沿
        DJNZ    R0 WRITE
        RET
;读 DS1620
R-1620: MOV     R0,#08H         ;每次读出8位
        SETB    DQ              ;置DQ为1,使其作为输入端
READ:   CLR     CLK             ;时钟脉冲置0
        MOV     C,DQ            ;将DQ来的1位移入C中
        SETB    CLK             ;产生时钟脉冲的上升沿
        RRC     A               ;右移A,使进位C移入A中的最高位
        DJNZ    R0,READ
        CLR     DQ
        RET
;配置1620
C-1620: SETB    RST             ;使 DS1620 的RST为高电平,开始发送
        MOV     A,#0CH          ;发送"写"命令(0CH)给 DS1620
        ACALL   W-1620
        MOV     A,#00001010B    ;使工作方式寄存器中 CUP=1,1SHOT=0,THF=0,TLF=0
        ACALL   W-1620
        CLR     RST             ;结束发送
        RET
;使 DS1620 开始转换温度
ST-CON: SETB    RST             ;使 DS1620 的RST为高电平,开始发送命令
        MOV     A,#0EEH         ;发送"开始转换"命令(EEH)给 DS1620
        ACALL   W-1620
        CLR     RST             ;结束发送
        RET
;读取温度值
R-TEM:  SETB    RST
        MOV     A,#0AAH         ;发送"读温度"命令(AAH)给 DS1620
        ACALL   R-1620          ;读取第1字节
        MOV     R1,A            ;首字节送R1
        ACALL   R-1620          ;读取第2字节
        MOV     R2,A            ;第2字节送R2
        CLR     RST
        RET
```

4.1.5 多功能串行芯片 X5045/43 与单片机的接口及程序设计

X5045/43(早期型号 X25045/43)是美国 XICOR 公司生产的具有上电复位控制、电压监控、看门狗定时器以及 E^2PROM 数据存储 4 种功能的多用途芯片。因体积小、占用 I/O 口少等优点,已被广泛应用于工业控制、仪器仪表等领域。它与单片机接口采用流行的 SPI 总线方式,是一种较为理想的单片机外围芯片。

1. X5045/43 的功能及特点

1) 性能特点
- 可选时间的看门狗定时器。
- V_{CC} 的电压跌落检测和复位控制。
- 5 种标准的开始复位电压。
- 使用特定的编程顺序可对跌落电压检测和复位的开始电压进行编程。
- 在 V_{CC} 为 1 V 时,复位信号仍保持有效。
- 具有省电特性:
  — 在看门狗打开时,电流小于 50 μA;
  — 在看门狗关闭时,电流小于 10 μA;
  — 在读操作时,电流小于 2 mA。
- 不同型号的器件,其供电电压可以是 1.8~3.6 V、2.7~5.5 V 和 4.5~5.5 V。
- 4 Kbit E^2PROM——4 字节页方式,100 万次的擦写周期。
- 具有数据的块保护锁定功能——可以保护 1/4、1/2 和全部的 E^2PROM,当然也可以置于无保护状态。
- 内建的防误写措施:
  — 用指令允许写操作;
  — 写保护引脚。
- 时钟频率可达 3.3 MHz。
- 比较短的编程时间:
  — 16 字节的页写模式;
  — 写操作由器件内部自动完成;
  — 典型的器件写周期为 5 ms。

2) 功能描述
将 4 种功能合于一体:上电复位控制、看门狗定时器、降压管理以及具有块保护功能的串行 E^2PROM。它有助于简化应用系统的设计,减少印制板的占用面积,提高可靠性。

① 上电复位功能:在通电时产生一个时间足够长的复位信号,以保证单片机正常工作之前,其振荡电路已工作于稳定状态。

② 看门狗功能:该功能被激活后,如果在规定时间内单片机没有在 CS/WDI 引脚上产生规定的电平变化(即"喂狗"),芯片内的看门狗电路将会产生复位信号,复位单片机。

③ 电压跌落检测:当电源电压下降到一定的值后,虽然单片机依然能够工作,但工作可能已经不正常,或者极易受到干扰。在这种情况下,让单片机复位是比让其工作更好的选择。

X5045 中的电压跌落检测电路将会在供电电压下降到一定程度时产生复位信号,终止单片机的工作。

④ 串行 E^2PROM：该芯片内的串行 E^2PROM 具有块锁保护功能,被组织成 8 位的结构,由一个 4 线构成的 SPI 总线方式进行操作。其擦写周期至少有 100 万次,写好的数据能够保存 100 年。

2. 使用方法

① 上电复位。当器件通电并超过 V_{TRIP} 时 X5045 内部的复位电路会提供一个约为 200 ms 的复位脉冲,让单片机能够正常复位。

② 电压跌落检测。工作过程中,X5045 监测 V_{CC} 端的电压下降,并且在 V_{CC} 电压跌落到 V_{TRIP} 以下时产生一个复位脉冲。这个复位脉冲一直有效,直到 V_{CC} 下降到 1 V 以下。如果 V_{CC} 在降落到 V_{TRIP} 后上升,则在 V_{CC} 超过 V_{TRIP} 后延时约 200 ms,复位信号消失,使得单片机可以继续工作。

③ 看门狗定时器。看门狗定时器电路通过监测 WDI 引脚的输入来判断单片机是否正常工作。若维持单片机正常工作,须在设定的定时时间以内"喂狗",即单片机必须在 WDI 引脚上产生一个由高到低的电平变化;否则,X5045 将产生一个复位信号。在 X5045 内部的一个控制寄存器中有 2 位可编程位决了定时周期的长短,单片机可以通过指令来改变这 2 位,从而改变看门狗定时时间的长短。

④ SP1 串行编程 E^2PROM。X5045 内的 E^2PROM 被组织成 8 位的形式,通过四线制 SPI 接口与单片机相连。片内的 4 Kbit E^2PROM 除可以由 WP 引脚置高保护以外,还可以被软件保护,通过指令可以设置保护这 4Kbit 存储器中的某一部分或者全部。

在实际使用时,SO 和 SI 不会同时用到,可以将 SO 和 SI 接在一起,因此,也称这种接口为三线制 SPI 接口。

3. 内部结构及引脚功能

X5045/43 为 8 脚 DIP 或 SOIP 封装,内部结构如图 4.32 所示,其引脚排列如图 4.33 所

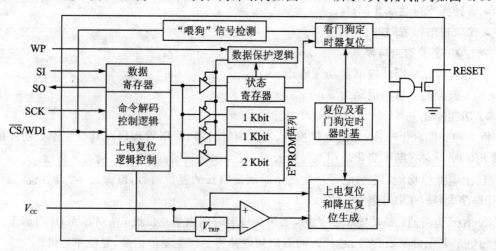

图 4.32　X5045 芯片的内部结构

示,引脚功能见表4.6,其中$\overline{CS}$为芯片选择输入端,当$\overline{CS}$为低电平时,芯片处于工作状态;SO为串行数据输出端,在串行时钟的下降沿,数据通过SO端移位输出;SI为串行数据输入端,所有地址和数据的写入操作均通过SI输入,数据在串行时钟的上升沿锁存;SCK为串行时钟,为数据读/写提供串行总线定时;WP为写保护输入端,当WP为低电平时,向X5045的写操作禁止,但器件的其他功能正常;RESET为复位信号输出端。

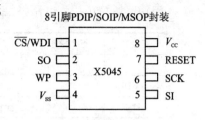

图4.33 X5045引脚图

X5045/43根据RESET复位信号电平的高低来区分,X5045复位输出信号为高电平,X5043则为低电平。一般而言,X5045用于复位信号为高电平的单片机,如51内核的一些单片机;X5043则用于复位信号为低电平的单片机,如Microchip公司的PIC系列单片机。

表4.6 X5045引脚功能

引脚	名称	功能
1	$\overline{CS}$/WDI	芯片选择输入:当$\overline{CS}$为高电平时,芯片未选中,并将SO置为高阻态。器件处于标准的功耗模式,除非一个向非易失单元的写周期开始。在$\overline{CS}$为高电平时,将$\overline{CS}$拉低将使器件处于选择状态,器件将工作于工作功耗状态。在上电后任何操作之前,$\overline{CS}$必须有一个由高变低的过程 看门狗输入:在看门狗定时器超时并产生复位输出之前,一个加在WDI引脚上的由高到低的电平变化将清0看门狗定时器
2	SO	串行输出:SO是一个推/拉串行数据输出引脚,在读数据时,数据在SCK脉冲的下降沿由这个引脚送出
3	WP	写保护:当WP引脚为低电平时,向X5045中的写操作禁止,但其他功能正常。当引脚为高电平时,所有操作正常,包括写操作。如果$\overline{CS}$为低电平时,WP变为低电平,则会中断向X5045中的写操作。但是,如果此时内部的非易失性写周期已经初始化,WP变为低电平不起作用
4	V_{SS}	地
5	SI	串行输入:SI是串行数据输入端,指令码、地址、数据都通过该引脚进行输入。在SCK的上升沿进行数据输入,并且高位(MSB)在前
6	SCK	串行时钟:串行时钟的上升沿通过SI引脚进行数据输入,下降沿通过SO引脚进行数据输出
7	RESET	复位输出:RESET是一个开漏型输出引脚。只要V_{CC}下降到最小允许值,该引脚就会输出高电平,一直到V_{CC}上升超过最小允许值之后200 ms为止。同时它也受看门狗定时器控制,只要看门狗处于激活状态,并且WDI引脚上电平保持为高或者为低超过了定时的时间,就会产生复位信号。$\overline{CS}$引脚上的一个下降沿将复位看门狗定时器。由于这是一个开漏型输出引脚,所以在使用时必须接上拉电阻
8	V_{CC}	正电源

4. X5045/43的指令

X5045/43包括一个写允许锁存器和2个8位寄存器(指令寄存器和状态寄存器)。

1) 指令寄存器

对X5045/43的所有操作都必须首先将一条指令写入指令寄存器。X5045/43的指令、指令操作码及其操作如表4.7所列。

第4章 单片机串行外设接口技术

表 4.7 X5045/43 的指令集

指令名	指令操作码	指令的操作
WREN	0000 0110	设置写允许锁存器,允许写操作
WRDI	0000 0100	复位写允许锁存器,禁止写操作
RDSR	0000 0101	读状态寄存器
WRSR	0000 0001	写状态寄存器
READ	0000 A8 011	读存储器指令,从开始于所选地址的存储器中读出数据
WRITE	0000 A8 010	写存储器指令,把数据写入开始于所选地址的存储器(1~4字节)

注:表中的 A8 表示 X5045/43 片内存储器的高地址位。

指令说明如下:
- 发送指令或读/写字节数据时,都是高位在先;
- E^2PROM 存储器地址范围为 000H~1FFH。A8 为 0,表示操作的地址范围为 000H~0FFH;A8 为 1,表示操作的地址范围为 100H~1FFH。

2) 写允许锁存器

X5045/43 包含一个写允许锁存器。在内部完成写操作之前必须先设置此锁存器。指令 WREN 可以设置锁存器,而指令 WRDI 将复位锁存器。在上电情况下,字节、页或状态寄存器在写周期完成之后,此锁存器自动复位。如果 WP 变为低电平,锁存器也复位。

置 WP 为高电平,$\overline{CS}$ 为低电平,向芯片发出 WREN 指令(使写允许锁存器置位);然后 $\overline{CS}$ 变高,以置位写允许。若不将 $\overline{CS}$ 置位而紧接着进行写状态寄存器或写数据存储器阵列,则写操作无效。至少一个 SCK 周期后,重新将 $\overline{CS}$ 变低,才可以进行以后的写操作。写允许锁存器的时序如图 4.34 所示。

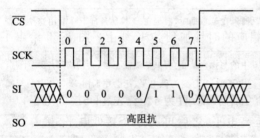

图 4.34 写允许锁存器的时序

3) 状态寄存器

X5045/43 内部有一个状态寄存器,指令 RDSR 提供对此寄存器的访问。在任何时候都可以读状态寄存器,即使在写周期也如此。

状态寄存器的格式如下:

当发出 WREN、WRDI 和 RDSR 命令时不必发送字节或数据。下面介绍寄存器中每一位数据的意义。

① 正在写 WIP(Write-In Process)位:表示 X5045/43 是否忙于写操作。当该位设置为 1 时,写操作正在进行;当该位设置为 0 时,没有写操作在进行。在写操作期间,寄存器中的其他所有位全置为 1。WIP 位是只读的。

② 写允许锁存 WEL(Write Enable Latch)位:表示写允许锁存器的状态。当该位设置为

1时,锁存器置位;当该位设置为0时,锁存器复位。WEL位是只读的,它由WREN指令置位,由WRDI完成写周期后复位。

③ 块保护(Block Protec)位(BL0或BL1):表示所使用的保护范围。意义如表4.8所列,可读/写。这些非易失性的位由WRSR指令来设置,允许用户选择4种保护级别之一和对看门狗定时器编程。X5045/43分为4个1024位的段,可以锁定1个、2个或全部4个段。也就是说,在选定的段内用户可以读这些段,但是不能改变(写)数据。BL1和BL0为01时,保护阵列地址为字节180H~1FFH;为10时,保护字节100H~1FFH;为11时,保护字节000H~1FFH。

④ 看门狗定时器(Watchdog Timer)位(WD0和WD1):其功能是设置看门狗的溢出周期,意义如表4.9所列,可读/写。这些非易失性的位由WRSR指令来设置。WD1和WD0为00时超时周期为1.4 s;为01时,超时周期为600 ms;为10时超时周期为200 ms;为11时禁止看门狗定时功能。

表4.8 块地址保护范围

BL1	BL0	受保护的块地址
0	0	无保护
0	1	180H~1FFH
1	0	100H~1FFH
1	1	000H~1FFH

表4.9 看门狗溢出周期

WD1	WD0	看门狗溢出周期
0	0	1.4 s
0	1	600 ms
1	0	200 ms
1	1	看门狗功能无效

要读状态寄存器,首先将$\overline{CS}$接地以选择该器件,接着送一个8位RDSR指令,然后状态寄存器的内容就通过SO线进行输出,当然必须要有相应的时钟加到SCK线上。图4.35给出了读状态寄存器的时序。状态寄存器可以在任何时候被读出,即使是在E^2PROM内部的写周期内也可以读出。

要将数据写入状态寄存器,必须用WREN命令将WEL置为1。首先将$\overline{CS}$接低电平以选中该器件,然后写入WREN指令,接着将$\overline{CS}$拉至高电平,之后再次将$\overline{CS}$接低电平,接着写入WRSR指令,再写入8位数据。这8位数据就是相应的寄存器中的内容。写入结束后必须将$\overline{CS}$拉至高电平。如果$\overline{CS}$没有在WREN和WRSR期间变高,则WRSR指令将被忽略。图4.36给出了写状态寄存器的时序。

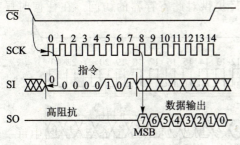

图4-35 读状态寄存器时序

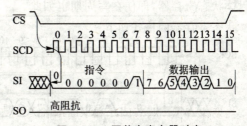

图4-36 写状态寄存器时序

5. X5045中E^2PROM的读/写时序

X5045的读/写包括对内部寄存器和数据的操作,区别在于当选中芯片后,其后的操作是指令还是地址。

1) 读出时序

典型的 E^2PROM 读数据的时序如图 4.37 所示。当单片机从 X5045 内部的 E^2PROM 存储器读数据时,首先将 $\overline{CS}$ 引脚拉低,表示已选中芯片;接着发送 READ 读指令;然后发送 8 位字节地址。当芯片接收到这些指令后,被选定地址的存储器的内容将移出到 SO 线上。当一个数据字节移出之后,地址自动加 1。如果持续提供 SCK 时钟,便可读出一个地址的内容。状态寄存器的读/写时序与数据的读/写时序基本相同,只是当单片机发送 RDSR(读状态寄存器)指令结束后,紧接着状态寄存器的内容便移出至 SO 引线上。

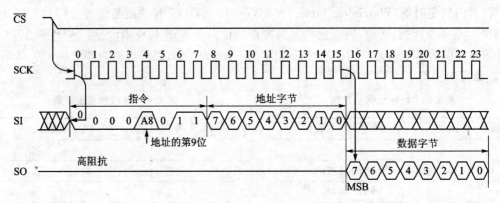

图 4.37 E^2PROM 存储矩阵的读出时序

2) 写入时序

E^2PROM 的字节和页写入时序分别如图 4.38 和图 4.39 所示。

在写入操作之前,必须先写入 WREN 指令,以使写允许锁存器置位。首先将 CS 置为高电平,以选择芯片;然后写入 WRITE 指令和 E^2PROM 存储矩阵写入单元地址;接着写入 1~4 字节数据;最后将 $\overline{CS}$ 从低电平拉回至高电平,结束写入操作并启动内部写周期,将写入页缓冲器中的数据写入 E^2PROM 存储矩阵。每个写入周期只能在第 24(写 1 字节)、第 32(写 2 字节)和第 40(写 3 字节)或第 48(写 4 字节)个时钟之后结束,其他时间都不能结束写操作。写入的字节必须驻留在同一个页上,页地址从地址××××××00 开始,至××××××11 结束。如果地址计数器达到××××××11,而时钟仍继续,那么地址计数器将翻转至页的首地址,继续写入的数据将从页的首地址开始写入。

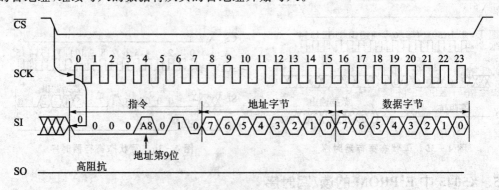

图 4.38 E^2PROM 存储矩阵的字节写入时序

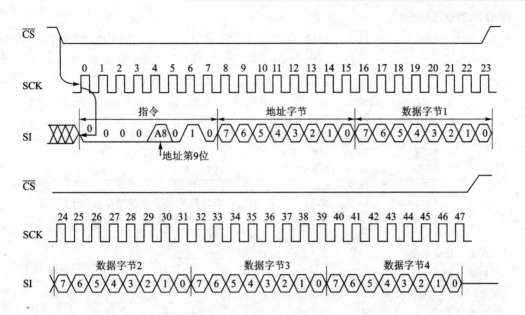

图 4.39　E^2PROM 存储矩阵的页(4 字节)写入时序

6. X5045 与单片机接口及编程

X5045 的 WP 是写保护输入引脚,只有 WP 为高电平时才可以向 E^2PROM 写数据;RST 为复位输出引脚,复位时输出高电平;SI 为串行输入引脚;SO 为串行输出引脚;SCK 为串行时钟引脚;$\overline{CS}$/WD1 为片选及清除引脚。SI、SO、SCK 和 $\overline{CS}$ 均可以与单片机任何一个 I/O 引脚相连。图 4.40 是 X5045 常用硬件接口电路图。

当 X5045 的 $\overline{CS}$ 变为低电平后,在 SCK 的上升沿采样从 SI 引脚输入的数据,在 SCK 的下降沿输出数据到 SO 引脚。整个工作期间,$\overline{CS}$ 必须是低电平,WP 必须是高电平。在预置的定时周期内,$\overline{CS}$ 没有从 1 到 0 的跳变(即没"喂狗")时,RST 输出复位信号。

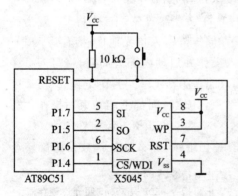

图 4.40　X5045 与单片机接口电路

当 X5045 用于看门狗时,应在看门狗定时器超时并产生复位 CPU 之前,一个加在 WDI 引脚上的由高到低的电平变化(即 P1.4 输出高到低),将清 0 看门狗定时器,即所谓的"喂狗"。

单片机与 X5045 的接口应用软件主要有:设置写允许锁存器、复位写允许锁存器、写状态寄存器、读状态寄存器、字节写、字节读、页写、页读、复位看门狗定时器等应用子程序。下面给出根据图 4.40 所示的接口方式编制程序举例。

首先定义各引脚及读/写 X5045 寄存器的指令格式。BYTE-ADDR 是 X5045 内部数据存储器的首地址,读者可任意修改;BYTE-DATA 为写入 X5045 的具体数据;STATUS-REG 为状态寄存器初值,本例设定成 00H,表明看门狗定时周期预设为 1.4 s。

```
;引脚及指令码的定义
        CS          EQU     P1.4
        SI          EQU     P1.7
        SCK         EQU     P1.6
        SO          EQU     P1.5
        WREN        DATA    06H              ;(WREN)  ┐
        WRDI        DATA    04H              ;(WRDI)  │
        WRSR        DATA    01H              ;(WRSR)  │ 6条指令
        RDSR        DATA    05H              ;(RDSR)  │ （应有6个子程序如下）
        WRITE       DATA    02H              ;(WRITE) │
        READ        DATA    03H              ;(READ)  ┘
        BYTE-ADDR   DATA    00H              ;X5045内部数据存储器的首地址
        BYTE-DATA   DATA    0FEH             ;写入到X5045的具体数据
        STATUS-REG  DATA    00               ;状态寄存器初值
;下面是一些子程序

;子程序名:WREN-X
;功能:设置写允许锁存器,允许对X5045写操作
;影响寄存器:A
WREN-X: NOP
        CLR         SCK                      ;SCK引脚拉低电平
        CLR         CS                       ;CS引脚拉低电平
        MOV         A,#WREN                  ;WREN指令（指令码#06H）
        LCALL       OUTBYT                   ;调用OUTBYT子程序,将WREN写允许指令送
                                             ;X5045写允许锁存器
        CLR         SCK                      ;将SCK拉低
        SETB        CS                       ;将CS升高
        RET

;子程序名： WRDL-X
;功能：    复位写允许锁存器,禁止对E²PROM和状态寄存器写操作
;影响寄存器:A
WRDI-X: NOP
        CLR         SCK
        CLR         CS
        MOV         A,#WRDI                  ;禁止写指令码04H
        LCALL       OUTBYT                   ;禁止写指令WRDI送X5045写允许锁存器
        CLR         SCK
        SETB        CS
        RET

;子程序名:WRSR-X
;功能:写状态寄存器
;影响寄存器:A
WRSR-X: NOP
        CLR         SCK
        CLR         CS
        MOV         A,#WRSR                  ;写状态寄存器指码01H
        LCALL       OUTBYT
        MOV         A,#STATUS-REG
```

第4章 单片机串行外设接口技术

```
                LCALL       OUTBYT
                CLR         SCK
                SETB        CS
                LCALL       WIP-POLL
                RET
;子程序名：      RDSR-X
;功能：          读状态寄存器
;影响寄存器：    A
RDSR-X：        NOP
                CLR         SCK
                CLR         CS
                MOV         A,#RDSR             ;读状态寄存器指令码 05H 送 A
                LCALL       OUTBYT              ;发送 RDSR 指令(05H)
                LCALL       INBYT
                CLR         SCK
                SETB        CS
                RET
;子程序名：      BYTE-WR
;功能：          单字节写
;影响寄存器：    A,B
BYTE-WR：       NOP
                MOV         DPTR,#BYTE-ADDR     ;设置写字节地址 00H
                CLR         SCK
                CLR         CS
                MOV         A,#WRITE            ;写入 X5045 中 E²PROM 指令码 02H
                MOV         B,DPH
                MOV         C,B.0
                MOV         ACC.3,C
                LCALL       OUTBYT
                MOV         A,DPL
                LCALL       OUTBYT              ;发送 8 位地址信息
                MOV         A,#BYTE-DATA
                LCALL       OUTBYT              ;写入到 X5045 的具体数据
                CLR         SCK
                SETB        CS
                LCALL       WIP-POLL
                RET
;子程序名：      BYTE-RE
;功能：          单字节读
;影响寄存器：    A,B
BYTE-RE：       NOP
                MOV         DPTR,#BYTE-ADDR     ;设置读字节地址
                CLR         SCK
                CLR         CS
```

```
                MOV     A,#READ             ;读出 X5045 中 E²PROM 指令码 03H
                MOV     B,DPH
                MOV     C,B.0
                MOV     ACC.3,C
                LCALL   OUTBYT
                MOV     A,DPL
                LCALL   OUTBYT              ;发送地址
                LCALL   INBYT               ;从 X5045 读数据
                CLR     SCK
                SETB    CS
                RET
;子程序名:       RST-WDOG
;功能:           复位看门狗定时器(即"喂狗")
;影响寄存器:     无
RST-WDOG:       NOP
                CLR     CS                  ;改变CS/WDI 引脚电平即可复位(清 0)看门
                                            ;狗定时器(即"喂狗")
                NOP
                SETB    CS
                CLR     CS
                RET
;子程序名:       WIP-POLL
;功能:           器件内部编程检查
;影响寄存器:     R1,A
WIP-POLL:       NOP
                MOV     R1,#MAX-POLL        ;设置用于尝试的最大次数
WIP-POL1:       LCALL   RDSR-X              ;读状态寄存器
                JNB     ACC.0,WIP-POL2      ;如果 WIP 位是 0,说明内部的写周期完成了
                DJNZ    R1,WIP-POL1         ;如果 WIP 位是 1,说明内部的写周期还没有完成
WIP-POL2:       RET
;子程序名:       OUTBYT
;功能:           发送字节指令,地址或 E²EPROH 中数据到 X5045 中
;影响寄存器:     R0,A
OUTBYT:         NOP
                MOV     R0,#08              ;移位计数
OUTBYT1:        CLR     SCK
                RLC     A                   ;移位(若(A)=#06H,为锁存器使能指令 WREN)
                MOV     SI,C                ;送入 X5045
                SETB    SCK
                DJNZ    R0,OUTBYT           ;8 位循环移位
                CLR     SI
                RET
;子程序号:       INBYT
;功能:           从 X5045 中 E²PROM 接收数据字节
```

```
            ;影响寄存器:R0,A
INBYT:   NOP
         MOV      R0,#08
INBYT1:  SETB     SCK
         CLR      SCK
         MOV      C,SO                      ;接收字节位并存放到位累加器C
         RLC      A
         DJNZ     R0,INBYT1
         RET
```

实际应用中,子程序中的调用过程参考如下主程序。

```
MAIN:    MOV      P1,#09H                   ;P1 初始化(CS&SO = 1,SCK&SI = 0)
         LCALL    WREN-X
         LCALL    WRSR-X
         LACALL   BYTE-WR
         LACALL   BYTE-RE
RWDT-X:  LCALL    RST-WDOG                  ;重新复位看门狗定时器("喂狗")
           ⋮         ⋮
         AJMP     RWDT-X
```

在对 X5045 任意操作之前,首先应置位写允许锁存器,即上面程序中"LCALL WREN-X"语句;接着调用 WRSR-X 子程序,将芯片内部的状态寄存器赋予初值 00H;然后调用 BYTE-WR 写数据子程序,将伪指令 BYTE-DATA(本例是 FEH)定义的数据写入到以 BYTE-ADDR 定义的 X5045 的某一地址中;调用 BYTE-RE 则将 BYTE-ADDR 定义的地址(例是 00H)中的数据送到累加器 ACC 中。

7. X5045 看门狗定时器的使用("喂狗")

设置看门狗定时器的目的是使用看门狗监控系统程序,在程序跑飞或系统"死机"后能够迅速使程序回到原位,而不会影响程序的正常功能。要使看门狗起到监控作用而不产生非正常失效,则要综合考虑系统要求和程序的特点进行看门狗复位方案设计。

(1) 复位操作

X5045 通过电源监控和编程看门狗定时器,给系统提供复位信号。

通过编程选择定时值,如果在给定时间内没有访问 X5045(没"喂狗"),则产生复位信号输出。

芯片通过其供电电源 V_{CC} 来实现监控。当 V_{CC} 低于规定值时,产生复位输出信号。对于 5 V 工作芯片,其值为 4.25~4.5 V,当 V_{CC} 低于 4.25~4.5 V 时,上电后自动产生复位信号,信号宽度最小可达 100 ms。

(2) 喂 狗

RST-WDOG 为看门狗子程序,在具体调用时应保证程序开始到"LCALL RST-WDOG"指令之间的时间 T 小于看门狗定时器溢出周期 t(1.4 s),以防止程序在正常工作时 X5045 产生复位信号。RST-WDOG 看门狗子程序的调用过程如图 4.41 所示。

图 4.41 主程序中"喂狗"示意图

当然在具体应用时,可以根据需要灵活改变 X5045 看门狗的定时周期。这时只要改变程序初始化中的 STATUS-REG 的初值即可,例如设定 STATUS-REG 的初值为 10H,即 WD1=1,WD0=0(参见表 4.9)则看门狗的定时周期则更为 0.6 s。

4.1.6 串行时钟芯片 DS1302 与单片机的接口及编程

DS1302 是美国 Dallas 公司推出的一种高性能、低功耗、带 RAM 的实时时钟芯片(与 Holtek 公司的 HT1380 兼容),它可以对年、月、日、星期、时、分、秒进行计时,且具有闰年补偿功能,以及 AM(上午)/PM(下午)的 12h 格式。它采用三线接口与 CPU 进行同步通信,并可采用突发方式一次传送多个字节的时钟信号或 RAM 数据。DS1302 有主电源/后备电源双电源引脚。在单电源与电池供电系统中提供低电源,并提供低功率的电池备份;在双电源系统中 V_{CC2} 提供主电源,在这种运用方式中,V_{CC1} 连接到备份电源,以便在没有主电源的情况下能保存时间信息以及数据。

DS1302 内部有一个 31×8 位的用于临时性存放数据的 RAM 寄存器。DS1302 是 DS1202 的升级产品,与 DS1202 兼容,但增加了主电源/后备电源的双电源引脚,同时提供了对后备电源进行涓细电流充电的能力。

1. DS1302 的特性

➢ 实时时钟,可对 2100 年之前的秒、分、时、周、月以及带闰年补偿的年进行计数;
➢ 用于高速数据暂存的 31×8 位 SRAM;
➢ 2.5~5.5 V 电压工作范围;
➢ 2.5 V 时耗电电流小于 300 nA;
➢ 用于时钟或 RAM 数据读/写的单字节或多字节(脉冲方式)数据传送方式;
➢ 简单的 SPI 三线接口;
➢ 可选的慢速(涓流)充电(至 V_{CC1})方式;
➢ 可选工业级温度范围为 -40~+85℃。

2. DS1302 内部结构及工作原理

DS1302 芯片主要由移位寄存器、控制逻辑、振荡器、实时时钟以及 RAM 组成,如图 4.42 所示。引脚排列如图 4.43 所示,引脚功能如表 4.10 所列。

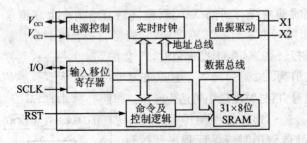

图 4.42　DS1302 结构图　　　　图 4.43　DS1302 引脚图

为开始数据传送,必须先把 RST 置为高电平,且把提供地址和命令信息的 8 位数据装入移位寄存器。数据在 SCLK 的上升沿串行输入。在开始的 8 个时钟周期把命令字装入移位寄存器之后,另外的时钟在读操作时输出数据。在写操作时输入数据,当 $\overline{RST}$ 为高电平时,接通控制逻辑、允许命令/地址字节序列送入移位寄存器;当$\overline{RST}$为低电平时,终止单字节或多字节的数据传送,且 I/O 脚变为高阻态。上电时,在 $V_{CC} \geqslant 2.5\ V$ 以前,$\overline{RST}$必须为低电平。当$\overline{RST}$为高电平时,SCLK 逻辑必须为 0。

表 4.10 DS1302 引脚功能

引脚号	引脚名称	功　能
1	V_{CC2}	主电源
2,3	X1,X2	32.768 kHz 晶振接口
4	GND	地
5	$\overline{RST}$	复位兼片选端,读/写操作时必须为高电平
6	I/O	串行数据输入/输出
7	SCLK	串行时钟输入端,是串行数据的同步信号
8	V_{CC1}	后备电源

3. DS1302 数据读/写时序

单片机对 DS1302 数据读/写是由命令字节来初始化的。
命令字节的格式如下:

D7	D6	D5	D4	D3	D2	D1	D0
1	RAM/$\overline{CK}$	A4	A3	A2	A1	A0	R/$\overline{W}$

命令字节的最高位第 7 位必须是逻辑 1,如果它为 0,则不能把数据写入 DS1302 中;第 6 位如果为 0,则表示存取日历时钟数据,为 1 表示存取 RAM 数据;第 5 位～第 1 位指示操作单元的地址;最低位(第 0 位)如为 0 表示要进行写操作,为 1 表示进行读操作,命令字节总是从最低位开始输出。

对芯片的所有写入或读出操作都是由命令字节引导的。每次仅写入或读出 1 字节数据称为单字节操作。每次对时钟/日历的 8 字节或 31 字节 RAM 进行全体写入或读出操作,称为多字节突发模式操作。

1) 单字节操作

单片机向 DS1302 写数据时,在写命令字节 8 个 SCLK 周期之后,DS1302 会在下 8 个 SCLK 周期的上升沿输入数据字节。如果有更多的 SCLK 周期,它们将会被忽略。单片机从 DS1302 读数据时,跟随在读命令字节 8 个 SCLK 周期之后,DS1302 会在下 8 个 SCLK 周期的下降沿输出数据。需要注意的是:从 DS1302 输出的第一个数据位发生在命令字节最后一位后的第一个下降沿处,而且在读操作过程中保持$\overline{RST}$为高电平状态。如果有额外的 SCLK 时钟周期,DS1302 将重新发送数据字节。这一操作特性使得 DS1302 具有多字节连续读取能力。图 4.44 为对 DS1302 单字节数据的读/写时序。

2) 多字节操作

通过对地址 31 寻址(命令位的第 1～5 位均为逻辑 1),可以把时钟/日历或 RAM 寄存器规定为多字节方式。在多字节方式中,读或写从地址 0 的第 0 位开始,当以多字节方式写时钟寄存器时,必须按照数据传送的次序写最先的 8 个寄存器。但是以多字节方式写 RAM 时,不必写所有的 31 字节，不管是否写齐了全部 31 字节，所写的每一个字节都会被传送到 RAM。图 4.45 为对突发方式连续多字节读/写的时序。

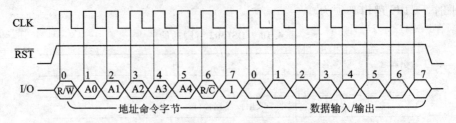

图 4.44　DS1302 单字节传送时序

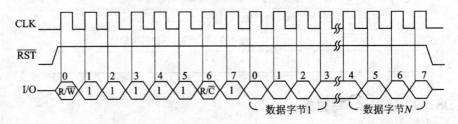

图 4.45　DS1302 突发多字节传送时序

4. DS1302 内部寄存器读/写

DS1302 共有 12 个寄存器，其中有 7 个寄存器与日历、时钟相关，存放的数据位为 BCD 码形式。其日历、时间寄存器及其控制字见表 4.11，其中奇数为读操作，偶数为写操作。

表 4.11　DS1302 片内寄存器地址及其控制字内容

寄存器名	命令字格式		取值范围	位内容							
	写操作	读操作		7	6	5	4	3	2	1	0
秒寄存器	80H	81H	00～59	CH	10SEC			SEC			
分寄存器	82H	83H	00～59	0	10MIN			MIN			
小时寄存器	84H	85H	01～12 或 11～23	12/24	0	$\frac{10}{AP}$	HR	HR			
日期寄存器	86H	87H	01～28,29,30,31	0	0	10DATA		DATA			
月份寄存器	88H	89H	01～12	0	0	0	10M	MONTH			
星期寄存器	8AH	8BH	01～07	0	0	0	0	0	DAY		
年份寄存器	8CH	8DH	00～99	10YEAR				YEAR			
写保护寄存器	8EH	8FH	00H～80H	WP				0			
涓流充电寄存	90H	91H	—			TCS			DS	RS	
时钟突发寄存器	BEH	BFH	—								
RAM 寄发寄存器	FEH	FFH	—								
RAM 寄存器	0	C0H	C1H	00H～FFH	RAM 数据						
	⋮	⋮	⋮	00H～FFH							
	30	FCH	FDH	00H～FFH							

时钟暂停:秒寄存器的第7位定义为时钟暂停位。当它为1时,DS1302停止振荡,进入低功耗的备份方式。通常在对DS1302进行写操作时(如进入时钟调整程序),停止振荡。当它为0时,时钟开始启动。

AM-PM/12-24[小]时方式:[小]时寄存器的第7位定义为12或24[小]时方式选择位。它为高电平时,选择12[小]时方式。在此方式下,第5位是AM-PM位,此位是高电平时表示PM,低电平表示AM。在24[小]时方式下,第5位为第二个10[小]时位(20～23h)。

5. DS1302与单片机的接口及编程

DS1302与单片机接口电路如图4.46所示。

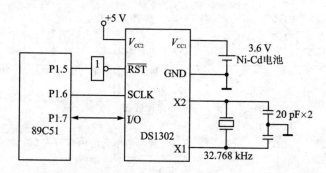

图4.46 DS1302与89C51接口电路

1) 多字节模式写入程序

设68H、67H、66H、65H、64H、63H、62H分别为秒、分、时、日、周、月、年的参数存储单元,61H为写保护寄存器的内容(BCD码)如表4.12所列。

表4.12 写保护寄存器的内容(BCD码)

片内RAM	D7	D6	D5	D4	D3	D2	D1	D0	说明
68H(秒)	0	1	0	1	0	0	1	0	52秒
67H(分)	0	0	1	1	0	1	0	0	34分
66H(时)	0	0	0	1	1	0	0	1	19时
65H(日)	0	0	0	0	0	0	0	1	01日
64H(星期)	0	0	0	0	0	0	1	1	星期三
63H(月)	0	0	0	1	0	0	0	0	10月
62H(年)	0	0	0	0	1	0	0	0	08年
61H	0	0	0	0	0	0	0	0	写保护内容为00H

把08年10月01日,星期三,19时34分52秒写入时钟/日历寄存器。程序如下:

```
        MOV     68H,#52H        ;秒
        MOV     67H,#34H        ;分
        MOV     66H,#19H        ;时
        MOV     65H,#01H        ;日
        MOV     64H,#03H        ;星期
        MOV     63H,#10H        ;月
```

		MOV	62H,#08H	;年
		MOV	61H,#00H	;写保护内容
	WRCR:	CLR	P1.6	;CLK=0
		CLR	P1.5	;$\overline{RST}$=1,允许命令字送入移位寄存器
		MOV	A,#8EH	;写保护命令字节 8EH 为写保护寄存器地址及命令字节
		LCALL	WBYTE	;将写保护寄存器地址命令字节写入 DS1302
		MOV	A,#00H	;解除写保护命令
		LCALL	WBYTE	;将允许写入控制字写入写保护寄存器
		SETB	P1.5	;$\overline{RST}$=0 终止传送
		CLR	P1.6	;CLK=0
		CLR	P1.5	;$\overline{RST}$=1,启动传送
		MOV	P1.5	
		LCALL	A,#0BEH	;多字节写命令
		MOV	WBYTE	;将时钟日历多字节写命令写入 SD1302
		MOV	R0,#68H	;R0 为地址指针
		MOV	R2,#08H	;R2 为计数器
	LOOPW:	MOV	A,@R0	
		LCALL	WBYTE	;将时钟参数单元的内容写入 DS1302 相应单元
		DEC	R0	
		DJNZ	P2,LOOPW	;计数器减 1,非 0 转
		CLR	P1.6	
		SETB	P1.5	
		RET		
	WBYTE:	MOV	R1,#08H	;R1 为计数器,写子程序,8 位
	LOOP1:	CLR	P1.6	;CLK=0
		RRC	A	;从 D0 开始
		MOV	P1.7,C	;由 P1.7 输出 1 位
		SETB	P1.6	;CLK=1
		DJNZ	R1,LOOP1	
		RET		

2) 多字节模式读出程序

将时钟/日历寄存器中的秒、分、时、日、星期、月、写保护寄存器的内容分别读入单片机内 RAM 的 6FH,6EH,6DH,6CH,6BH,6AH,69H,68H 单元中。程序如下:

		CLR	P1.6	;CLK=0
RDCR:		CLR	P1.5	;$\overline{RST}$=1
		MOV	A,#0BFH	;多字节读命令
		LCALL	WBYTE	;写入命令,将多字节读命令写 DS1302
		MOV	R0,#6FH	;R0 为地址指针
		MOV	R2,#08H	;R2 为计数器
		SETB	P1.7	;P1.7 准备输入,输入前置 1
LOOPR:		LCALL	RBYTE	
		DEC	R0	
		DJNZ	R2,LOOPR	
		CLR	P1.6	;CLK=0

```
        SETB    P1.5            ;RST = 0
        RET
RBYTE:  MOV     R1,#08H         ;R1 为计数器（读子程序）
LOOP2:  CLR     P1.6            ;CLK = 0
        MOV     A,@R0
        MOV     C,P1.7          ;由 P1.7 输入 1 位
        RRC     A
        MOV     @R0,A
        SETB    P1.6            ;CLK = 1
        DJNZ    R1,LOOP2
        RET
```

4.2　I^2C 总线接口技术

I^2C 总线是 PHILIPS 公司推出的串行总线。I^2C 总线的应用非常广泛,在很多器件上都配备有 I^2C 总线接口,使用这些器件时一般都需要通过 I^2C 总线进行控制。这里简要介绍 I^2C 总线的工作原理,介绍如何用单片机进行控制以及如何编写相应的汇编语言控制程序。

4.2.1　I^2C 总线的概念

I^2C 总线是一种具有自动寻址、高低速设备同步和仲裁等功能的高性能串行总线,能够实现完善的全双工数据传输,是各种总线中使用信号线数量最少的。I^2C 总线只有两根信号线:数据线 SDA 和时钟线 SCL。所有进入 I^2C 总线系统中的设备都带有 I^2C 总线接口,符合 I^2C 总线电气规范的特性,只需将 I^2C 总线上所有节点的串行数据线 SDA 和时钟线 SCL 分别与总线的 SDA 和 SCL 相连即可。各节点供电可以不同,但须共地,另外 SDA 和 SCL 须分别接上拉电阻。

当执行数据传送时,启动数据发送并产生时钟信号的器件称为主器件;被寻址的任何器件都可看作从器件。发送数据到总线上的器件称为发送器;从总线上接收数据的器件称为接收器。I^2C 总线是多主机总线,可以有两个或更多的能够控制总线的器件与总线连接;同时 I^2C 总线还具有仲裁功能,当一个以上的主器件同时试图控制总线时,只允许一个有效,从而保证数据不被破坏。

I^2C 总线的寻址采用纯软件的寻址方法,无需片选线的连接,这样就减少了总线数量。主机在发送完启动信号后,立即发送寻址字节来寻址被控器件,并规定数据传送方向。寻址字节由 7 位从机地址(D7~D1)和 1 位方向位(D0,0/1,读/写)组成。当主机发送寻址字节时,总线上所有器件都将该寻址字节中的高 7 位地址与自己器件的地址比较。若两者相同,则该器件认为被主机寻址,并根据读/写位确定是从发送器还是从接收器。

I^2C 总线具有多重主控能力,这就意味着可以允许多个作为主控器的电路模块(具有 I^2C 总线接口的单片机)去抢占总线。因此,挂接在 I^2C 总线上的集成电路模块的发送器/接收器可以根据不同的工作状态分为主控发送器、主控接收器、被控发送器和被控接收器。显然,具有 I^2C 总线接口的单片机可以工作在上述 4 种工作状态中的任一状态,而一些带有 I^2C 总线接口的存储器(RAM 或 E^2PROM)模块只能充当被控发送器或被控接收器。图 4.47 给出了

带有两个单片机和其他一些外围电路模块接入I²C总线的一个实例。

在图4.47中,假设单片机A要向单片机B发送信息,单片机A首先作为主控器在I²C总线上发送起始信号和时钟,寻址作为被控器的单片机B,并确立信息传送方向。接着,单片机A作为主控发送器便可通过SDA线向被控接收器(单片机B)发送信息,并在信息发送完毕后发送终止信号,以结束信息的传送过程。

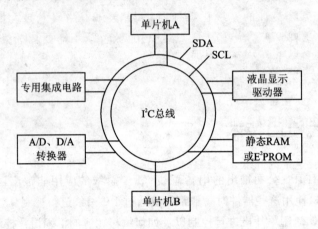

图 4.47　I²C总线典型系统示意图

假设单片机A要从单片机B读取信息,单片机A同样作为主控器在I²C总线上发送起始信号和时钟,寻址作为被控器的单片机B,并确立信息传送方向。此时,单片机A作为主控接收器接收单片机B发送的信息。一旦作为主控接收器的单片机A接收完单片机B发来的信息后,就发出终止信号,以结束整个信息的读取过程。

上述分析表明:不论作为主控器的单片机A向作为被控器的单片机B是发送信息还是读取信息,被传信息的起始和终止信号以及时钟信号都是由作为主控器的单片机A发送的。

4.2.2　I²C总线的应用

I²C总线为同步串行数据传输总线,用于单片机的外围扩展。其总线传输速率为100 kb/s(改进后的规范为400 kb/s),总线驱动能力为400 pF。

图4.48为I²C总线外围扩展示意图。图中只表示出单片机应用系统中常用的I²C总线外围通用器件、外围设备模块、接口以及其他单片机节点。

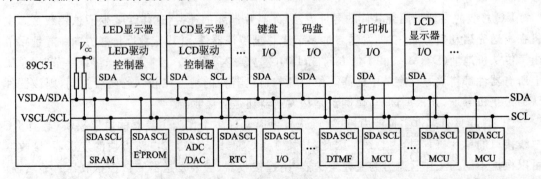

图 4.48　I²C总线外围扩展示意图

最常使用的通用外围器件有 SRAM、E²PROM、ADC/DAC、RTC、I/O 口和 DTMF 等。

外围设备模块有 LED 驱动控制器构成的 LED 显示器，各种 LCD 驱动控制器构成的段式、图形点阵、字符点阵液晶显示器等。

通过 I²C 总线通用 I/O 口器件可构成许多通用接口，如键盘、码盘、打印机接口和 LCD 接口等。

I²C 总线有利于系统设计的模块化和标准化，省去了电路板上的大量连线，提高了可靠性，降低了成本。在多种串行总线中，I²C 总线只用两条线，不需要片选线，支持带电插拔，并有众多的外围接口芯片，可以作为优先选择。

I²C 总线支持多主和主/从两种工作方式。在多主方式中，通过硬件和软件的仲裁主控制器取得总线控制权。而在多数情况下，系统中只有一个主器件，即单主节点，总线上的其他器件都是具有 I²C 总线的外围从器件，这时的 I²C 总线就工作在主/从工作方式。在主/从方式中，从器件的地址包括器件编号地址和引脚地址，器件编写地址由 I²C 总线委员会分配，引脚地址决定于引脚外接电平的高低。当器件内部有连续的子地址空间时，对这些空间进行 N 个字节的连续读/写，子地址会自动加 1。在主/从方式的 I²C 总线系统中，只须考虑主方式的 I²C 总线操作。

4.2.3 I²C 总线基本知识

1. I²C 总线的接口电路结构

I²C 总线由一根数据线 SDA 和一根时钟线 SCL 构成。I²C 总线中一个节点的每个电路器件都可视为有如图 4.49 虚框所示的一个 I²C 总线接口电路，用于与 I²C 总线的 SDA 和 SCL 线挂接。数据线 SDA 和时钟线 SCL 都是双向传输线，平时均处于高电平备用状态，只有当需要关闭 I²C 总线时，SCL 线才会箝位在低电平。

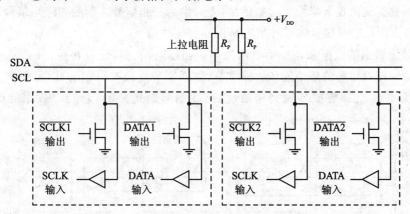

图 4.49 I²C 总线的器件连接

2. I²C 总线的信号定义

在 I²C 总线上，SDA 用于传送有效数据，其上传送的每位有效数据均对应于 SCL 线上的一个时钟脉冲。也就是说，只有当 SCL 线上为高电平(SCL=1)时，SDA 线上的数据信号才会有效(高电平表示 1，低电平表示 0)；SCL 线为低电平(SCL=0)时，SDA 线上的数据信号无效。

因此,只有当 SCL 线为低电平(SCL=0)时,SDA 线上的电平状态才允许发生变化(见图 4.50)。

SDA 线上传送的数据均以起始信号(START)开始,停止信号(STOP)结束,SCL 线在不传送数据时保持 Mark(SCL=1)。当串行时钟线 SCL 为 Mark(SCL=1)时,串行数据线 SDA 上发生一个由高到低的变化过程(下降沿),即为起始信号;发生一个由低到高的变化过程,即称为停止信号。起始信号和停止信号均由作为主控器的单片机发出,并由挂接在 I^2C 总线上的被控器检测。对于不具备 I^2C 总线接口的单片机,为了能准确检测到这些信号,必须保证在总线的一个时钟周期内对 SAD 线进行至少两次采样。

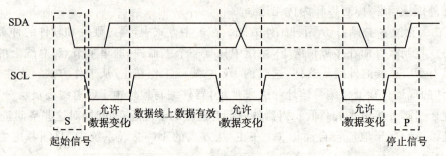

图 4.50 I^2C 总线信号的时序

4.2.4 I^2C 总线的数据传送

在 I^2C 总线上每传送一位数据都有一个时钟脉冲相对应。注意,这里的时钟脉冲不像一般时钟那样必须是周期性的,它的时钟间隔可以不同。总线备用时(即处于"非忙"状态),SDA 和 SCL 都必须保持高电平状态,关闭 I^2C 总线时才使 SCL 箝位在低电平。只有当总线处于"非忙"状态时,数据传送才能初始化。在数据传送期间,只要时钟线为高电平,数据线就必须保持稳定。只有在时钟线为低电平时,才允许数据线上的电平状态变化。在时钟线保持高电平期间,数据线出现下降沿为起始信号,上升沿为停止信号。起始和停止信号都由主机产生,总线上带有 I^2C 总线接口的器件很容易检测到这些信号。

I^2C 总线上传送的数据和地址字节均为 8 位,且高位在前,低位在后。I^2C 总线以起始信号为启动信号,接着传送的是地址和数据字节,数据字节是没有限制的,但每个字节后都必须跟随一个应答位。全部数据传送完毕后,以终止信号结尾。I^2C 总线上数据的传送时序如图 4.51所示。

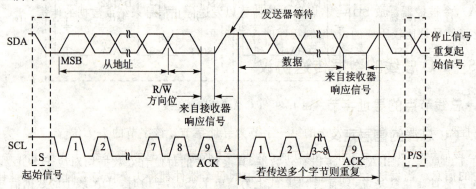

图 4.51 I^2C 总线的数据传送字节格式

如前所述，SCL 线为低电平时，SDA 线上数据就停止传送。SCL 线的这一线"与"特性十分有用：当接收器接收到一个数据/地址字节后需要进行其他工作而无法立即接收下一个字节时，接收器便可向 SCL 线输出低电平而箝住 SCL(SCL=0)，迫使 SDA 线处于等待状态，直到接收器准备好接收新的数据/地址字节时，再释放时钟线 SCL(SCL=1)，使 SDA 线上数据传送得以继续进行。例如，当被控接收器在 A 点（见图 4.51）接收完主控器发来的一个数据字节后，若被控接收器需要处理接收中断而无法令其继续接收时，则被控器便可箝住 SCL 线为低电平，使主控发送器处于等待状态，直到被控器处理完接收中断后，再释放 SCL 线。

利用 SDA 线进行数据传送时，发送器每发完一个数据字节后，都要求接收方发回一个应答信号。但与应答信号相对应的时钟仍由主控器在 SCL 线上产生，因此主控发送器必须在被控接收器发送应答信号前，预先释放对 SDA 线的控制，以便主控器对 SDA 线上应答信号进行检测。

应答信号在第 9 个时钟位上出现，接收器在 SDA 线上输出低电平为应答信号(A)，输出高电平为非应答信号($\overline{\text{A}}$)。时钟信号以及应答和非应答信号间的关系如图 4.52 所示。

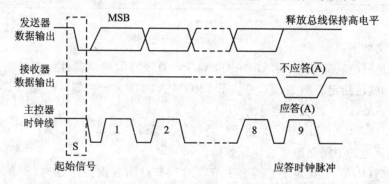

图 4.52　I^2C 总线的应答位

在主控器发送数据时，被控器接收完一个数据字节后，都要向主控器发回一个应答信号(A)，主控器据此便可进行下一字节的发送。但如果被控器由于某种原因需要进行其他处理而无法继续接收 SDA 线上数据，便可向 SDA 线输出一个非应答信号($\overline{\text{A}}$)，使 SDA 线保持高电平，主控器据此便可产生一个停止信号来终止 SDA 线上的数据传送。

当主控器作为接收器接收被控器送来的最后一个数据时，必须给被控器发送一个非应答信号($\overline{\text{A}}$)，令被控器释放 SDA 线，以便主控器可以发送停止信号来结束数据的传送。I^2C 总线上的应答信号是比较重要的，在编制程序时应该着重考虑。

4.2.5　I^2C 总线的数据传送协议

1. 总线节点的寻址字节

主控器产生起始条件后，发送的第一字节为寻址字节。该字节的头 7 位（高 7 位）为被控器地址，最后位(LSB)决定了报文的方向：0 表示主控器写信息到被控器，1 表示主控器读被控器中的信息。当发送了一个地址后，系统中的每个器件都将头 7 位与它自己的地址比较。如果一样，器件会应答主控器的寻址，至于是被控接收器还是被控发送器则由 R/$\overline{\text{W}}$ 位决定。

被控器地址由一个固定的和一个可编程的部分构成。例如，某些器件有 4 个固定的位（高

4位)和3个可编程的地址位(低3位),那么同一总线上共可以连接8个相同的器件。I^2C总线委员会协调I^2C地址的分配,保留了2组8位地址(0000×××和1111×××),这2组地址的用途可查阅有关资料。

挂接到总线上的所有外围器件、外设接口都是总线上的节点。在任何时刻总线上只有一个主控器件(主节点)实现总线的控制操作,对总线上的其他节点寻址,分时实现点-点的数据传送。因此,总线上每个节点都有一个固定的节点地址。

I^2C总线上的单片机都可以成为主节点,其器件地址由软件给定,存放在I^2C总线的地址寄存器中,称为主器件的从地址。在I^2C总线的多主系统中,单片机作为从节点时,其从地址才有意义。

I^2C总线上所有的外围器件都有规范的器件地址。器件地址由7位组成,它和1位方向位构成了I^2C总线器件的寻址字节SLA。主机产生起始信号后的第一个寻址字节格式如下:

其各位含义如下:
- 器件地址(DA3、DA2、DA1和DA0):是I^2C总线外围接口器件固有的地址编码,器件出厂时,就已给定。例如,I^2C总线E^2PROM AT24C××的器件地址为1010,4位LED驱动器SAA1064的器件地址为0111。
- 引脚地址(A2、A1和A0):是由I^2C总线外围器件地址端口A2、A1和A0在电路中接电源或接地的不同而形成的地址数据。
- 数据方向($R/\overline{W}$):规定了总线上主节点对从节点的数据传送方向,R表示接收,$\overline{W}$表示发送。

表4.13列出了一些常用外围器件的节点地址和寻址字节。

2. I^2C总线数据传送的格式

I^2C总线传送数据时必须遵循规定的数据传送格式,图4.53示出了I^2C总线一次完整的数据传送格式。

在图4.53中,起始信号表明一次数据传送的开始,其后为被控器的地址字节,高位在前,低位在后,第8位为$R/\overline{W}$方向位。方向位$R/\overline{W}$表明主控器和被控器间数据传送的方向。若$R/\overline{W}=0$,表明数据由主控器按地址字节写入被控器;若$R/\overline{W}=1$,表明数据由从地址字节决定的被控器读入主控器。方向位后面是被控器发出的应答位ACK。地址字节传送完后是数据字节,数据字节仍是高位在前,低位在后,然后是应答位。若有多个数据字节需要传送,则每个数据字节的格式相同。数据字节传送完后,被控接收器发回一个非应答信号$\overline{A}$(高电平有效),主控器据此发送停止信号,以结束这次数据的传送。但是,如果主控器仍希望在总线上通信,它可以产生重复的起始信号(Sr)和寻址另一个被控器,而不是首先产生一个停止信号。

表 4.13 常用 I²C 接口通用器件的种类、型号及寻址字节

种 类	型 号	器件地址及寻址字节				备 注
256×8位/128×8位静态 RAM	PCF8570/71	1010	A2	A1	A0 R/$\overline{W}$	3位数字引脚地址 A2 A1 A0
256×8位静态 RAM	PCF8570C	1011	A2	A1	A0 R/$\overline{W}$	3位数字引脚地址 A2 A1 A0
256 字节 E²PROM	PCF8582	1010	A2	A1	A0 R/$\overline{W}$	3位数字引脚地址 A2 A1 A0
256 字节 E²PROM	AT24C02	1010	A2	A1	A0 R/$\overline{W}$	3位数字引脚地址 A2 A1 A0
512 字节 E²PROM	AT24C04	1010	A2	A1	P0 R/$\overline{W}$	2位数字引脚地址 A2 A1
1 024 字节 E²PROM	AT24C08	1010	A2	P1	P0 R/$\overline{W}$	1位数字引脚地址 A2
2 048 字节 E²PROM	AT24C016	1010	P2	P1	P0 R/$\overline{W}$	无引脚地址,A2 A1 A0 悬空处理
8 位 I/O 口	PCF8574	0100	A2	A1	A0 R/$\overline{W}$	3位数字引脚地址 A2 A1 A0
	PCF8574A	0111	A2	A1	A0 R/$\overline{W}$	3位数字引脚地址 A2 A1 A0
4 位 LED 驱动控制器	SAA1064	0111	0	A1	A0 R/$\overline{W}$	2位模拟引脚地址 A1 A0
160 段 LCD 驱动控制器	PCF8576	0111	0	0	A0 R/$\overline{W}$	1位数字引脚地址 A0
点阵式 LCD 驱动控制器	PCF8578/79	0111	1	0	A0 R/$\overline{W}$	1位数字引脚地址 A0
4 通道 8 位 A/D、1 路 D/A 转换器	PCF8951	1001	A2	A1	A0 R/$\overline{W}$	3位数字引脚地址 A2 A1 A0
日历时钟(内含 256×8 位 RAM)	PCF8583	1010	0	0	A0 R/$\overline{W}$	1位数字引脚地址 A0

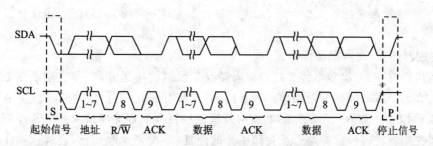

图 4.53 I²C 总线一次完整的数据传送格式

总线上数据传送有多种组合方式,现以图解方式分别介绍如下 3 类读/写当前存储单元数据传送格式。

1) 主控器的写数据操作格式

主控器产生起始信号后,发送一个寻址字节,收到应答后接着就是数据传送。当主控器产生停止信号后,数据传送停止。主控器向被寻址的被控器写入 n 个数据字节。整个过程均为主控器发送,被控器接收,先发送数据高位,再发送低位,应答位 ACK 由被控器发送。

主控器向被控器发送数据时,数据的方向位(R/$\overline{W}$=0)是不会改变的。传送 n 字节的数据格式如下:

| S | SLA$\overline{W}$ | A | data 1 | A | data 2 | A | ... | data n−1 | A | data n | A/$\overline{A}$ | P |

具体内容如下:

第4章 单片机串行外设接口技术

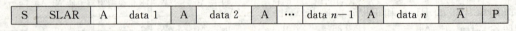

其中：▨为主控器发送,被控器接收；□为被控器发送,主控器接收；A 为应答信号,$\overline{A}$ 为非应答信号；S 为起始信号,P 为停止信号；$SLA\overline{W}$ 为寻址字节（写）；data 1～data n 为传送的 n 个数据字节。

2) 主控器的读数据操作格式

主控器从被寻址的被控器读出 n 个数据字节。在传送过程中,除了寻址字节为主控器发送、被控器接收外,其余的 n 字节均为被控器发送,主控器接收。主控器接收完数据后,应发非应答位,向被控器表明读操作结束。

主控器从被控器读取数据时,数据传送的方向位 $R/\overline{W}=1$。主控器从被控器读取 n 字节的数据格式为：

| S | SLAR | A | data 1 | A | data 2 | A | ⋯ | data $n-1$ | A | data n | $\overline{A}$ | P |

具体内容如下：

其中：SLAR 为寻址字节（读）,其余与前述相同。

注意：主控器在发送停止信号前,应先给被控器发送一个非应答信号,向被控器表明读操作结束。

3) 主控器的读/写数据操作格式

读/写操作时,在一次数据传送过程中需要改变数据的传送方向,即主控器在一段时间内为读操作,在另一段时间内为写操作。由于读/写方向有变化,起始信号和寻址字节都会重复一次,但读/写方向（$R/\overline{W}$）相反。例如,由单片机主控器读取存储器被控器中某存储单元的内容,就需要主控器先向被控器写入该存储单元的地址,再发一个起始位,进行读操作。主控器向被控器先读后写的数据格式如下：

| S | SLAR | A | data 1 | A | data 2 | A | ⋯ | data n | A | Sr | $SLA\overline{W}$ | A |
| DATA 1 | A | DATA 2 | A | ⋯ | DATA $n-1$ | A | DATA n | A/$\overline{A}$ | P |

具体内容如下：

其中：Sr 为重复起始信号；data 1～data n 为主控器的读数据；DATA 1～DATA n 为主控器的写数据；其余与前述相同。

通过上述分析,可以得出如下结论：

➢ 无论总线处于何种方式,起始信号、终止信号和寻址字节均由主控器发送和被控器接收。
- 寻址字节中，7 位地址是指器件地址，即被寻址的被控器的固有地址，$R/\overline{W}$ 方向位用于指定 SDA 线上数据传送的方向。$R/\overline{W}=0$ 为主控器写和被控器收，$R/\overline{W}=1$ 为主控器收和被控器发。
- 每个器件(主控器或被控器)内部都有一个数据存储器 RAM，RAM 的地址是连续的，并能自动加/减 1。n 个被传送数据的 RAM 地址可由系统设计者规定，通常作为数据放在上述数据传送格式中，即第一个数据字节 data 1 或 DATA 1。
- 总线上传送的每个字节后必须跟一个应答或非应答信号 $A/\overline{A}$。

4.2.6 单片机与 I²C 总线的接口

用不带 I²C 接口的单片机控制 I²C 总线时，硬件也非常简单，只需两个 I/O 口线，在软件中分别定义成 SCL 和 SDA，与 I²C 总线的 SCL 和 SDA 直接相连，再加上上拉电阻即可。可以用单片机的 P1.6 和 P1.7 直接与 SCL 和 SDA 相连，硬件接口如图 4.54 所示。

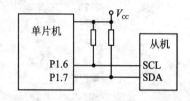

图 4.54 模拟 I²C 总线

4.2.7 主方式模拟 I²C 总线通用软件包

我们知道 89C51 单片机中具有 I²C 总线接口的毕竟是少数。如果是不带 I²C 总线的单片机，则不必扩展 I²C 总线接口，只需通过软件模拟，这无疑会给 I²C 总线的应用提供更广泛的空间。通常大多数单片机应用系统中只有一个 CPU，这种单主系统如果采用 I²C 总线技术，则总线上只有单片机对 I²C 总线从器件的访问，没有总线的竞争等问题。这种情况下只需要模拟主发送和主接收时序。基于上述考虑，这里提供了这种使用情况下的时序模拟软件，使 I²C 总线的使用不受单片机必须带有 I²C 总线接口的限制。

本书在模拟主方式下的 I²C 总线时序时，选用如图 4.54 所示 P1.6 和 P1.7 作为时钟线 SCL 和数据线 SDA，晶振频率采用 6 MHz。这里提供一个软件包，包括启动(STA)、停止(STOP)、发送应答位(MACK)、发送非应答位(MNACK)、应答位检查(CACK)、发送 1 字节数据(WRBYT)、接收 1 字节数据(RDBYT)、发送 N 字节数据和接收 N 字节数据(RDNBYT)9 个子程序。

下面 9 个子程序可做一个软件包，起个名字叫 VIIC 软件包，将 VIIC 软件包装入单片机系统的程序存储器中，以便调用。

1. I²C 总线典型信号时序及信号模拟子程序

I²C 总线上数据传送时，有起始位(S)、停止位(P)、应答位(A)、非应答位($\overline{A}$)等信号。按照典型 I²C 总线传送速率的要求，这些信号时序如图 4.55(a)、(b)、(c)和(d)所示。

对于 I²C 总线的典型信号，可以用指令操作来模拟其时序过程。若 89C51 单片机的系统时钟为 6 MHz，相应的单周期指令的周期为 2 μs，则起始位(STA)、停止位(STOP)、发送应答位(MACK)、发送非应答位(MNACK)的 4 个模拟子程序如下：

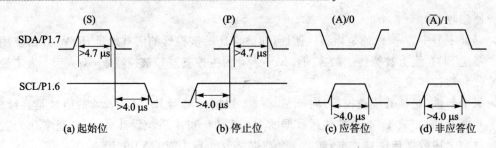

图 4.55 I²C 总线数据传送典型信号时序

1) 启动 I²C 总线子程序 STA

```
STA:    SETB    SDA
        SETB    SCL             ;起始条件建立时间大于 4.7 μs
        NOP
        NOP
        CLR     SDA
        NOP                     ;起始条件锁定时间大于 4 μs
        NOP
        CLR     SCL             ;箝住总线,准备发送数据
        RET
```

2) 停止 I²C 总线子程序 STOP

```
STOP:   CLR     SDA
        SETB    SCL             ;发送停止条件的时钟信号
        NOP
        NOP                     ;停止总线时间大于 4 μs
        SETB    SDA             ;停止总线
        NOP
        NOP
        CLR     SDA
        CLR     SCL
        RET
```

3) 被控器发送应答位信号子程序 MACK

```
MACK:   CLR     SDA
        SETB    SCL
        NOP                     ;保持数据时间,即 SCL 为高,时间大于 4 μs
        NOP
        CLR     SCL
        SETB    SDA
        RET
```

4) 主控器向被控器发送非应答位信号子程序 MNACK

```
MNACK:  SETB    SDA
        SETB    SCL
        NOP                     ;保持数据时间,即 SCL 为高,时间大于 4 μs
```

```
            NOP
            CLR     SCL
            CLR     SDA
            RET
```

在使用上述子程序时,如果单片机的主时钟不是 6 MHz,则应调整 NOP 指令个数,以满足时序要求。

2. I²C 总线数据传送的模拟子程序

从 I²C 总线的数据操作中可以看出,除了起始位(STA)、停止位(STOP)、发送应答位(MACK)、发送非应答位(MNACK)外,还应有应答位检查(CACK)、发送 1 字节数据(WRBYT)、接收 1 字节数据(RBYT)、发送 n 字节数据(WRNBYT)和接收 n 字节数据(RDNBYT)这 5 个子程序。

1) 等待被控器返回一个应答位检查子程序 CACK

在应答位检查程序(CACK)中,设置了标志位。CACK 中用 F0 作标志位,当检查到正常应答位后,F0=0;否则 F0=1。

```
CACK:   SETB    SDA             ;置 SDA 为输入方式
        SETB    SCL             ;使 SDA 上数据有效
        CLR     F0              ;预设 F0 = 0
        MOV     C,SDA           ;输入 SDA 引脚状态
        JNC     CEND            ;检查 SDA 状态,正常应答转 CEND,且 F0 = 0
        SETB    F0              ;无正常应答,F0 = 1
CEND:   CLR     SCL             ;子程序结束,使 SCL = 0
        RET
```

2) 发送 1 字节数据子程序 WRBYT

该子程序是向虚拟 I²C 总线的数据线 SDA 上发送 1 字节数据的操作。调用该子程序前,将要发送的数据送入 A 中。占用资源:R0 和 C。

```
WRBYT:  MOV     R0,#08H         ;8 位数据长度送 R0 中
WLP:    RLC     A               ;发送数据左移,使发送位入 C
        JC      WR1             ;判断发送 1 还是 0,发送 1 转 WR1
        AJMP    WR0             ;发送 0 转 WR0
WLP1:   DJNZ    R0,WLP          ;8 位是否发送完,未完转 WLP
        RET                     ;8 位发送完结束
WR1:    SETB    SDA             ;发送 1 程序段
        SETB    SCL
        NOP
        NOP
        CLR     SCL
        CLR     SDA
        AJMP    WLP1
WR0:    CLR     SDA             ;发送 0 程序段
        SETB    SCL
        NOP
```

```
        NOP
        CLR     SCL
        AJMP    WLP1
```

3) 从 SDA 上接收 1 字节数据子程序 RDBYT

该子程序用来从 SDA 上读取 1 字节数据，执行本程序后，从 SDA 上读取的 1 字节存放在 R2 或 A 中。占用资源：R0、R2 和 C。

```
RDBYT:  MOV     R0,#08H         ;8 位数据长度送 R0 中
RLP:    SETB    SDA             ;置 SDA 为输入方式
        SETB    SCL             ;使 SDA 上数据有效
        MOV     C,SDA           ;读入 SDA 引脚状态
        MOV     A,R2            ;读入 0 程序段，由 C 拼装入 R2 中
        RLC     A
        MOV     R2,A
        CLR     SCL             ;使 SCL = 0 可继续接收数据位
        DJNZ    R0,RLP          ;8 位读完了吗? 未读完转 RLP
        RET
```

4) 向被控器发送 N 字节数据子程序 WRNBYT

在 I^2C 总线数据传送中，主节点常常需要连续地向外围器件发送多个字节数据。本子程序是用来向 SDA 线上发送 N 字节数据的操作。该子程序的编写必须按照 I^2C 总线规定的读/写操作格式进行。如主控器向 I^2C 总线上某个外围器件连续发送 N 个数据字节时，其数据操作格式如下：

| S | SLAW | A | data 1 | A | data 2 | A | … | data N | A | P |

其中，SLAW 为外围器件寻址字节(写)。

按照上述操作格式所编写的发送 N 字节的通用子程序(WRNBYT)清单如下：

```
WRNBYT: MOV     R3,NUMBYT
        LCALL   STA             ;启动 I²C 总线
        MOV     A,SLA           ;发送 SLAW 字节
        LCALL   WRBYT
        LCALL   CACK            ;检查应答位
        JB      F0,WRNBYT       ;非应答位则重发
        MOV     R1,#MTD
WRDA:   MOV     A,@R1
        LCALL   WRBYT
        LCALL   CACK
        JB      F0,WRNBYT
        INC     R1
        DJNZ    R3,WRDA
        LCALL   STOP
        RET
```

在使用本子程序时，占用资源为 R1 和 R3，但须调用 STA、STOP、WRBYT 和 CACK 子

程序,而且使用了一些符号单元。在使用这些符号单元时,应在片内 RAM 中分配好这些地址。这些符号单元有:

MTD　　主节点发送数据缓冲区首址;
SLA　　外围器件寻址字节存放单元;
NUMBYT　发送数据字节数存放单元。

在调用本子程序之前,必须将要发送的 N 字节数据依次存放在以 MTD 为首地址的发送数据缓冲区中。调用本子程序后,N 字节数据依次传送到外围器件内部相应的地址单元中。

5) 从外围器件读取 N 字节数据子程序 RDNBYT

在 I²C 总线系统中,主控器按主接收方式从外围器件中读出 N 字节数据的操作格式如下:

| S | SLAR | A | data 1 | A | data 2 | A | ... | data N | $\overline{A}$ | P |

其中,$\overline{A}$ 为非应答位,主节点在接收完 N 字节后,必须发送一个非应答位;SLAR 为外围器件寻址字节(读)。

按照上述操作格式所编写的通用 N 字节接收子程序(RDNBYT)清单如下:

```
RDNBYT: MOV    R3,NUMBYT
        LCALL  STA              ;发送启动位
        MOV    A,SLA            ;发送寻址字节(读)
        LCALL  WRBYT
        LCALL  CACK             ;检查应答位
        JB     F0,RDNBYT        ;非正常应答时重新开始
RDN:    MOV    R1,#MRD          ;接收数据缓冲区首址 MRD 入 R1
RDN1:   LCALL  RDBYT            ;读入 1 字节到接收数据缓冲区中
        MOV    @R1,A
        DJNZ   R3,ACK           ;N 字节读完了吗? 未完转 ACK
        LCALL  MNACK            ;N 字节读完发送非应答位 $\overline{A}$
        LCALL  STOP             ;发送停止信号
        RET                     ;子程序结束
ACK:    LCALL  MACK             ;发送应答位
        INC    R1               ;指向下一个接收数据缓冲单元
        SJMP   RDN1             ;转读入下一个字节数据
```

在使用 RDNBYT 子程序时,占用资源 R1 和 R3,但调用 STA、STOP、WRBYT、RDBYT、CACK、MACK 和 MNACK 等子程序时,须满足这些子程序的调用要求。RDNBYT 子程序中使用了一些符号单元,除了在 WRNDYT 子程序中使用过的 SLA、MTD 和 NUMBYT 外,还有以下几个:

SLA　　器件寻址(读)存放单元;
MRD　　主节点中数据接收缓冲区首址。

在调用 RDNBYT 子程序后,从节点中所指定首地址中的 N 字节数据将被读入主节点片内以 MRD 为首址的数据缓冲器中。

3. 主程序

在主程序初始化中,应有如下语句:

SDA	BIT	P1.7	
SCL	BIT	P1.6	
MTD	EQU	30H	;MTD:发送数据缓冲区首址
MRD	EQU	40H	;MRD:接收数据缓冲区首址
SLA	EQU	60H	;SLA:寻址字节 SLAR/W 的存放单元
NUMBYT	EQU	61H	;NUMBYT:传送字节数存放单元

4.3 1-Wire 单总线接口技术

1-Wire 单总线是 MAXIM 全资子公司 Dallas 公司的一项专有新技术,与目前的 MicroWire、I^2C、SPI 等串行数据通信方式有着本质区别。它采用一种特殊的接口协议,通过单条连接线解决了控制、通信和供电问题,具备电子标识、传感器、控制和存储等多种功能。它将地址线、数据线、控制线和电源线合为 1 根信号线,允许在这根信号线上挂接数百个单总线器件芯片,适用于单个主机系统控制一个或多个从机设备,可广泛应用于温度、湿度、气压、风向、风速等环境状态监测,居民小区监管,可寻址数字设备等低速测控系统(约 100 kb/s 以下的速率)等领域。

目前 Dallas 公司采用单总线技术生产的芯片包括数字温度计、数字电位器、A/D 转换器、定时器、RAM 和 E^2PROM 存储器、寻址开关、线路驱动器、ESD 保护二极管、ID 数码序列、微型局域网耦合器、COM 端口适配器以及单总线微型局域网开发套件等系列器件。

采用单总线接口芯片可以方便地组成数据交换网络,由单总线芯片组成的网络称为微型局域网(MicroLAN)。微型局域网是一种主/从式网络,它以 PC 机或单片机作为网络中的主机,而网络中其他所有设备都被称为从机,从机由主机集中管理来实现主机和各从机之间的数据通信。

4.3.1 单总线芯片硬件结构及主/从机连接

单总线标准为外围器件沿着一条数据线进行双向数据传送提供了一种简单的方案。任何单总线系统都包含一台主机和一个或多个从机,它们共用一条数据线。这条数据线被地址、控制和数据信息复用。大多数器件完全依靠从数据线上获得的电源供电,个别器件在许可的情况下由本地电源供电。当数据线为高电平时,电荷存储在器件内部;当数据线为低电平时,器件利用这些电荷提供能量。图 4.56 为单总线器件 I/O 端口的内部结构。

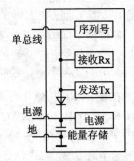

图 4.56 1-Wire 单总线器件的硬件结构示意图

为了使每个器件适时都能被驱动,它们与总线匹配的端口也必须具有开漏输出或三态输出的功能。系统主机的 I/O 端口也有类似的结构。由于主机和从机都是开漏输出,在主机的总线侧必须有上拉电阻,系统才能正常操作。

单总线器件通常采用 3 引脚封装,外形类似于小功率三极管。在 3 个引脚中有一个公共地端、一个数据输入/输出端和一个电源端。电源端可以为单总线器件提供外部电源,从而免除总线集中馈电。对于大多数采用总线集中供电的单总线器件来说,这等效于在各器件内部有一个约 5 μA 的恒流充电电源。1-Wire 总线主/从机连接如图 4.57 所示。

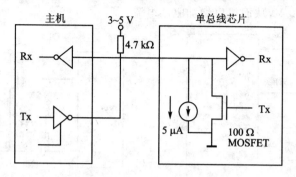

图 4.57 单总线主从设备连接

4.3.2 单总线芯片序列号

1-Wire 器件的最基本特点就是每个器件都有一个采用激光刻制的序列号，任何单总线器件的序列号都不会重复。当有许多单总线器件连接在同一总线上时，系统主机可以通过器件的序列号来将需要进行访问的器件挑选出来。

器件的序列号是二进制 ROM 代码，标志着器件的 ID 号，是唯一的芯片序列号。具体的格式是（从低位起）：第一字节（8 位）是器件的家族代码，表示生产的分类编号。例如，DS1822 家族代码为 22H，是经济型温度传感器；DS18B20 为 28H；DS2450 为 20H 等。

接着的 6 字节（48 位）是每个器件唯一的序列号，确保挂在单总线上的器件被唯一地区分识别出来（即定位和寻址），这是实现单总线测控功能的前提条件。

最后一个字节（8 位）是前 56 位的 CRC 校验码，该码校验数据通信是否正确，否则要重新传送数据。

可见，1-Wire 单总线器件存在 2^{48} 个序列号码总量。每种类型的器件要生产 2^{48} = 281 474 976 710 656 片后才会出现重复的序列码。通过计算不难发现，这个数字相当于全球人均近 5 万片，所以在实际的使用中是不可能出现重复的。

有了这 64 位的芯片序列号，系统主机就可以在任意多个节点的单总线网络中方便地识别出每个设备，实现数据通信。在数据通信过程中，当系统主机接收到 64 位的序列号后，可以计算出其中前 56 位序列码的循环冗余校验值，并与接收到的 8 位 CRC 字节进行比较。如果相等则说明本次数据传送正确无误；否则表示传送出错。

4.3.3 1-Wire 单总线芯片的供电

所有的单总线芯片都可以通过单线寄生电源供电。图 4.58 所示为单总线寄生供电的原理图。DQ 引脚连接在单总线上，整个器件的电源来自这条总线上挂接的主机，这种"窃电"式的供电又称为寄生供电。当总线处于高电平时，不仅经过二极管给芯片提供了电源，同时又给内部电容器充电而存储了能量；当总线变为低电平时，二极管截止，芯片改由电容器供电，仍可正常操作，当然维持时间不可能太长。可见为了确保器件正常工作，总线上应该间隔地输出高电平，且保障能提供足够的电源电流，一般应有 1 mA。因此，当主机使用 5 V 电源时，总线的上拉电阻一般为 4.7 kΩ。

为了解决单总线供电不足的问题,可以采用图4.59所示的方法,使用MOSFET管将I/O线的高电平强拉到5.0 V,从而可以增加驱动电流。

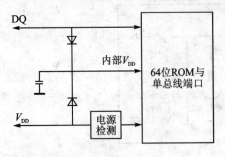

图4.58 单总线寄生供电原理

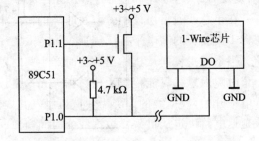

图4.59 使用MOSFET将单总线拉至5.0 V

4.3.4　1-Wire单总线系统的特点及应用

所有1-Wire器件的DO端为漏极开路,要求外接一个约5 kΩ的上拉电阻,以确保单总线的闲置状态为高电平,并要求主机或从机通过一个漏极开路或三态端口连接至该单总线。这样可允许设备在不发送数据时释放单总线,以便总线被其他设备使用。单总线器件采用CMOS技术,耗电量很小(空闲时为几 μW,工作时为几 mW),可采用寄生方式供电(即不单独供电),从总线上"偷"一点电,这样在单总线空闲时给电容充电就可以工作。在寄生方式供电时,为了保证单总线器件在温度转换期间、E^2PROM 写入等工作状态下具有足够的电源电流,必须在总线上提供 MOSFET 强上拉。单总线的数据传送通常以16.3 kb/s的速率进行。超速模式下,可设定传送速率为100 kb/s左右,一般用于对速度要求不高的测控或数据交换系统中。单总线技术最可贵的是这些芯片在检测点已把被测信号数字化了,因此在单总线上传送的是数字信号。这使得系统的抗干扰性能好,可靠性高,传输距离远。

单总线技术具有节省I/O口线资源、结构简单、成本低廉、便于总线扩展和维护等优点,因此,在分布式测控系统中有着广泛的应用。

例如,图4.60为一个由单总线构成的分布式温度监测系统。多个带有单总线接口的数字温度计集成电路DS18B20都挂接在1根I/O口线上,单片机对每个DS18B20通过总线DQ寻址。DQ为漏极开路,需加上拉电阻 R_p。

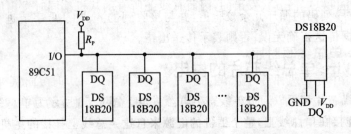

图4.60 单总线构成的分布式温度监测系统

4.3.5　1-Wire单总线数据传送时序(协议)

1-Wire单总线芯片在数据传送过程中要求采用严格的通信协议,以保证数据的完整性。

单总线芯片在数据传送过程中,每个单总线芯片都拥有唯一的地址,系统主机一旦选中某个芯片,就会保证通信连接直到复位,其他器件则全部让出总线。该通信协议定义了3种信号的时序:复位时序、写时序和读时序。

在单总线通信协议中,读/写时隙的概念十分重要,逻辑 0 用较长的低电平持续周期表示,逻辑 1 用较长的高电平持续周期表示。

当系统主机向从机输出数据时产生写时隙,当主机从从机中读取数据时产生读时隙。每一个时隙内总线只能传送 1 位数据。无论是读时隙还是写时隙,它们都以主机驱动数据线为低电平开始,数据线的下降沿使从机触发其内部的延迟电路,使之与主机同步。在写时隙内,该延迟电路决定从机采样数据线的时间窗口。

1. 1-Wire 单总线复位时序(初始化)

单总线上的所有通信都以初始化序列开始。初始化序列包括主机发出的复位脉冲及从机的应答脉冲,这一过程如图 4.61 所示。图中黑色实线代表系统主机拉低总线,灰色实线代表从机拉低总线,而黑色的虚线则代表上拉电阻将总线拉高。

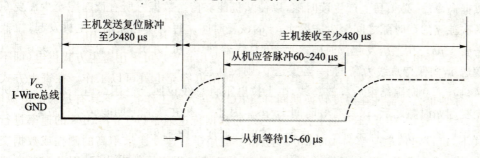

图 4.61 初始化过程中的复位与应答脉冲

主机发送端发送的复位脉冲是一个时长 480~960 μs 的低电平,然后释放总线进入接收状态。此时系统总线通过 4.7 kΩ 的上拉电阻拉至 V_{CC} 高电平端,时间约为 15~60 μs。从机(从设备的器件)在接收到系统主机发出的复位脉冲之后,向总线发出一个应答脉冲,表示从机已准备好,可根据各类命令发送或接收数据。通常情况下,器件等待 15~60 μs 即可发送应答脉冲(该脉冲是一个时长 60~240 μs 的低电平信号,它由从机强迫将总线拉低)。

复位脉冲是主机以广播方式发出的,因而总线上所有的从机都同时发出应答脉冲。一旦检测到应答脉冲,主机就认为总线上已连接了从机,接着主机将发送有关的 ROM 功能命令。

2. 1-Wire 单总线写时序

单总线写时序中存在两种写时隙:写 1 和写 0。主机采用写 1 时隙向从机写入 1,而采用写 0 时隙向从机写入 0。所有写时隙至少需要 60 μs,且在两次独立的写时隙之间至少需要 1 μs 的恢复时间。两种写时隙均起始于主机拉低数据总线。

产生写 1 时隙的方式为:主机在拉低总线后,接着必须在 15 μs 之内释放总线,由上拉电阻将总线拉至高电平;

产生写 0 时隙的方式为:在主机拉低总线后,只需在整个时隙期间保持低电平即可(至少 60 μs)。

在写时隙开始后 15~60 μs 期间,单总线器件采样总线电平状态。如果在此期间采样值为高电平,则逻辑1被写入器件;如果采样值为低电平,则写入逻辑0。写时隙时序如图4.62所示。在图4.62中,实线代表系统主机拉低总线,虚线代表上拉电阻将总线拉高。

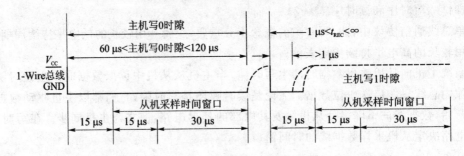

图4.62 写时隙时序图

3. 1-Wire 单总线读时序

1-Wire 单总线器件(从机)仅在主机发出读时隙时,才向主机传送数据。因此,在主机发出读数据命令后,必须马上产生读时隙,以使从机能够传送数据。所有读时隙至少需要60 μs,且在两次独立的读时隙之间至少需要1 μs的恢复时间。每个读时隙都由主机发起,拉低总线至少需要1 μs。在主机发起读时隙之后,单总线器件(从机)才开始在总线上发送0或1。若从机发送1,则保持总线为高电平;若发送0,则拉低总线。

从机发送0时隙结束后释放总线,由上拉电阻将总线拉回至空闲高电平状态。从机发出的数据在起始时隙之后,保持有效时间15 μs。因此,主机在读时隙期间必须释放总线,并且在时隙起始后的15 μs之内采样总线状态。读时隙时序如图4.63所示。

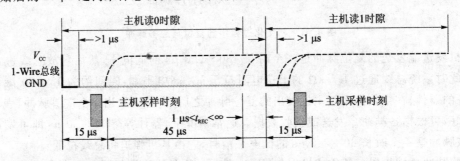

图4.63 读时隙时序图

图4.63中,黑色实线代表系统主机拉低总线,灰色实线代表从机拉低总线,而黑色的虚线则代表上拉电阻将总线拉高。

4. 1-Wire 单总线数据传送的 ROM 命令

单总线数据传送的控制命令有两种,即 ROM 命令和 RAM 操作功能命令。

当单总线系统主机发复位脉冲并检测到应答脉冲后,就可以发出 ROM 命令。这些命令与各个从机唯一的64位 ROM 代码相关,允许主机在单总线上连接多个从机设备时,指定操作某个从机设备。这些命令还允许主机能够检测到总线上有多少个从机设备以及设备类型,或者有没有设备处于报警状态。从机可以支持5种 ROM 命令(实际情况与具体型号有关),每种命令长度为8位。主机在发出 RAM 操作功能命令之前,必须送出合适的 ROM 命令,下面简要地介绍各个 ROM 命令的功能,以及使用在何种情况下。

① 读 ROM(代码为 33H)。该命令仅适用于总线上只有一个从机(单节点)的情况。它允许主机直接读出从机的 64 位 ROM 代码,而无需执行搜索 ROM 过程。

② 匹配 ROM(代码 55H)。主机发出该命令后跟随 64 位 ROM 序列号,从而允许主机访问多节点系统中某个指定的从机。仅当从机完全匹配 64 位的 ROM 代码时,才会响应主机随后发出的 RAM 操作功能命令。

③ 直访(跳过)ROM(代码 CCH)。主机采用该命令能够同时访问总线上的所有从机,而无需发出任何 ROM 代码信息。例如,如果单总线器件采用 DS18B20 温度传感器,主机通过在发出直访 ROM 命令后跟随 RAM 操作即转换温度命令[44H],就可以同时命令总线上所有的 DS18B20 开始转换温度,这样大大节省了主机的时间。

④ 搜索 ROM(代码为 F0H)。主机识别总线上多个器件的 ROM 序列号,为操作各器件做好准备。如果总线上只有一个从机,则可以采用读 ROM 命令来替代搜索 ROM 命令。在每次执行完搜索 ROM 循环后,主机必须返回至命令序列的第一步(初始化)。

⑤ 报警搜索(代码 ECH)。仅有少数单总线器件支持该 ROM 命令,而且在这些支持该命令的器件中,只有那些报警置位的从机响应此命令。该命令允许主机判断哪些从机发生了报警(如测量温度过高或过低等)。

5. 1 - Wire 单总线数据传送的 RAM 操作功能命令

每一个单总线器件都有它自己的专用 RAM 操作功能命令。例如,对于温度传感器 DS18B20,有读温度信号的指令;对于开关量输入输出器件 DS2405,有读器件输入的指令,有控制器件输出的指令等。

例如,DS18B20 的功能命令包括 1 条温度转换启动命令和 5 条存储器功能命令。这 5 条存储器功能命令包括写便笺存储器、读便笺存储器、复制便笺存储器、回读 E^2PROM 和读电源。

在实际的使用过程中,系统主机并不一定知道总线上哪些 DS18B20 使用寄生电源,哪些使用外接电源。因此,SD18B20 应该向系统主机报告它使用的是何种电源,主机才能决定总线是否需强上拉。

DS18B20 芯片支持的 RAM 操作功能命令见表 4.17。

4.3.6 数字温度传感器 DS18B20 单总线多路测温系统

数字式温度传感器的主要优点是采用数字化技术,以数字形式输出被测温度值,具有测温误差小、分辨率高、抗干扰能力强、能够远程传送数据、用户可设定温度上下限、自带串行接口等优点,适配各种微处理器。DS18B20 数字式温度传感器,直接与单片机的一根 I/O 口线连接,构成的电路结构简单,使系统的成本大大降低。

1. DS18B20 芯片简介

DS18B20 是 Dallas 公司继 DS1820 之后最新推出的一种改进型智能温度传感器。与传统的热敏电阻相比,它能够直接读出被测温度,并且可根据实际要求通过简单的编程实现 9~12 位的数字值读数方式,可分别在 93.75 ms 和 750 ms 内分别完成 9 位和 12 位的数字量。并且从 DS18B20 读出信息或写入 DS18B20 信息仅需要一根口线(单线接口)。总线本身也可以向所挂接的 DS18B20 供电,而无需额外电源。因而使用 DS18B20 可使系统结构更趋简单,可靠性更高。

1) DS18B20 芯片的性能特点

- 独特的单线接口方式：DS18B20 与微处理器连接时仅需要一条口线即可实现双向通信；
- 在使用中不需要任何外围元件；
- 可用数据线供电，电压范围为 3.0～5.5 V；
- 测温范围：-55～+125℃。固有测温分辨率为 0.5℃；
- 通过编程可实现 9～12 位的数字读数方式；
- 用户可自设定非易失性的报警上下限值；
- 支持多点组网功能，多个 DS18B20 可以并联在唯一的三线上，实现多点测温；
- 负压特性：电源极性接反时，温度计不会因发热而烧毁，但不能正常工作。

2) DS18B20 的内部结构

DS18B20 内部结构框图如图 4.64 所示。DS18B20 采用 3 脚 TO-92 封装或 8 脚 SOIC 封装。其中 GND 接地；V_{DD} 为电源端；DQ 是数据输入/输出端；其余为空脚。

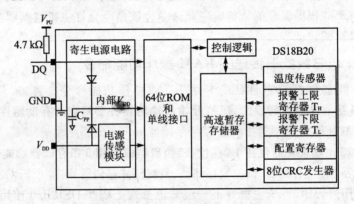

图 4.64 DS18B20 内部结构框图

(1) 64 位激光 ROM 的结构

8 位检验 CRC	48 位序列号	8 位工厂代玛(10H)
MSB　　　LSB	MSB　　　LSB	MSB　　　LSB

开始 8 位是产品类型的编号；接着是每个器件唯一的序号，共有 48 位；最后 8 位是前 56 位的 CRC 校验码，这也是多个 DS18B20 可以采用一线进行通信的原因。

(2) 非易失性温度报警触发器 T_H 和 T_L

可通过软件在 T_H 和 T_L 中写入用户报警上下限。

(3) 高速暂存存储器(RAM 和 E^2PROM)

DS18B20 温度传感器的内部存储器包括一个高速暂存 RAM 和一个非易失性的可电擦除 E^2PROM。后者用于存储 T_H 和 T_L 的值。数据先写入 RAM，经校验后再传给 E^2PROM，如图 4.65 所示。

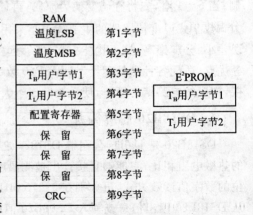

图 4.65 高速暂存存储器结构图

高速暂存存储器除了配置寄存器外,还有其他 8 字节,其分配如图 4.65 所示。其中温度信息(第 1 和 2 字节)、T_H 和 T_L 值(第 3、4 字节)及第 6~8 字节(未用)表现为全逻辑 1;第 9 字节读出的是前面所有 8 字节的 CRC 码,可用来保证通信正确。

配置寄存器为高速暂存器中的第 2 字节,其内容用于确定温度值的数字转换分辨率。DS18B20 工作时按此寄存器中的分辨率将温度转换为相应精度的数值。该字节各位的定义如下:

TM	R1	R0	1	1	1	1	1

低 5 位一直都是 1。TM 是测试模式位,用于设置 DS18B20 处在工作模式还是测试模式。在 DS18B20 出厂时该位设置为 0,用户不要去改动。R1 和 R0 决定温度转换的精度位数,即用来设置分辨率,如表 4.14 所示(DS18B20 出厂时设置为 12 位)。

表 4.14 R1 和 R0 模式表

R1	R0	分辨率/位	温度最大转换时间/ms	R1	R0	分辨率/位	温度最大转换时间/ms
0	0	9	93.73	1	0	11	275.00
0	1	10	187.5	1	1	12	750.00

由表 4.14 可见,设定的分辨率越高,所需要的温度数据转换时间就越长。因此,在实际应用中要对分辨率和转换时间权衡考虑。

当 DS18B20 接收到温度转换命令后,开始启动转换。转换完成后的温度值就以 16 位带符号扩展的二进制补码形式存储在高速暂存存储器 RAM 的第 1 和 2 字节,单片机可通过单线接口读出该数据。读取时低位在前,高位在后,数据以 0.0625℃/LSB 形式表示。温度值格式如下:

2^3	2^2	2^1	2^0	2^{-1}	2^{-2}	2^{-3}	2^{-4}
MSB							LSB
S	S	S	S	S	2^6	2^5	2^4
MSB							LSB

对应的温度计算:当符号位 S=0 时,测得的温度值为正值,直接将二进制位转换为十进制;当 S=1 时,先将补码变换为原码,再计算十进制值,温度值为负值,表 4.15 是对应的一部分温度值。

表 4.15 部分温度值

温度/℃	二进制表示	十六进制表示
+125	00000111 11010000	07D0H
+25.062 5	00000001 10010001	0191H
+0.5	00000000 00001000	0008H
0	00000000 00000000	0000H
−0.5	11111111 11111000	FFF8H
−25.062 5	11111110 01101111	FE6FH
−55	11111100 10010000	FC90H

DS18B20 完成温度转换后,就把测得的温度值与 T_H 和 T_L 中内容作比较。若 $T>T_H$ 或 $T<T_L$,则将该器件内的报警标志置位,并对主机发出的报警搜索命令作出响应。因此,可用多只 DS18B20 同时测量温度并进行报警搜索。

(4) CRC 的产生

在 64 位 ROM 的最高有效字节中存储有循环冗余校验码(CRC)。主机根据 ROM 的前 56 位来计算 CRC 值,并与存入 DS18B20 中的 CRC 值做比较,以判断主机收到的 ROM 数据是否正确。

3) DS18B20 的测温原理

DS18B20 的测温原理如图 4.66 所示,它没有采用传统的 A/D 转换原理,而是运用一种将温度直接转换为频率的时钟计数法。图中低温度系数晶振的振荡频率受温度的影响很小,用于产生固定频率的脉冲信号送给减法计数器 1。

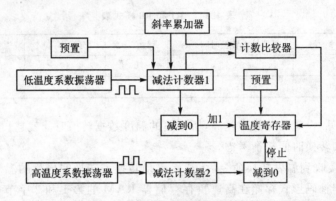

图 4.66 DS18B20 的内部测温电路框图

高温度系数晶振随温度变化其振荡频率明显改变,所产生的信号作为减法计数器 2 的脉冲输入。图中还隐含着计数门,当计数门打开时,DS18B20 就对低温度系数振荡器产生的时钟脉冲进行计数,进而完成温度测量。计数门的开启时间由高温度系数振荡器来决定。每次测量前,首先将 −55℃所对应的基数分别置入减法计数器 1 和温度寄存器中,减法计数器 1 和温度寄存器被预置在 −55℃所对应的一个基数值。

减法计数器 1 对低温度系数晶振产生的脉冲信号进行减法计数。当减法计数器 1 的预置值减到 0 时,温度寄存器的值加 1,减法计数器 1 的预置将重新被装入,减法计数器 1 重新开始对低温度系数晶振产生的脉冲信号进行计数。依此循环,直到减法计数器 2 计数到 0 时,停止温度寄存器值的累加,此时温度寄存器中的数值即为所测温度。图 4.66 中的斜率累加器用于补偿和修正测温过程中的非线性,其输出用于修正减法计数器的预置值,只要计数门仍未关闭就重复上述过程,直至温度寄存器值达到被测温度值为止。这就是 DS18B20 的测温原理。

另外,由于 DS18B20 单线通信功能是分时完成的,它有严格的时隙概念,因此读/写时序很重要。系统对 DS18B20 的各种操作必须按协议进行。操作协议为:初始化 DS18B20(发复位脉冲)→发 ROM 功能命令→发出存储器 RAM 操作命令→处理数据。各种操作的时序图与 DS1820 的相同。

2. 1-Wire 单总线器件的软件操作

软件与硬件结构紧密配合,才能实现单总线器件的相关功能。

为了识别单总线上的不同器件,在软件的程序设计中,一般应包含有 3 个步骤:① 初始化命令;② 传送 ROM 命令;③ 传送 RAM 操作功能命令。每次访问单总线器件必须严格遵守这 3 个步骤,如果出现序列混乱则单总线器件不会响应主机;但这个准则对于搜索 ROM 命令和报警搜索命令例外,在执行两者中任何一条命令之后,主机不能执行其后的功能命令时必须返回至第①步。

每次传送数据或命令都是由一系列的工作时序组成的,即是 4.3.5 小节中的操作时序:① 初始化(复位);② 写 0;③ 写 1;④ 读 0、1。设计中应保证指令的执行时间小于或等于时序信号中的最小时间。下面以 DS18B20 温度传感器器件为例介绍单总线器件软件程序设计中的若干问题。

(1) 初始化 DS18B20(发复位脉冲)

单总线上的所有数据传送均以初始化开始,初始化由主机发出的复位脉冲和从机响应的应答脉冲组成,应答脉冲使主机知道总线上有从机设备且准备就绪。

(2) 传送 ROM 命令

主机检测到应答脉冲后,就可以发出 ROM 命令。ROM 命令主要用于多片 DS18B20 同时挂接在一根数据线上的情形,并且 ROM 命令与各个从机设备的唯一标识 64 位 ROM 代码有关。当单总线上连接多个从机设备时,指定操作某个从机设备。ROM 命令还允许主机能够检测到总线上有多少个从机设备及其设备类型,或者有没有设备处于报警状态。从机设备通常支持 5 种 ROM 命令,如表 4.16 所列(以 DS18B20 为例),实际情况与具体型号有关,每种命令长度为 8 位。

表 4.16　DS18B20 ROM 命令

指令与代码	说 明
读 ROM 命令,33H	读总线上 DS18B20 的序列号(ROM 中)
匹配 ROM 命令,55H	对总线上 DS18B20 寻址(ROM 中序列号)
直访(跳过)ROM 命令,CCH	该命令执行后,将省去每次与 64 位 ROM 编码有关的操作,只使用 RAM 操作命令针对在线的所有 DS18B20
搜索 ROM 命令,F0H	主机识别总线上多个器件的 ROM 编码为操作各器件做好准备
报警搜索命令,ECH	控制机搜索有报警的 ROM 编码器件

(3) 传送 RAM 操作功能命令

主机发出 ROM 命令,以访问某个指定的单总线器件后,即可发出单总线器件支持的某个 RAM 操作功能命令。这些命令允许主机写入或读出单总线器件暂存器等相关命令。

表 4.17 所列为以 DS18B20 为例说明传送的 RAM 命令。

传送 ROM 命令以及 RAM 命令的过程由一系列工作时序组成,其操作时序与 4.3.5 小节相同。

在写时隙期间,主机向单总线器件写入数据;在读时隙期间,主机读入来自从机的数据。在每一个时隙,总线只能传输 1 位数据。

第4章 单片机串行外设接口技术

表 4.17 DS18B20 中 RAM 操作功能命令

指令与代码	说 明	发送命令后,单总线的响应信息
温度转换命令,44H	启动温度变换	无
读便笺存储器命令,BEH	从 DS18B20 RAM 中读出 9 字节数据(其中有温度值,报警值等)至 RAM	传输多达 9 字节至主机 RAM
写便笺存储器命令,4EH	写 T_H、T_L 及配置寄存器值到 DS18B20 的 RAM 中	主机传输 3 字节数据至 DS18B20
复制便笺存储器命令,48H	将 RAM 中 T_H、T_L、配置寄存器的值复制到 E^2PROM 中	无
回读 E^2PROM 命令,B8H	将 E^2PROM 中的值复制回存储器 RAM 中	传送回读状态至主机
读供电方式命令,B4H	检测 DS18B20 的供电方式,是寄生电源还是外接电源	无

3. 操作时序

单总线器件要求采用严格的通信协议,以保证数据的完整性。该协议定义了 3 种信号时序:复位时序、写时序和读时序。对 DS18B20 进行操作,其步骤为:复位→ROM 功能命令→存储器 RAM 操作命令→处理数据。

DSB1820 的 ROM 命令有 5 个,存储器 RAM 命令有 6 个。这些命令字和功能同 DS1820 的完全一样。命令的执行都是由复位、多个读时隙和写时隙基本时序单元组成。因此,只要将复位、读时隙和写时隙的时序了解清楚,使用 DS18B20 就比较容易了。

DS18B20 的复位(初始化)、读时隙时序和写时隙时序与 4.3.5 小节的操作时序完全一样,这里不再重复。

4. DS18B20 与单片机接口编程

由于采用了 DS18B20 芯片,温度测量电路变得非常简单。DS18B20 就像三极管一样,有一根地线、一根信号线 DQ 和一根电源线。DS18B20 的引脚及其与单片机的接口电路如图 4.67 所示。通过 DQ 线与单片机的一根 I/O 口线相连,就能实现单片机对 DS18B20 模式控制、温度值读取等操作。

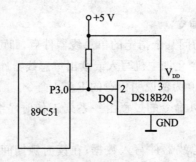

图 4.67 DS18B20 的引脚及其与单片机的接口

主机用P3.0模拟1-Wire总线,如图4.67所示,实现主机与DS18B20之间通信,连续读出被测温度值,编程如下:

```
;定义单元及引脚:
            T_H       EQU    38              ;高温报警点:38℃
            T_L       EQU    20              ;低温报警点:20℃
            TEMPH     EQU    40H             ;读出寄存器5个单元的内容:0:存温度低8位值
            TEMPL     EQU    41H             ;                         1:存温度高8位值
            REG2      EQU    42H             ;                         2:存T_H值
            REG3      EQU    43H             ;                         3:存T_L值
            REG4      EQU    44H             ;                         4:存CONFIG数据
            CONFIG9   EQU    1FH             ;9位精度的CONFIG数据
            CONFIG10  EQU    3FH             ;10位精度的CONFIG数据
            CONFIG11  EQU    5FH             ;11位精度的CONFIG数据
            CONFIG12  EQU    7FH             ;12位精度的CONFIG数据
            DQ        EQU    P3.0            ;模拟1-Wire的数据线
;读出温度值的子程序RDTEMP
RDTEMP:     LCALL     RESET           ;初始化复位
            MOV       A,#0CCH         ;发"跳过ROM"命令(直访在线DS18B20)
            LCALL     WRITE           ;写1字节
            MOV       A,#44H          ;发"读开始转换"命令
            LCALL     WRITE
            LCALL     DELAY
            LCALL     RESET
            MOV       A,#0CCH         ;发"跳过ROM"命令
            LCALL     WRITE
            MOV       A,#0BEH         ;发"读存储器"命令
            LCALL     WRITE
            LCALL     READ            ;读出温度的低字节
            MOV       TEMPL,A
            LCALL     READ            ;读出温度的高字节
            MOV       TEMPH,A
            LCALL     READ            ;读出T_H
            MOV       REG2,A
            LCALL     READ            ;读T_L
            MOV       REG3,A
            LCALL     READ            ;读出CONFIG值
            MOV       REG4,A
            RET
;复位子程序RESTE
RESET:      SETB      DQ
            MOV       R2,#200
LB:         CLR       DQ
            DJNZ      R2,LB
            SETB      DQ
            MOV       R2,#30
LC:         DJNZ      R2,LC
            CLR       C
```

```
                ORL     C,DQ
                JC      LB
                MOV     R6,#80
        LD:     ORL     C,DQ
                JC      LP
                DJNZ    R6,LD
                SJMP    RESTE
        LP:     MOV     R2,#250
        LF:     DJNZ    R2,LF
                RET

;写1字节的子程序 WRITE
        WRITE:  MOV     R3,#8           ;写8位
        WR1A:   SETB    DQ
                MOV     R4,#8
                RRC     A
                CLR     DQ
        WR2A    DJNZ    R4,WR2A         ;延时
                MOV     DQ,C
                MOV     R4,#30
        WR3A    DJNZ    R4,WR3A
                DJNZ    R3,WR1A
                SETB    DQ
                RET

;读1字节的子程序 READ
        READ:   CLR     EA
                MOV     R6,#8
        RD1A:   CLR     DQ
                MOV     R4,#6
                NOP
                SETB    DQ
        RD2A:   DINZ    R4,RD2A
                MOV     C,DQ
                RRC     A
                MOV     R5,#30
        RD3A:   DJNZ    R5,RD3A
                DJNZ    R6,RD1A
                SETB    DQ
                RET

;延时 500 ms 子程序 DELAY
        DELAY:  MOV     R7,#5           ;500 ns
        DL2:    MOV     R6,#100         ;100 ms
        DL1:    MOV     R5,#250         ;1 ms
        DL0:    DJNZ    R5,DL0
                DJNZ    R6,DL1
                DJNZ    R7,DL2
                RET
```

第 5 章
应用系统人-机串行外设接口技术

单片机应用系统通常都需要进行人-机对话。这包括人对应用系统的状态干预与数据输入,还有应用系统向人显示运行状态与运行结果等。如键盘、显示器及 IC 卡等就是用来完成人-机对话活动的人-机通道。目前人-机通道也越来越多地采用了串行外设芯片接口技术。

5.1 键盘接口及处理程序

键盘是一组按键的集合,它是最常用的单片机输入设备。操作人员可以通过键盘输入数据或命令,实现简单的人-机通信。按键是一种常开型按钮开关。平时(常态时),按键的二个触点处于断开状态,当键按下时它们才闭合(短路)。键盘分编码键盘和非编码键盘。键盘上闭合键的识别由专用的硬件译码器实现,并产生键编号或键值的称为编码键盘,如 BCD 码键盘、ASCII 码键盘等;靠软件识别的称为非编码键盘。

在单片机组成的测控系统及智能化仪器中,用得最多的是非编码键盘。本节着重讨论非编码键盘的原理、接口技术和程序设计。

键盘中每个按键都是一个常开开关电路,如图 5.1 所示。

当按键 K 未按下时,P1.0 输入为高电平;当 K 闭合时,P1.0 输入为低电平。通常按键所用的开关为机械弹性开关,当机械触点断开、闭合时,电压信号波形如图 5.2 所示。由于机械触点的弹性作用,一个按键开关在闭合时不会马上稳定地接通,在断开时也不会一下子断开。因而在闭合及断开的瞬间均伴随有一连串的抖动,如图 5.2 所示。抖动时间的长短由按键的机械特性决定,一般为 5~10 ms。这是一个很重要的时间参数,在很多场合都要用到。

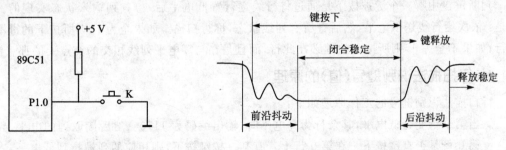

图 5.1 按键电路　　　　　　　图 5.2 按键时的抖动

按键稳定闭合时间的长短则是由操作人员的按键动作决定的,一般为零点几秒。

键抖动会引起一次按键被误读多次。为了确保 CPU 对键的一次闭合仅做一次处理,必须去除键抖动。在键闭合稳定时,读取键的状态,并且必须判别;在键释放稳定后,再作处理。按键的抖动,可用硬件或软件两种方法消除。

如果按键较多,常用软件方法去抖动,即检测出键闭合后执行一个延时程序,产生5~10 ms的延时;让前沿抖动消失后,再一次检测键的状态,如果仍保持闭合状态电平,则确认为真正有键按下。当检测到按键释放后,也要给5~10 ms的延时,待后沿抖动消失后,才能转入该键的处理程序。

5.1.1 行列式键盘结构及接口技术

键盘可以分为独立连接式和行列式(矩阵式)两类,每一类按其译码方法又都可分为编码及非编码两种类型。这里只介绍非编码键盘。

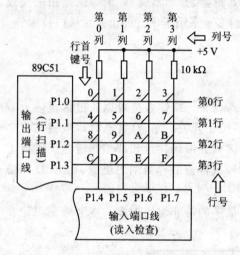

图 5.3 4×4 矩阵键盘接口图

为了减少键盘与单片机接口时所占用 I/O 线的数目,在键数较多时,通常都将键盘排列成行列矩阵形式,如图 5.3 所示。

每一水平线(行线)与垂直线(列线)的交叉处不相通,而是通过一个按键来连通。利用这种行列矩阵结构只需 N 条行线和 M 条列线,即可组成具有 $N\times M$ 个按键的键盘。

在这种行列矩阵式非编码键盘的单片机系统中,键盘处理程序首先执行有无按键按下的程序段,当确认有按键按下后,下一步就要识别哪一个按键被按下。对键的识别常用逐行(或列)扫描查询法。

以图 5.3 所示的 4×4 键盘为例,说明行扫描法识别哪一个按键被按下的工作原理。

首先判别键盘中有无按键按下,由单片机 I/O 口向键盘送(输出)全扫描字,然后读入(输入)列线状态来判断。方法是:向行线(图中水平线)输出全扫描字 00H,把全部行线置为低电平,然后将列线的电平状态读入累加器 A 中。如果有按键按下,总会有一根列线电平被拉至低电平,从而使列输入不全为 1。

判断键盘中哪一个键被按下是通过将行线逐行置低电平后,检查列输入状态实现的。方法是:依次给行线送低电平,然后查所有列线状态,称行扫描。如果全为 1,则所按下的键不在此行;如果不全为 1,则所按下的键必在此行,而且是在与零电平列线相交的交点上的那个键。

1. 行扫描法识别键号(值)的原理

行扫描法识别键号的工作原理如下:

➢ 当第 0 行变为低电平,其余行为高电平时,输出编码为 1110。然后读取列的电平,判别第 0 行是否有键按下。在第 0 行上若有某一按键按下,则相应的列被拉到低电平,表示第 0 行和此列相交的位置上有键按下。若没有任一条列线为低电平,则说明 0 行上无键按下。

➢ 当第 1 行变为低电平,其余行为高电平时,输出编码为 1101。然后通过输入口读取各列的电平。检测其中是否有变为低电平的列线。若有键按下,则进而判别哪一列有键按下,确定按键位置。
- 当第 2 行变为低电平,其余行为高电平时,输出编码为 1011。判别是否有哪一列键按下的方法同上。
- 当第 3 行变为低电平,其余行为高电平时,输出编码为 0111。判别是否有哪一列键按下的方法同上。

在扫描过程中,当发现某行有键按下,也就是输入的列线中有一位为 0 时,便可判别闭合按键所在列的位置,根据行线位置和列线位置就能判断按键在矩阵中的位置,知道是哪一个键按下。

在此指出,按键的位置码并不等于按键的实际定义键值(或键号),因此还须进行转换。这可以借助查表或其他方法完成。这一过程称为键值译码,得到的是按键的顺序编号,然后再根据按键的编号(即 0 号键、1 号键、2 号键……F 号键)来执行相应的功能子程序,完成按键键帽上所定义的实际按键功能。

2. 键盘扫描工作过程

键盘扫描的工作过程如下:
① 判断键盘中是否有键按下;
② 进行行扫描,判断是哪一个键按下,若有键按下,则调用延时子程序去抖动;
③ 读取按键的位置码;
④ 将按键的位置码转换为键值(键的顺序号)0、1、2、…、F。

图 5.4 所示为 4×4 键盘扫描流程图。从该流程图中可见:程序流程的前一部分为判别是否有键按下,后一部分为有按键按下时行扫描读取键的位置码。

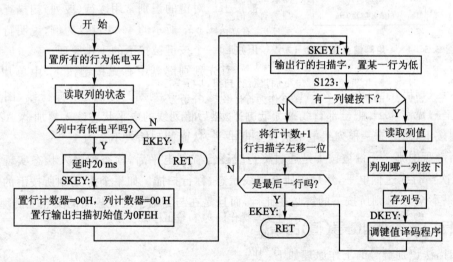

图 5.4 4×4 键盘行扫描流程图

程序在行扫描时,先将行计数器、列计数器设置为 0,然后再设置行扫描初值 FEH。程序流程图中 FEH 的低 4 位 EH 是行扫描码,高 4 位 FH 是将 P1.4~P1.7 高 4 位置 1,为输入方式,在输出扫描字后,立即读出列值,检测是否有列值为低电平。若无键按下,则将行计数器加 1,并将行扫描字左移 1 位,变为 FDH。这样使第一行为低电平,其他为高电平;然后依次逐行扫描,直到行计数器的值大于或等于 4 为止,表明一次行扫描结束。

在此过程中若检测到某一列为低电平,则将列值保存;然后再进行列值判别,得到列的位置,存入列计数器转入键位置码的译码程序。

下面讨论键的位置码及键值的译码过程。

行扫描过程结束后得到的行号存放在 R0 中,列号存放在 R2 中。

键值(号)的获得(译码)通常采用计数译码法。键盘原理图如图 5.3 所示。这种方法根据矩阵键盘的结构特点,每个按键的值=行号×每行的按键个数+列号,即

$$键号(值)=行首键号+列号$$

第 0 行的键值为:0 行×4+列号(0~3)为 0、1、2、3;
第 1 行的键值为:1 行×4+列号(0~3)为 4、5、6、7;
第 2 行的键值为:2 行×4+列号(0~3)为 8、9、A、B;
第 3 行的键值为:3 行×4+列号(0~3)为 C、D、E、F。
4×4 键盘行首键号为 0、4、8、C,列号为 0、1、2、3。

键值译码子程序为 DECODE,该子程序出口:键值在 A 中。

3. 键盘扫描子程序

键盘扫描子程序流程图参见图 5.4,程序如下:

```
      ;出口:键值(键号)在 A 中
KEY:   MOV   P1,#0F0H    ;令所有行为低电平,全扫描字→P1.0~P1.3,列为输入方式
       MOV   R7,#0FFH    ;设置计数常数 ⎫
KEY1:  DJNZ  R7,KEY1     ;延时          ⎬ 延时
       MOV   A,P1        ;读取 P1 口的列值
       ANL   A,#0F0H     ;判别有键值按下吗?
       CPL   A           ;求反后,有高电平就有键按下
       JZ    EKEY        ;无键按下时退出
       LCALL DEL20 ms    ;延时 20 ms 去抖动
SKEY:  MOV   A,#00       ;下面进行行扫描,1 行 1 行扫
       MOV   R0,A        ;R0 作为行计数器,开始为 0
       MOV   R1,A        ;R1 作为列计数器,开始为 0
       MOV   R3 #0FEH    ;R3 为行扫描字暂存,低 4 位为行扫描字
SKEY2: MOV   A,R3
       MOV   P1,A        ;输出行扫描字,高 4 位全 1
       NOP
       NOP
       NOP               ;3 个 NOP 操作使 P1 口输出稳定
       MOV   A,P1        ;读列值
       MOV   R1,A        ;暂存列值
       ANL   A,#0F0H     ;取列值
       CPL   A           ;高电平则有键闭合
S123:  JNZ   SKEY3       ;有键按下转 SKEY3,无键按下时进行一行扫描
       INC   R0          ;行计数器加 1
       SETB  C           ;准备将行扫描左移 1 位,形成下一行扫描字
                         ;C=1 保证输出行扫描字中高 4 位全为 1,为列输入作准备,低
                         ;4 位中只有 1 位为 0
```

```
        MOV    A,R3              ;R3 带进位 C 左移 1 位
        RLC    A
        MOV    R3,A              ;形成下一行扫描字→R3
        MOV    A,R0
        CJNE   A,#04H,SKEY1      ;最后一行扫(4次)完了吗?
EKEY:   RET
;列号译码
SKEY3:  MOV    A,R1
        JNB    ACC.4,SKEY5
        JNB    ACC.5,SKEY6
        JNB    ACC.6,SKEY7
        JNB    ACC.7,SKEY8
        AJMP   EKEY
SKEY5:  MOV    A,#00H
        MOV    R2,A              ;存 0 列号
        AJMP   DKEY
SKEY6:  MOV    A,#01H
        MOV    R2,A              ;存 1 列号
        AJMP   DKEY
SKEY7:  MOV    A,#02H
        MOV    R2,A              ;存 2 列号
        AJMP   DKEY
SKEY8:  MOV    A,#03H
        MOV    R2,A              ;存 3 列号
        AJMP   DKEY
;键位置译码
DKEY:   MOV    A,R0              ;取行号
        ACALL  DECODE
        AJMP   EKEY
;键值(键号)译码
DECODE: MOV    A,R0              ;取行号送 A
        MOV    B,#04H            ;每一行按键个数
        MUL    AB                ;行号×按键数
        ADD    A,R2              ;行号×按键数+列号=键值(号),在 A 中
        RET
```

【例 5.1】 设计一个 2×2 行列式键盘,并编写键盘扫描子程序。

解:原理如图 5.5 所示。

① 判断是否有键按下。将列线 P1.0、P1.1 送全 0,查 P0.0、P0.1 是否为 0。

② 判断哪一个键按下。逐列送 0 电平信号,再逐行扫描是否为 0。

③ 键号=行首键号+列号。

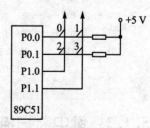

图 5.5 键盘扫描原理图

④ 编程序如下：

```
KEY:    LCALL   KS              ;调用判断有无键按下子程序
        JZ      KEY             ;无键按下,重新扫描键盘
        LCALL   T10ms           ;有键按下,延时去抖动
        LCALL   KS
        JZ      KEY
        MOV     R2,#0FEH        ;首列扫描字送 R2
        MOV     R4,#00H         ;首列号#00H 送入 R4
        MOV     P0,#0FFH
LK1:    MOV     P1,R2           ;列扫描字送 P1 口
        MOV     A,P0
        JB      ACC.0,ONE       ;0 行无键按下,转 1 行
        MOV     A,#00H          ;0 行有键按下,该行首号#00H 送 A
        LJMP    KP              ;转求键号
ONE:    JB      ACC.1,NEXT      ;1 行无键按下,转下列
        MOV     A,#02H          ;1 行有键按下,该行首号#02H 送 A
KP:     ADD     A,R4            ;求键号,键号 = 行首键号 + 列号
        PUSH    ACC             ;键号进栈保护
LK:     LCALL   KS              ;等待键释放
        JNZ     LK              ;未释放,等待
        POP     ACC             ;键释放,键号送 A
        RET                     ;键扫描结束,出口状态:(A)= 键号
NEXT:   INC     R4              ;列号加 1
        MOV     A,R2            ;判断两列扫描完了吗
        JNB     ACC.1,KND       ;两列扫描完,返回
        RL      A               ;未扫描完,扫描字左移一位
        MOV     R2,A            ;扫描字入 R2
        AJMP    LK1             ;转扫下一列
KND:    AJMP    KEY
KS:     MOV     P1,#0FCH        ;全扫描字送 P1 口(即 P1 低 2 位送全 0)
        MOV     P0,#0FFH
        MOV     A,P0            ;读入 P0 口行状态
        CPL     A               ;取正逻辑,高电平表示有键按下
        ANL     A,#03H          ;保留 P0 口低 2 位(屏蔽高 6 位)
        RET                     ;出口状态:(A)≠0 时有键按下
T10ms:  MOV     R7,#10H         ;延迟 10 ms 子程序
TS1:    MOV     R6,#0FFH
TS2:    DJNZ    R6,TS2
        DJNZ    R7,TS1
        RET
```

5.1.2 键中断扫描方式

为了提高 CPU 的效率,可以采用中断扫描工作方式,即只有在键盘有键按下时才产生中断申请;CPU 响应中断,进入中断服务程序进行键盘扫描,并做相应处理。中断扫描工作方式

的键盘接口如图 5.6 所示。该键盘直接由 89C51 P1 口的高、低字节构成 4×4 行列式键盘。键盘的行线与 P1 口的低 4 位相接，键盘的列线通过二极管接到 P1 口的高 4 位。因此，P1.4～P1.7 作键输出线，P1.0～P1.3 作扫描输入线。扫描时，使 P1.4～P1.7 位清 0。当有键按下时，$\overline{\text{INT1}}$ 端为低电平，向 CPU 发出中断申请。若 CPU 开放外部中断，则响应中断请求，进入中断服务程序。中断服务程序除完成键识别、键功能处理外，还须有消除键抖动等功能。

5.1.3 键操作及功能处理程序

在键盘扫描程序中，求得键值只是手段，最终目的是使程序转移到相应的地址去完成该键所代表的操作程序。对数字键一般是直接将该键值送到显示缓冲区进行显示；对功能键则须找到该功能键处理程序的入口地址，并转去执行该键的功能。因此，当求得键值后，还必须找到功能键处理程序入口。下面介绍一种求地址转移的程序。

图 5.6 所示为 4×8 的 32 键，设 0、1、2、…、E、F 共 16 个键为数字键；其他 16 个键为功能键，键值为 16～31，即 10H～1FH，各功能键入口程序地址标号分别为 AAA、BBB、…、PPP。当对键盘进行扫描并求得键值后，还必须做进一步处理。方法是首先判别其是功能键还是数字键。若为数字键，则送显示缓冲区进行显示；若为功能键，则由散转指令"JMP @A+DPTR"转到相应的功能键处理程序，完成相应的操作。完成上述任务的子程序流程图如图 5.7 所示。

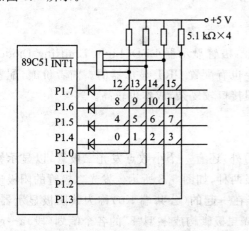

图 5.6 中断方式键盘接口

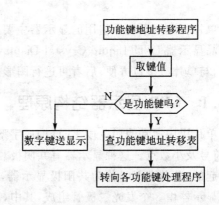

图 5.7 求功能键地址转换程序流程图

由图 5.7 可写出功能键地址转移程序如下：

```
         BUFF    EQU    30H
KEYADR:  MOV     A,BUFF              ;键值→A
         CJNE    A,#0FH,KYARD1
         AJMP    DIGPRO              ;等于 F,转数字键处理
KYARD1:  JC      DIGPRO              ;小于 F,转数字键处理
KEYTBL:  MOV     DPTR,#JMPTBL        ;送功能键地址表指针
         CLR     C                   ;清进位位
         SUBB    A,#10H              ;功能键值(10H～1FH)减 16
```

```
            RL      A               ;(A)×2,使(A)为偶数:0、2、4、…
            JMP     @A+DPTR         ;转相应的功能键处理程序
JMPTBL:     AJMP    AAA             ;
            AJMP    BBB             ;
            AJMP    CCC             ;
            AJMP    DDD             ;
            AJMP    EEE             ;
            AJMP    FFF             ;
            AJMP    GGG             ;   均为2字节,转到16个功能键的相应入口地址。
            AJMP    HHH             ;   (A)=0、2、4、6…散转到
            AJMP    III             ;   AAA、BBB、CCC、DDD、…、PPP
            AJMP    JJJ             ;
            AJMP    KKK             ;
            AJMP    LLL             ;
            AJMP    MMM             ;
            AJMP    NNN             ;
            AJMP    OOO             ;
            AJMP    PPP             ;
```

5.2 LED显示器接口及显示程序

单片机应用系统中使用的显示器主要有发光二极管显示器LED(Light Emitting Diode)和液晶显示器LCD(Liquid Crystal Display);近年也有配置CRT显示器的。前者价廉,配置灵活,与单片机接口方便;后者可进行图形显示,但接口较复杂,成本也较高。

5.2.1 LED显示器结构原理

单片机中通常使用7段LED构成字型"8",另外,还有一个小数点发光二极管,以显示数字、符号及小数点。这种显示器有共阴极和共阳极两种,如图5.8所示。发光二极管的阳极连在一起的(公共端K0)称为共阳极显示器,阴极连在一起的(公共端K0)称为共阴极显示器。一位显示器由8个发光二极管组成,其中,7个发光二极管构成字型"8"的各个笔划(段)a~g,另一个小数点为dp发光二极管。当在某段发光二极管上施加一定的正向电压时,该段笔划即亮;不加电压则暗。为了保护各段LED不被损坏,须外加限流电阻。

以共阴极LED为例,如图5.8(a)所示,各LED公共阴极K0接地。若向各控制端a、b、…、g、dp顺次送入11100001信号,则该显示器显示"7."字型。

除上述7段"8"字型显示器以外,还有14段"米"字型显示器和发光二极管排成$m \times n$个点矩阵的显示器。其工作原理都相同,只是需要更多的I/O口线控制。

共阴极与共阳极7段LED显示数字0~F、"—"符号及"灭"的编码(a段为最低位,dp点为最高位)如表5.1所列。

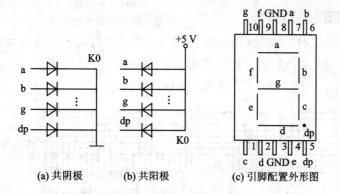

(a) 共阴极　　(b) 共阳极　　(c) 引脚配置外形图

图 5.8　LED 7 段显示器

表 5.1　共阴极和共阳极 7 段 LED 显示字型编码表

显示字符	0	1	2	3	4	5	6	7	8
共阴极段选码	3F(BF)	06(36)	5B(DB)	4F(CF)	66(F6)	6D(FD)	7D(FD)	07(87)	7F(FF)
共阳极段选码	C0(40)	F9(79)	A4(24)	B0(30)	99(19)	92(12)	82(02)	F8(78)	80(00)
显示字符	9	A	B	C	D	E	F	—	熄灭
共阴极段选码	6F(EF)	77(F7)	7C(FC)	39(B9)	5E(DE)	79(F9)	71(F1)	40(C0)	00(80)
共阳极段选码	90(10)	88(08)	83(03)	C6(46)	A1(21)	86(06)	8E(0E)	BF(3F)	FF(7F)

注：以上为 8 段，8 段最高位为小数点段。括号内数字为小数点点亮的段选码。7 段不带小数点，共阴极相当于括号外数字，共阳极相当于括号内数字。

5.2.2　LED 显示器接口及显示方式

LED 显示器有静态显示和动态显示两种方式。

1. LED 静态显示方式

静态显示就是当显示器显示某个字符时，相应的段（发光二极管）恒定地导通或截止，直到显示另一个字符为止。例如，7 段显示器的 a、b、c 段恒定导通，其余段和小数点恒定截止时显示 7；当显示字符 8 时，显示器的 a、b、c、d、e、f、g 段恒定导通，dp 截止。

LED 显示器工作于静态显示方式时，各位的共阴极（公共端 K0）接地；若为共阳极（公共端 K0），则接 +5 V 电源。每位的段选线（a～dp）分别与一个 8 位锁存器的输出口相连，显示器中的各位相互独立，而且各位的显示字符一经确定，相应锁存的输出将维持不变。正因为如此，静态显示器的亮度较高。这种显示方式编程容易，管理也较简单，但占用 I/O 口线资源较多。因此，在显示位数较多的情况下，一般都采用动态显示方式。

2. LED 动态显示方式

在多位 LED 显示时,为了简化电路,降低成本,将所有位的段选线并联在一起,由一个 8 位 I/O 口控制。而共阴(或共阳)极公共端 K 分别由相应的 I/O 线控制,实现各位的分时选通。图 5.9 所示为 6 位共阴极 LED 动态显示接口电路。

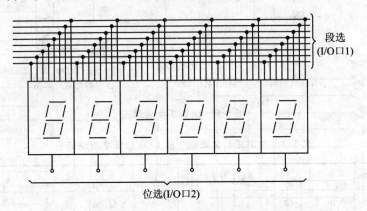

图 5.9 6 位 LED 动态显示接口电路

由于 6 位 LED 所有段选线皆由一个 8 位 I/O 口控制,因此,在每一瞬间,6 位 LED 会显示相同的字符。要想每位显示不同的字符,就必须采用扫描方法轮流点亮各位 LED,即在每一瞬间只使某一位显示字符。在此瞬间,段选控制 I/O 口输出相应字符段选码(字型码),而位选则控制 I/O 口在该显示位送入选通电平(因为 LED 为共阴,故应送低电平),以保证该位显示相应字符。如此轮流,使每位分时显示该位应显示的字符。例如,要求显示"E0-20"时,I/O 口 1 和 I/O 口 2 轮流送入段选码、位选码及显示状态,如图 5.10 所示。段选码、位选码每送入一次后延时 1 ms,因人眼的视觉滞留时间为 0.1 s,所以每位显示的间隔不必超过 20 ms,并保持延时一段时间,以造成视觉滞留效果,给人看上去每个数码管总在亮。这种方式称为软件扫描显示。

段选码 (字型码)	位选码	显示器显示状态	段选码 (字型码)	位选码	显示器显示状态
3FH	1FH	0	3FH	3BH	0
5BH	2FH	2	79H	3DH	E
40H	37H	—	79H	3FH	E

图 5.10 6 位动态扫描显示状态

5.2.3 LED 显示器与单片机接口及显示子程序

图 5.11 为 89C51 P0 口和 P1 口控制的 6 位共阴极 LED 动态显示接口电路。图中,P0 输出段选码,P1 口输出位选码,位选码占用输出口的线数决定于显示器位数,比如 6 位就要占 6 条。75452(或 7406)是反相驱动器(30 V 高电压,OC 门),这是因为 89C51 P1 口正逻辑输出的位控与共阴极 LED 要求的低电平点亮正好相反,即当 P1 口位控线输出高电平时,点亮一位

LED。7407是同相OC门，作段选码驱动器。

逐位轮流点亮各个LED，每一位保持1 ms，在10～20 ms之内再一次点亮，重复不止。这样，利用人的视觉滞留，好像6位LED同时点亮一样。扫描显示子程序流程如图5.12所示。

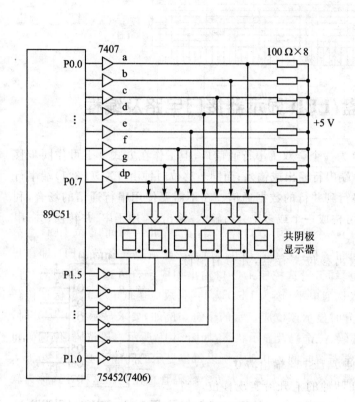

图5.11 6只LED动态显示接口

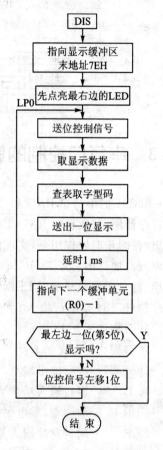

图5.12 DIS显示子程序流程图

DIS显示子程序清单如下：

```
DIS:   MOV    R0,#7EH        ;显示缓冲区末地址→R0
       MOV    R2,#01H        ;位控字,先点亮最低位(右边)
       MOV    A,R2
       MOV    DPTR,#TAB      ;字型表头地址→DPTR
LP0:   MOV    P1,A
       MOV    A,@R0          ;取显示数据
       MOVC   A,@A+DPTR      ;取出字形码
       MOV    P0,A           ;送出显示
       ACALL  D1MS           ;调延时子程序
       DEC    R0             ;数据缓冲区地址减1
       MOV    A,R2
       JB     ACC.5,LP1      ;扫描到最左面的显示器了吗?
       RL     A              ;没有到,左移1位
       MOV    R2,A
```

第5章 应用系统人-机串行外设接口技术

```
            AJMP    LP0
LP1:        RET
TAB:    DB  3FH,  06H,  5BH,  4FH,  66H,  6DH
        DB  7DH,  07H,  7FH,  6FH,  77H,  7CH
        DB  39H,  5EH,  79H,  71H,  40H,  00H
D1MS:   MOV R7,#02H        ;延时1ms子程序
DL:     MOV R6,#0FFH
DL1:    DJNZ R6,DL1
        DJNZ R7,DL
        RET
```

5.3 串行口控制的键盘/LED显示器接口电路及编程

89C51的串行口RXD和TXD为一个全双工串行通信口,但工作在方式0下可作同步移位寄存器用,其数据由RXD(P3.0)端串行输出或输入;而同步移位时钟由TXD(P3.1)端串行输出,在同步时钟作用下,实现由串行到并行的数据通信。在不需要使用串行通信的场合,利用串行口加外围芯片74HC164就可构成一个或多个并行输入/输出口,用于串-并转换、并-串转换、键盘驱动或显示器LED驱动。

74HC164是串行输入、并行输出移位寄存器,并带有清除端。其引脚如图5.13所示。

各引脚功能定义如下:

Q0~Q7　　并行输出端。

A、B　　　串行输入端。

$\overline{CLR}$　　　清除端,零电平时,使74LS164输出清0。

CLK　　　时钟脉冲输入端,在脉冲的上升沿实现移位。当 $CLK=0$, $\overline{CLR}=1$ 时,74HC164保持原来的数据状态。

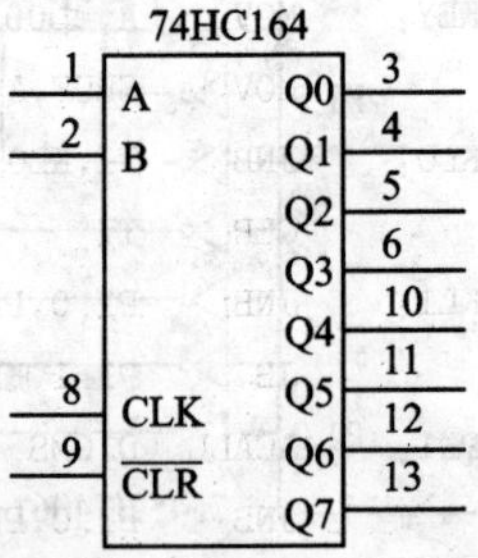

图 5.13 74HC164引脚图

采用串行口扩展显示器节省了I/O口,但传送速度较低;扩展的芯片越多,速度越低。

5.3.1 硬件电路

如图5.14所示,图中"与"门的作用是避免键盘操作时对显示器的影响,即仅当P1.2=1时,才开放显示器传送。

方式0数据传送的波特率是固定的,为 $f_{osc}/12$。其中,f_{osc} 为89C51单片机的晶振频率。例如,$f_{osc}=6$ MHz 时,波特率为500 kb/s,即每传送1位需2 μs时间。

5.3.2 程序清单

这种显示电路属于静态显示,比动态显示亮度更高些。由于74HC164在低电平输出时,允许通过的电流达8 mA,故不必添加驱动电路,亮度也较理想。与动态扫描相比较,无需CPU不停地扫描,频繁地为显示服务,节省了CPU时间,软件设计也比较简单。

因为采用共阳极LED,所以,相应的亮段必须送0,相应的暗段必须送1。

第5章 应用系统人-机串行外设接口技术

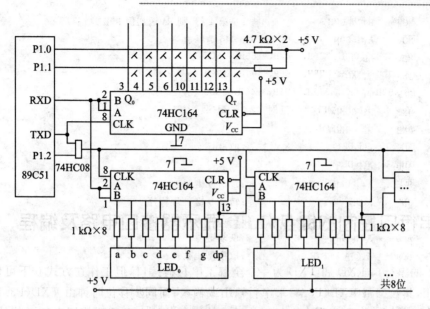

图 5.14 串行控制键盘扫描和显示器接口电路

下面是键盘扫描和显示子程序清单。

```
KEY:    MOV     A,#00H          ;向串行口数据缓冲器送全 0
        MOV     SBUF,A
KL0:    JNB     TI,KL0          ;等待 8 位数据发送完毕
        CLR     TI              ;清中断标志
KL1:    JNB     P1.0,PK1        ;第 1 行有键按下吗?
        JB      P1.1,KL1        ;第 2 行有键按下吗?若无则继续扫描
PK1:    ACALL   D10MS           ;有键按下,延时 10 ms,消除键抖动
        JNB     P1.0,PK2        ;确定是否键抖动引起
        JB      P1.1,KL1
PK2:    MOV     R7,#08H         ;不是键抖动引起则逐列扫描
        MOV     R6,#0FEH        ;选中第 0 列
        MOV     R3,#00H         ;记下列号初值
PL5:    MOV     A,R6            ;使某一列为低
        MOV     SUBF,A
KL2:    JNB     TI,KL2
        CLR     TI
        JNB     P1.0,PK4        ;是第 1 行吗?
        JNB     P1.1,PK5        ;是第 2 行吗?
        MOV     A,R6            ;不是本列,则继续下一列
        RL      A
        MOV     R6,A
        INC     R3              ;列号加 1
        DJNZ    R7,PL5          ;若 8 列扫描完仍未找到,则退出,等待执行下一次扫描
        RET
PK5:    MOV     R4,#08H         ;是第 2 行,则 R4 送初值 08H
        AJMP    PK3             ;转键处理
```

```
PK4:    MOV     R4,#00H                 ;是第1行,则R4送初值00H
PK3:    MOV     A,#00H                  ;等待键释放
        MOV     SBUF,A
KL3:    JNB     TI,KL3
        CLR     TI
KL4:    JNB     P1.0,KL4
        JNB     P1.1,KL4
        MOV     A,R4                    ;取键号
        ADD     A,R3
        SUBB    A,#0AH                  ;是命令键吗?
        JNC     KL6                     ;转命令键处理程序
        MOV     DPTR,#TABL              ;字形码表初值送DPTR
        ADD     A,#0AH                  ;恢复键号
        MOVC    A,@A+DPTR               ;取字型码数据
        MOV     R0,60H                  ;取显示缓冲区指针
        MOV     @R0,A                   ;将字型码入显示缓冲区
        INC     R0                      ;显示缓冲区地址加1
        CJNE    R0,#60H,KD              ;判是否到最高位
        MOV     60H,#58H                ;保存显示缓冲区地址
        SJMP    KD1
KD:     MOV     60H,R0
KD1:    ACALL   LED                     ;调用送显示子程序
        RET
KL6:    MOV     B,#03H                  ;修正命令键地址转移表指针
        MUL     AB
        MOV     DPTR,KTAB               ;地址转移表首地址送DPTR
        JMP     @A+DPTR                 ;根据指针跳转
KTAB:   LJMP    K1                      ;K1、K3…为各命令键服务程序首地址
        LJMP    K3
         ⋮
TABL:   DB      C0H,F9H,A4H,B0H         ;0～9字型码转换
        DB      99H,92H,82H,F8H
        DB      80H,90H
LED:    SETB    P1.2                    ;开放显示器控制
        MOV     R7,#08H                 ;显示位数R7
        MOV     R0,#58H                 ;先送最低位
LED1:   MOV     A,@R0                   ;送显示器数据
        MOV     SBUF,A
LED2:   JNB     TI,LED2
        CLR     TI
        INC     R0                      ;继续下一位
        DJNZ    R7,LED1                 ;全部送完
        CLR     P1.2                    ;关闭显示器控制
        RET
```

5.4 MAX7219 串行 8 位 LED 显示驱动器芯片及其应用

MAX7219 是一种串行接口的 8 位 LED 数码管显示驱动器。它与通用微处理器只有 3 根串行线相连,最多可驱动 8 个共阴数码管或 64 个发光二极管。它内部有可存储显示信息的 8×8 静态 RAM,动态扫描电路,以及段、位驱动器。

它的主要特点包括:串行接口的传输速率可达 10 MHz;独立的发光二极管段控制;译码与非译码两种显示方式可选;数字与模拟两种亮度控制方式;可以级联使用。

由于 MAX7219 集成度高,驱动能力强,亮度可调,编程容易,与单片机接口十分简单,占用单片机的口资源少,成为单片机应用系统中首选的 LED 显示接口电路。

MAX7219 的典型应用如图 5.15 所示。

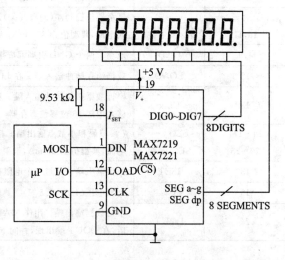

图 5.15 MAX7219 典型应用电路

5.4.1 MAX7219 的引脚功能

MAX7219 是 24 引脚双列直插式芯片,引脚排列及使用如图 5.16 所示,各引脚功能见表 5.2。

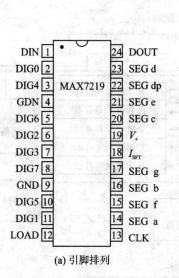
(a) 引脚排列

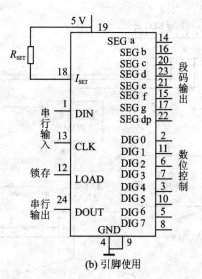
(b) 引脚使用

图 5.16 MAX7219 的引脚排列及使用图

表 5.2 MAX7219 引脚功能表

序 号	名 称	功 能
1	DIN	串行数据输入端。在时钟脉冲 CLK 的上升沿数据被逐位送入内部 16 位移位寄存器，在 CLK 的上升沿到来之前，DIN 必须有效
2,3,5,6,7,8,10,11	DIG0~DIG7	显示器位控制端(阴极开关)。分别接至 8 只共阴极 LED 数码管的阴极，从显示器灌入电流，典型值为 330 mA，极限值为 500 mA
4,9	GND	地端。两个 GND 引脚都应接地
12	LOAD	数据锁存脉冲输入端。在 LOAD 的上升沿将串行输入数据的最后 16 位锁存
13	CLK	串行数据移位脉冲输入端。频率范围 0~10 MHz。在 CLK 的上升沿将 DIN 端数据移入内部 16 位移位寄存器
14~17,20~23	SEG a~SEG g,dp	7 段段码和小数点输出端。接至 LED 数码管的 a~g 7 段和小数点 dp，供给显示器源电流，典型值为 37 mA，极限值为 100 mA
18	ISET	外接电阻端。通过一个电阻接到 V_+，以建立峰值段电流
19	V_+	电源电压(4.0~5.5 V)。典型值为 +5 V
24	DOUT	串行数据输出端。用作 MAX 7219 的扩展。输入到 DI 的数据在 16.5 个时钟周期后，在 DOUT 端出现，并向下一个 MAX 7219 芯片传送

5.4.2 MAX7219 的内部结构

MAX7219 的内部结构框图如图 5.17 所示。16 位移位寄存器所存数据 D0~D15 格式见表 5.3。其中：D8~D11 为寄存器地址，D0~D7 为数据，D12~D15 为无关位。表 5.3 中 X 可为十六进制任意值，一般取为 0。每组 16 位数据中，首先接收的为最高有效位，最后接收的为最低有效位。

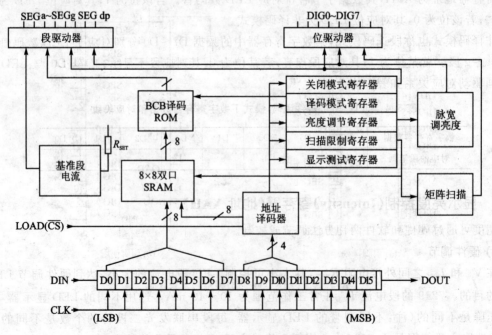

图 5.17 MAX 7219 内部结构框图

表 5.3　MAX7219 串行数据格式

地址字节								数据字节							
D15	D14	D13	D12	D11	D10	D9	D8	D7	D6	D5	D4	D3	D2	D1	D0
X	X	X	X	寄存器地址				寄存器数据							

注：X 为无关位，一般取为 0。

片内有 14 个寄存器，其中：8 个显示数字寄存器，用于寄存与 DIG0～DIG7 对应的显示数据，地址依次为 X1H～X8H；6 个控制寄存器，即译码模式控制寄存器(Decod-Mode)、显示亮度控制寄存器(Intensity)、扫描频率限制寄存器(Scan Limit)、关闭(消隐)模式控制寄存器(Shutdown)、显示测试寄存器(Display Test)及空操作寄存器(No-Op)，其地址依次为 X9H～XCH、XFH、X0H。数据寄存器为 8×8 双指针 SRAM。因为各寄存器可直接寻址，所以寄存器的数据可分别进行修改。寄存器的数据可以保存至电源电压降低到 2 V。

16 位移位寄存器能够接收的数据和命令的格式为 16 位数据包，前 8 位用来选择 MAX7219 的内部寄存器地址(简称地址字节)，后 8 位为指令或待显示数据的内容(简称数据字节)，高位在前，低位在后，如表 5.3 所列。

5.4.3　MAX 7219 的控制寄存器

6 个控制寄存器为译码模式控制寄存器、显示亮度控制寄存器、扫描频率限制寄存器、关闭模式控制寄存器、显示测试寄存器以及空操作寄存器，各控制寄存器的控制功能说明如下：

1. 译码模式(Decode-Mode)控制寄存器(地址 X9H)

MAX7219 具有 BCD 码译码显示模式和非译码(即直接驱动)显示模式两种。译码模式控制寄存器地址为 X9H，其数据字节各位对应 LED 数码管。若该位为 1，其对应位 LED 为译码模式；若该位为 0，其对应位 LED 为非译码模式。

非译码模式也称段选码模式，其数字寄存器中的数据 D7～D0 分别对应于 LED 数码管的 dp 和 a～g 段。若某位为 1，其对应段点亮；若某位为 0，其对应段不显示。D7～D0 与 LED 各段笔画驱动对应关系如表 5.4 所列。

表 5.4　非译码(可软件译码)模式下数字寄存器数据和对应段线

数字寄存器数据	D7	D6	D5	D4	D3	D2	D1	D0
对应的段笔画	dp	a	b	c	d	e	f	g

2. 显示亮度控制(Intensity)寄存器(地址 XAH)

亮度可通过硬件和软件两种方法调节或控制。

1) 硬件调节

在 V_+ 和 I_{SET} 之间外接电阻 R_{SET}，其大小可控制 LED 段电流的大小，达到硬件调节 LED 亮度的目的。7219 的段电流 I_{SEG} 正常工作范围为 10～40 mA。选用不同的 LED 显示器，其正向压降是不同的(注：不同型号的 LED 显示器，每段串联发光二极管的个数是不同的)。R_{SET} 的选取主要依据是 I_{SEG} 和 V_{LED}，当两个值确定后，R_{SET} 的最小值见表 5.5。

表 5.5 R_{SET} 的最小值表 kΩ

I_{SEG}/mA \ V_{LED}/V R_{SET}	1.5	2.0	2.5	3.0	3.5
40	11.3	10.4	9.8	8.9	7.8
30	16.3	15.0	14.0	12.9	11.4
20	26.2	24.6	22.8	20.9	18.6
10	60.1	56.0	51.7	47.0	41.9

当要求段电流超过 40 mA 时,必须外加驱动器,这时 MAX7219 显示控制输出只需较小的电流,一般取 $R_{SET}=47$ kΩ。

2) LED 亮度(灰度)的程控

显示亮度控制寄存器的 D0～D3 位可以控制 LED 显示器的亮度。该寄存器可按其地址方便地写入,从而实现亮度的程控。方法是:用 D0～D3 位控制内部脉宽调制器(DAC)的占空比来控制 LED 段电流的平均值,以达到控制亮度的目的。

当显示亮度控制寄存器 D0～D3 位从 0 变化到 0FH 时,DAC 的占空比从 1/32 变化到 31/32,共 16 个控制等级,每级变化 2/32。

3. 扫描频率限制(Scan Limit)寄存器(地址 XBH)

该寄存器用于设置显示 LED 数码管个数(1～8 个)。8 位 LED 显示时,以 1300 Hz 的扫描频率分路驱动,轮流点亮 LED。该寄存器的低 3 位值指定要扫描 LED 数码管的个数。若要驱动的 LED 数少,可降低扫描频率,以提高扫描的速度和亮度。例如,系统中只有 4 个 LED,应连接 DIG0～DIG3,并写入 0B03H,使扫描速度提高 1 倍。

4. 关闭(消隐)模式(Shutdown)控制寄存器(地址 XCH)

MAX7219 处于关闭模式时,扫描振荡器停止工作,显示器为消隐状态,显示数字与控制寄存器中的数据保持不变,但可以对其更改数据或改变控制方式,见表 5.3。

关闭模式寄存器的 D7～D1 位可以是任意值。当 D0=0 时,MAX7219 进入关闭状态(见表 5.3 中 D7～D0),关闭所有显示器;当 D0=1 时,所有显示器按设定显示方式回到正常显示方式。

5. 显示测试(Display Test)寄存器(地址 XFH)

该寄存器的 D7～D1 位可以是任意值。当 D0=1 时(见表 5.3 中 D0),MAX7219 进入显示测试方式,所有 LED 各段及小数点均点亮,电流占空比为 31/32,即使在关闭方式下也可直接进入该方式;当 D0=0 时,MAX7219 又回到原来工作状态。通常是选择正常工作操作模式。

6. 空操作(No-Op)寄存器(地址 X0H)

空操作寄存器中的数据字节(D7～D0)可以是任意值。

5.4.4 MAX7219 的工作时序

MAX7219 的时序如图 5.18 所示。DIN 是串行数据输入端,在 CLK 时钟作用下,串行数据依次从 DIN 端输入到内部 16 位移位寄存器。在 CLK 的每个上升沿,均有一位数据由 DIN 移入内部移位寄存器。

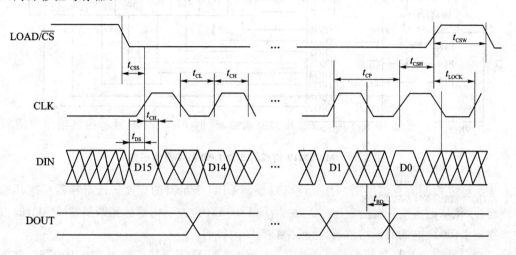

图 5.18　MAX7219 串行输入数据时序

在 LOAD 的上升沿,移位寄存器中的 16 位数据被锁存到 MAX7219 内部的控制或显示数字寄存器中。LOAD 的上升沿必须在第 16 个 CLK 时钟上升沿的同时或之后,且在下一个 CLK 时钟上升沿之前产生,否则数据将会丢失。

LOAD 引脚由低电平变为高电平时,串行数据在 LOAD 上升沿作用下,方可锁存到 MAX7219 寄存器,因此,LOAD 又可称为片选 $\overline{CS}$ 端。

在 16.5 个时钟周期后,先前进入 DIN 的数据 D15 将出现在引脚 DOUT 上。DOUT 引脚是用来实现 MAX7219 与 MAX7219 级联的,当显示数码管多于 8 个时,可用 MAX7219 级联(最多 8 级)。前级的 DOUT 输出接后级的 DIN 输入,各级的 LOAD 联在一起,段输出端和位输出端对应连接。

5.4.5 应用实例

图 5.19 为 MAX7219 的 8 位 LED 数字显示电路。单片机接口 P1.0 和 P1.1 分别作为 MAX7219 的串行数据输入信号 DIN 和时钟信号 CLK;P1.2 作为 LOAD 信号。

MAX7219 与单片机数据传送编程主要分为两部分:初始化子程序和送显示子程序。这两部分的基本功能都是数据传送,所以初始化和送显示子程序可以采用 2 字节数据传送程序。

主程序及子程序如下:

1) 主程序

```
;引脚定义
    DIN     BIT     P1.0
    CLK     BIT             P1.1
    LOAD    BIT             P1.2
```

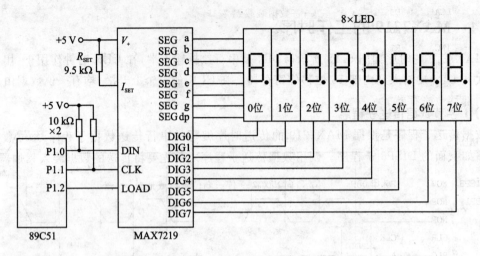

图 5.19　MAX7219 构成的 8 位 LED 数字显示电路

```
            ORG     0100H
MAIN:       MOV     SP,#70H
            LCALL   INI1            ;初始化
            LCALL   DIS1            ;显示
            SJMP    $
```

2) 初始化子程序

为使 MAX7219 能够正常工作，必须在使用前对其进行初始化。

```
INI1:       MOV     A,#0BH          ;选择扫描频率限制
            MOV     R4,#07H
            LCALL   DISP16
            MOV     A,#0AH          ;选择显示亮度
            MOV     R4,#08H
            LCALL   DISP16
            MOV     A,#09H          ;选择译码模式
            MOV     R4,#0FFH
            LCALL   DISP16
            MOV     A,#0CH          ;选择关闭模式为正常工作状态(即 D0 = 1)
            MOV     R4,#01H
            LCALL   DISP16
            RET
```

3) 显示子程序

正常显示时的程序十分简单，只需向内部寄存器地址 X1～X8H 写入相应的显示值即可。

```
DIS1:       MOV     R0,#40H         ;显示数据地址
            MOV     R1,#1           ;显示数字 1～8
            MOV     R3,#8           ;显示器个数
LOP3:       MOV     A,@R0
            MOV     R4,A
            MOV     A,R1
```

```
        LCALL   DISP16          ;将数据装载到 7219
        INC     R0
        INC     R1
        DJNZ    R3,LOP3
        RET
```

4) 1 字节数据传送子程序

数据传送子程序是根据 MAX7219 的传送时序编写的串行传送数据子程序,8 位数据传送程序如下面的 DISP8 子程序。调用数据传送子程序之前先要将传送的数据装入累加器 A。

```
DISP8:  MOV     R6,#08H         ;向 MAX7219 传送 8 位数据或地址
LOP1:   NOP
        NOP
        CLR     CLK
        RLC     A
        MOV     DIN,C
        NOP
        NOP
        SETB    CLK
        DJNZ    R6,LOP1
        RET
```

5) 2 字节数据传送子程序

向 MAX7219 传送 16 位数据包时(MAX7219 每次接收 2 字节,高位在先),首先使 MAX7219 的 LOAD 引脚为低电平,接着向 MAX7219 传送该寄存器地址(1 字节),然后向 MAX7219 传送该寄存器的数据(1 字节),最后使 MAX7219 的 LOAD 引脚变为高电平。这样,数据才被锁存到相应的寄存器。

下面给出的 DISP16 子程序,把 R4 中的数据送到以累加器 A 内容为地址的 MAX7219 寄存器中。

```
DISP16: ACALL   DIS8            ;传送地址
        MOV     A,R4
        ACALL   SISP8           ;传送 8 位数据
        CLR     LOAD            ;数据装载,CLAD = 0
        NOP
        SETB    LOAD            ;LOAD = 1
        NOP
        RET
```

5.4.6 利用 MAX7219 设计 LED 大屏幕

制作 LED 大屏幕最基本的元器件是 LED 发光二极管,采用市场上封装好的 8×8 点阵单元,其结构简图如图 5.20 所示。这是一个 8×8 单色点阵单元,有 16 只引脚,其中引脚 dp、a、b、c、d、e、f、g 分别接 8 位段数据,数字引脚 1、2、3、4、5、6、7、8 分别接位数据,这是一种共阴接法。按照共阴接法,从结构上可知,8 行的段数据复用,某时刻只能点亮 1 行,8 行轮流点亮。

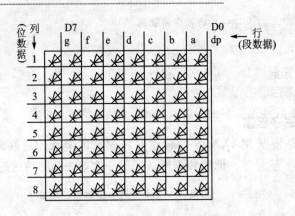

图 5.20 8×8 点阵单元结构

显示一个字符的过程为：先在 8 个段数据引脚上送第一行点阵数据（即段数据），在 8 个位数据引脚上送列（位）数据，点亮第一行，延时一定时间，熄灭；再送第二行点阵数据，点亮第二行，延时一定时间，熄灭……；如此 8 行轮流点亮，称为行扫，显示一个完整字符。由此可知，要显示一个字符，就要不断更换点阵数据，同时更换点亮的行，这叫刷新。

采用不译码方式，用一片 MAX7219 驱动一个 8×8 点阵单元也非常合适。MAX7219 驱动 8×8 点阵单元的连接图如图 5.21 所示。

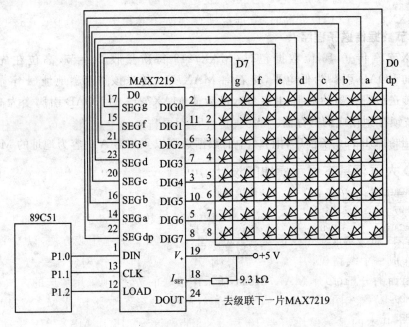

图 5.21 MAX7219 驱动 8×8 点阵单元的连接图

1. 控制寄存器设置

不译码方式数字位和对应段线如表 5.4 所列。从图 5.21 与表 5.4 的对照可知，MAX7219 的段数据输出线在接到 8×8 点阵单元时，已从硬件上将高低位作了颠倒，对 8×8 点阵单元 dp、a~g 是按顺序从字节的低位标起，而 MAX7219 从字节的高位标起，段 D0 连接 D7。这样就避免了点阵数据输出前软件的高低位颠倒，从而节省了 CPU 时间。

1)译码模式控制寄存器的设置

当驱动 8×8 点阵单元时,选择不译码模式,译码模式控制寄存器中的数据应设置为 00H。当选择不译码模式时,数据位 D7~D0 直接对应于 MAX7219 的段线。

2)扫描频率限制寄存器的设置

扫描频率限制寄存器设置有多少个字要显示,可从 1 到 8。它们一般以扫描率 1300 Hz、8 位数字、多路复用的方式显示。由于这里每个 MAX7219 都驱动 8×8 点阵单元,要设置成显示 8 位,所以扫描限制寄存器 XBH 中的数据设置为 X7H。

3)显示亮度控制寄存器的设置

MAX7219 使显示亮度可由 V_+ 和 I_{SET} 之间所接外部电阻(R_{SET})控制,并用计数法使用显示亮度控制寄存器。来自段驱动器的峰值电流通常为进入 I_{SET} 电流的 100 倍。这个电阻既可以是固定的,又可以是可变的,以便可由面板来进行亮度调节,其最小值为 9.53 kΩ。

段电流数字控制由内部的脉宽调制 DAC 来实现,该 DAC 由显示亮度控制寄存器的低 4 位加载。从 R_{SET} 设置的峰值电流的最大值的 31/32 到最小值的 1/32,将平均电流分成 16 级。

4)空操作寄存器的设置

当 MAX7219 级联时,使用空操作寄存器。将所有器件的 LOAD 输入连接在一起,将 DOUT 连接到相邻 MAX7219 的 DIN 上。级联时传送数据的方式是,例如,如果 4 片 MAX7219 级联,那么要对第 4 片芯片写入时,发送所需的 16 位字,其后跟 3 个空操作代码(十六进制数 X0XX)。当 LOAD 变高时,数据被锁存在所用芯片中。前 3 个芯片接收空操作指令,而第 4 个芯片接收数据。

作为大屏幕要用成百上千片 MAX7219,由上所述可知,如果采用级联方式,要传送一个有用数据须传送许多无用的空操作代码,因而作为大屏幕设计不能采用级联方式。为了提高数据的传送速度,每片 MAX7219 都必须直接传送数据而与芯片无关。因而采用的接法是,将所有 MAX7219 的 DIN 脚与 CLLK 脚都直接连接在串行总线上,而将 LOAD 脚作为各芯片的片选分别连接各自的片选信号,DOUT 脚空着不用。

2. LED 大屏幕基本显示模块的设计

1)基本显示模块的构成

大屏幕必须能显示汉字。通常一个汉字的点阵单元数是 8×8 的倍数,比如 16×16、24×24、32×32 等,因而一个汉字至少需要 4 片 8×8 点阵单元。为了组装方便,以 4 个汉字为一个显示单位作成一个线路板。4 个汉字需要 16 片 8×8 点阵单元,对应需要 16 片 MAX7219 驱动。根据上面的分析,多片 MAX7219 不能采用级联的方法,须采用片选的方法,因而也就需要 16 条片选线。采用 1 片 74LS154 译码,正好译出 16 条线作为 16 片 MAX7219 的片选信号。至此,一个基本的显示模块需要 16 片 8×8 点阵单元、16 片 MAX7219 驱动器和 1 片 74HC154 译码器,组成一个 4 个汉字的基本显示模块。当需要更大的显示面积时,只需要增加基本显示模块即可。

2)基本模块的级联

由于所用的 MAX7219 都只并接在串行总线上,所以在设计基本显示模块线路板时,对串行总线设计一个入口和一个出口。级联时,两个基本显示模块用两根电线连接起来即可。

再来考虑 74HC154 的级联。由于每个基本显示模块上都有一片 74HC154,多个基本显示模块上的 74HC154 必须能区别开来。可采用两种方法来区分,第一种是,每片 74HC154 各自有自己的 4 根输入线,这样需要许多口线;第二种是,每片 74HC154 公用 4 根输入线,即所有的 74LS154 都并接在 4 根口线上,通过控制各 74HC154 的使能端使具体的某一片 MAX7219 被选中。本设计选择第二种方法,这种方法特别有利于级联。为了 74HC154 的级联,在基本显示模块线路板上,针对 4 根译码数据输入线,也设计一个入口和一个出口。级联时,两个基本显示模块用 4 根线首尾连起来即可。当然,也可以将 6 根级联线合成一个线排来连接。

当级联模块数目较多时,必须考虑总线的驱动。因此,在每个基本显示模块线路板的总线输入口,再增加一片总线驱动器 74HC244。至此,一个基本的显示模块就完全做好了,其对外的连线只有 2 根串行总线、4 根译码数据输入线及 1 根译码使能控制线,再就是电源线了。而 6 根总线是相互级联的,只有一根译码使能控制线须单独连接,原理图如图 5.22 所示。因这种设计是模块化设计,根据用户的需要扩展起来非常方便;而且,每个基本显示模块是自刷新的,单片机一旦送完显示数据,就不需要再管刷新的事了。因而,一个大屏幕只需要 1~2 片单片机,而其他设计方案需要多片单片机。

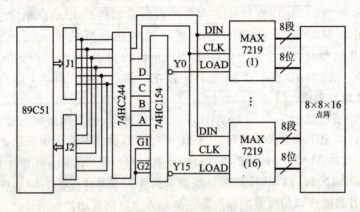

图 5.22 大屏幕基本显示模块构成原理图

5.5 I^2C 总线 LED 驱动器 SAA1064 接口及编程

SAA1064 是 Philips 公司生产的 4 位 LED 驱动器,为双极型电路,具有 I^2C 接口。该电路是特别为驱动 4 位带有小数点的七段显示器而设计的,通过多路开关可对两个 2 位显示器进行切换显示。该器件内部带 I^2C 总线从发送接收器,可以通过地址引脚 ADR 的输入电平为 4 个不同的从器件地址编程。内部的模式控制器可以控制 LED 的各个位以使其能够工作于静态模式、动态模式、熄灭模式及段测试模式。

5.5.1 内部结构及引脚功能

SAA1064 的结构框图如图 5.23 所示。在结构中除了 I^2C 总线接口及其相关部分外,其核心部分由指令译码器、方式控制单元、4 个 8 位数据锁存器、多路开关、电流驱动单元等组成。

指令译码器接收到控制指令后,按照控制指令要求控制数据锁存器的数据锁存、多路开关

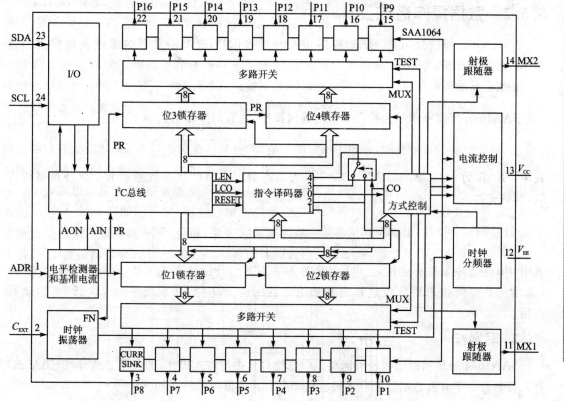

图 5.23 SAA1064 结构框图

的显示模式管理(TEST/MUX)以及 3 个驱动电流的控制位。电平检测与基准电流部分实际上是一个两位 A/D 转换电路。它将 ADR 引脚上的输入电平转换成 A1A0 两位二进制码,作为 SAA1064 的引脚地址。射极跟随器为动态显示方式提供驱动控制信号。

SAA1064 为 24 引脚双列直插,塑封(Philips STO-101B 标准),其引脚如 5.24 所示。

SAA1064 的引脚功能如下:

ADR　　　寻址端,SAA1064 通过其不同的模拟电压,以确定其不同的地址。当电压值为 V_{EE}、$3/8\ V_{CC}$、$5/8\ V_{CC}$ 及 V_{CC} 时,分别对应地址 70H、72H、74H、76H(写操作)或 71H、73H、75H、77H(读操作)。

C_{EXT}　　时钟振荡器的外接电容,典型值为 2.7 nF。

P1~P8　　段驱动输出端口 1,P1 为最低位,P8 为最高位。

P9~P16　 段驱动输出端口 2,P9 为最低位,P16 为最高位。

MX1　　　动态显示方式的公共极驱动信号输出端 1。

MX2　　　动态显示方式的公共极驱动信号输出端 2。

SDA,SCL　I^2C 总线的数据线和时钟线。

V_{CC},V_{SS}　电源,4.5~15 V,典型值为 5 V。

图 5.24 SAA1064 引脚图

5.5.2 数据操作格式

SAA1064 除具有与 LED 驱动控制相关的写操作外,还具有能反映系统上电标志的读操作。

1. 读操作

SAA1064 的读操作作为状态字节的读出操作,其数据操作格式如下:

| S | SLAR | A | STA DATA | $\overline{A}$ | P |

其中,SLAR 为 $01110A_1A_01$;STA DATA 为状态数据字节。状态数据字节中只有最高位有效,其格式如下:

D7							D0
PR	0	0	0	0	0	0	0

其中,PR 为上电复位标志位,上电后 PR 为 1,在对其进行读状态字节操作后清 0,因此,PR=1 表示从上次读状态后出现过掉电和加电。利用这一功能,在系统中可作为冷/热启动标志用。

2. 写操作

SAA1064 的显示驱动控制只需要 I^2C 总线对其进行写入操作,即按照子地址(SUBADR)写入控制命令字节及显示器的段选码数据即可。其数据操作格式如下:

| A | SLAW | A | SUBADR | A | COM | A | data1 | A | data2 | A | data3 | A | data4 | A | P |

其中,SUBADR 为 SAA1064 片内地址单元首址;COM 为 SAA1064 的控制命令;data1~data4 为动态显示方式的 4 个 LED 显示块的共阴极段选码。

该数据格式中的具体内容如下:

| S | 地址 | A | 片内首子地址 | A | 控制命令 | A | 数据1 | A | 数据2 | A | 数据3 | A | 数据4 | A | P |

3. 片内子地址单元

SAA1064 片内有 5 个地址单元,占用了 3 位地址位(SC,SB,SA),分别用于装入控制字节和 4 个显示段码,具体地址分配如表 5.6 所列。由于 SAA1064 写操作具有地址自动加 1 功能,故在数据操作格式中的写入顺序中,SUBADR 应为 00H。

表 5.6 片内地址单元的分配

0	0	0	0	0	SC	SB	SA	单元地址	功能
0	0	0	0	0	0	0	0	00H	控制寄存器
0	0	0	0	0	0	0	1	01H	数字位 1
0	0	0	0	0	0	1	0	02H	数字位 2
0	0	0	0	0	0	1	1	03H	数字位 3
0	0	0	0	0	1	0	0	04H	数字位 4

5.5.3 控制命令 COM 格式

SAA1064 具有较强的控制功能,能实现亮度控制、显示器测试、静态及位亮/暗显示。这些控制命令集中设置在控制寄存器中。控制命令(COM)格式如下:

D7	D6	D5	D4	D3	D2	D1	D0
—	C6	C5	C4	C3	C2	C1	C0

其中,C0　　　动态/静态显示选择,C0=1 动态显示;
　　　C1　　　数字位 1、3 暗/亮选择,C1=1 选择亮;
　　　C2　　　数字位 2、4 暗/亮选择,C2=1 选择亮;
　　　C3　　　测试位,C3=1 时所有段点亮;
　　　C4,C5,C6　输出电流控制位,皆为 1 时输出电流最大,为 21 mA。

5.5.4 寻址字节 SLAR/$\overline{W}$

SAA1064 的器件地址为 0111,只有一个引脚地址输入端 ADR,而引脚地址与一般 I²C 总线器件的数字引脚地址不同,是模拟引脚地址,根据 ADR 上输入的模拟电压通过电平检测器实现两位 A/D 转换后,形成 A1 和 A0 两位引脚地址。其地址与 ADR 引脚电平关系如表 5.7 所列。

表 5.7　ADR 引脚电平与寻址字节

引脚地址			ADR 引脚电平			寻址字节 SLAR/$\overline{W}$
0	A1	A0	最小值	典型值	最大值	0 1 1 1 0 A1 A0 R/$\overline{W}$
0	0	0	V_{EE}	(V_{EE})	3/16 V_{CC}	70H/71H
0	0	1	5/16 V_{CC}	3/8 V_{CC}	7/16 V_{CC}	72H/73H
0	1	0	9/16 V_{CC}	5/8 V_{CC}	11/16 V_{CC}	74H/75H
0	1	1	13/16 V_{CC}	(V_{CC})	V_{CC}	76H/77H

在 I²C 总线接口的通用外围电路中,有可实现 LED 驱动控制的 SAA1064 接口芯片。该器件可静态驱动两位 LED,动态驱动 4 位 LED,只有一个地址引脚 ADR,但可选择 4 种电平状态。故一个 I²C 总线上最多只能挂接 4 片 SAA1064,最多可扩展 16 位 LED 显示。

SAA1064 中有动态驱动控制电路,不需外部动态驱动管理,故在外部仍呈现出静态 LED 驱动特性。

1. 电路设计

图 5.25 所示为由两片 SAA1064 构成的 8 位 LED 显示电路。两片 SAA1064 都是标准的动态驱动控制接法,不同的 SAA1064 只在地址引脚 ADR 上连接不同,以区别不同的节点地址。

2. 节点地址

SAA1064 的器件地址是 0111。地址引脚只有一个即 ADR。引脚地址 A2、A1、A0 采取 ADR 模拟电平的比较进行编址。当 ADR 引脚电平为 0、3/8 V_{DD}、5/8 V_{DD}、V_{DD} 时,相应引脚地址 A2、A1、A0 为 000、001、010、011。

在图 5.25 中,两片 SAA1064 有两个节点地址。为连接简单,通常 ADR 一个接地,一个

第 5 章　应用系统人-机串行外设接口技术

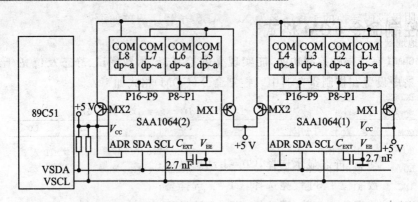

图 5.25　SAA1064 及其 8 位 LED 显示电路

接 V_{DD}，按图中接法，SAA1064(1)的 SLAW/SLAR 为 70H/71H；SAA1064(2)的 SLAW/SLAR 为 76H/77H。

3. LED 驱动控制原理

SAA1064 有 2×8 个输出端口，可静态控制 2 位 LED 显示；但在 MX1、MX2 的动态控制管理下，可实现 4 位 LED 驱动控制。图 5.25 即为 SAA1064 动态驱动的应用方式。

LED 的段驱动端口为 P1~P16。给端口锁存器置 1 时，端口为低电平状态，相应的 LED 段点亮，LED 为共阳极器件；但由于段驱动为送"1"点亮，故 LED 的段码为共阴极。

4. 片内寄存器单元

SAA1064 中有 5 个寄存器单元，分别为 1 个控制寄存器和 4 个显示寄存器，如表 5.8 所列。

表 5.8　SAA1064 片内寄存器单元及装载内容

地址单元	00H	01H	02H	03H	04H
装载内容	控制命令 COM	显示段码 1 data 1	显示段码 2 data 2	显示段码 3 data 3	显示段码 4 data 4

5.5.5　LED 显示程序设计

学会用 VIIC 软件包（见 4.2.7）来设计应用程序，编程显示图 5.25 的 8 位 LED 显示器上显示 80C51 片内 RAM 中的 8 个分离 BCD 码。

1. 设计思想

在 80C51 片内 RAM 中，8 字节单元的显示缓冲区用以存放要显示的 8 个分离 BCD 码，低位在前，高位在后。本练习中，显示缓冲区为 60H~67H。SAA1064(1)的显示缓冲区首址为 BCDST1，BCDST1 = 60H，SAA1064(2)的显示缓冲区首址为 BCDST2，BCDST2 = 64H。设计一个子程序将显示缓冲区中的 BCD 码转换成共阴极段码，存放在 VIIC 的发送缓冲区 MTD 中，然后依照 SAA1064 的操作格式发送到内部寄存器中。

2. 应用程序设计

假定 VIIC 已装入程序存储器中，且符号单元已定义好。设本实例子程序名为 VSAAD8，

BCD 码到共阴极段码转换的子程序名为 XCTAB。子程序清单如下：

```
;给符号地址赋值
        SLAW1   EQU     70H
        SLAW2   EQU     76H
        BCDST1  EQU     60H
        BCDST2  EQU     64H
        COM     EQU     77H
VSAAD8: MOV     R1,#MTD             ;对SAA1064(1)节点操作,#MTD入R1
        MOV     @R1,#00H            ;SUBADR入MTD
        INC     R1
        MOV     @R1,#COM            ;COM入MTD+1
        INC     R1                  ;指向MTD+2
        MOV     R0,#BCDST1          ;SAA1064(1)显示缓冲区首址入R0
        LCALL   XCTAB               ;调BCD码转换成段码子程序
        MOV     SLA,#SLAW1          ;指向SAA1064(1)节点
        MOV     NUMBYT,#06H         ;发送6字节数据
        LCALL   WRNBYT              ;调归一化子程序
        MOV     R1,#MTD             ;对SAA1064(2)操作,#MTD入R1
        MOV     @R1,#00H            ;SUBADR入MTD
        INC     R1
        MOV     @R1,#COM            ;COM入MTD+1
        INC     R1                  ;指向MTD+2
        MOV     R0,#BCDST2          ;SAA1064(2)显示缓冲区首址入R0
        LCALL   XCTAB               ;调BCD码转换成段码子程序
        MOV     SLA,#SLAW2          ;指向SAA1064(2)节点
        MOV     NUMBYT,#06H         ;发送6字节数据
        LCALL   WRNBYT              ;调归一化子程序
        RET
XCTAB:  MOV     DPTR,#TAB           ;共阴极段码表首址入DPTR
        MOV     R2,#04H             ;查找4个段码
XCT:    MOV     A,@R0               ;BCD码入A
        MOVC    A,@A+DPTR           ;查找相应的段码
        MOV     @R1,A               ;段码入显示缓冲区中
        INC     R0                  ;指向下一个显示缓冲区单元
        INC     R1                  ;指向下一个发送缓冲区单元
        DJNZ    R2,XCT              ;4个BCD码转换完？未完继续
        RET                         ;转换完,结束
TAB:    DB      3FH,06H,5BH,4FH,66H,6DH,7DH,07H
                7FH,6FH,77H,7CH,39H,5EH,79H,71H
```

5.6 4 位串行段式 LCD 显示器 EDM1190A 的接口及编程

大连东方公司生产的 EDM1190A 是一种实用美观的四位串行段式液晶显示模块。与现有的一些并行段式液晶显示模块相比，EDM1190A 具有引脚少（现在四位并行段式 LCD 模块

一般都多达 40 个引脚，而 EDM1190A 只有 4 个引脚）、与单片机系统连接简单、编程方便等优点。

5.6.1　EDM1190A 的性能简介

EDM1190A 段码式液晶显示器模块由 LCD 液晶显示器、驱动电路、8 位 CPU 接口电路构成；具有功耗低、抗干扰性强、温度范围宽等优点；此外，EDM1190A 的输入接口信号可与 CMOS 和 TTL 电平兼容，而且其 4 个引脚都具有静电保护电路。

EDM1190A 的主要技术参数如下：

➢ 电源电压：+5 V；
➢ 驱动方式：静态；
➢ 视角：6 点；
➢ 显示容量：4 位数字（带小数点）；
➢ 数据传输方式：串行；
➢ 显示方式：低电平显示。

EDM1190A 的外型及引脚如图 5.26 所示。EDM1190A 的引脚功能如表 5.9 所列。

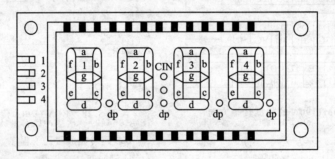

图 5.26　EDM1190A 的外型及引脚图

表 5.9　EDM1190A 的引脚说明

引脚号	名　称	引脚说明	引脚号	名　称	引脚说明
1	V_{DD}	电源正极，+5 V	3	V_{SS}	电源地，0 V
2	D_{IN}	串行数据输入端	4	CLK	串行时钟

5.6.2　EDM1190A 的数据显示原理

1. 数据传输方向

七段数码显示器中的每一位数字都由七段组成，分别将这七段记为 a、b、c、d、e、f、g，小数点记为 dp。其中第 2、3 位数字间的 2 个竖点记为 CLN，这 2 个竖点是为了显示时间时，将小时和分钟值分开而用的。

EDM1190A 的数据传输方向如图 5.27 所示。当显示数字时，首先从 D_{IN} 引脚（第 2 引脚）依次输入 8 个数（0 或 1），用来控制 CLN 是否点亮（只要 D6 位等于 0 则 CLN 点亮，否则 CLN 灭）。接着再从 D_{IN} 引脚依次输入每个数字所对应的段码，按照先高位后低位的顺序进行移位传送。每一位数字所对应的段码如图 5.27 所示，当输入一位信号为 0（低电平）时，点亮该段。

注意,要想使 EDM1190A 显示出正确的数字,最后一定要向 D_{IN} 引脚再输入一位停止位,此位输入为 0 或 1 均可。

2. 数据传送的时序

EDM1190A 数据传送的时序如图 5.28 所示。时钟信号 CLK(第 4 引脚)同时又是 LCD 模块的片选信号。在高电平时将数据从 D_{IN} 引脚输入,接着时钟信号 CLK 变为低电平,经过一段时间后,即将所输入数据锁存,这样就完成了一位数据的输入。按这样的时序可以将信号逐次地由 D_{IN} 引脚输入,每显示一位数据(包括小数点)只需一个 8 位二进制数移位输入 D_{IN} 引脚即可。

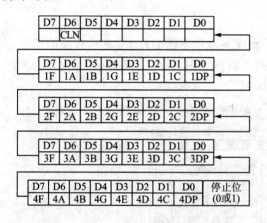

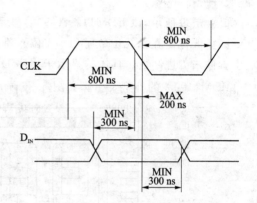

图 5.27 EDM1190A 的数据传输方向　　　　图 5.28 EDM1190A 传送数据的时序

5.6.3　EDM1190A 与单片机的接口及编程

1. ED1190A 与 89C51 的接口电路

EDM1190A 与 89C51 的接口电路如图 5.29 所示。

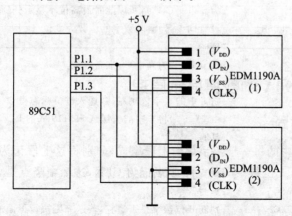

图 5.29　EDM1190A 与 89C51 接口电路

2 个 LCD 显示模块 EDM1190A 分别用来显示 2 个 4 位数。EDM1190A(1)和(2)的数据输入引脚 D_{IN} 端都与单片机的 P1.1 相连。单片机的 P1.2 和 P1.3 分别与 EDM1190A(1)和

(2)的时钟信号 CLK 引脚相连。欲显示数字的二进制段码由 P1.0 口线一位一位地输出,只要在 P1.1 和 P1.2 两个口线分时产生方波信号就可以控制在 EDM1190A(1)和(2)上显示数字。

EDM1190A 显示数字所对应的段码如表 5.10 所列。

表 5.10 EDM1190A 显示数字所对应的段码

显示数字	0	1	2	3	4	5	6	7	8	9
对应的段码	11H	DDH	83H	89H	4DH	29H	21H	9DH	01H	09H

2. 显示程序

如图 5.29 所示,以 EDM1190A(1)的显示子程序来说明 EDM1190A 显示程序的设计方法。注意,无论是显示几位数字(1~4 位),都必须严格按照图 5.27 的格式向 EDM1190A 的 D_{IN} 引脚输入二进制数。具体的显示子程序 DIS 如下:

```
DIS:    MOV    A,#0FFH        ;将 CLN 的段码存在累加器 ACC 中。因为 D6 = 1,所以 CLN 不显示(灭)
        MOV    R1,#08H        ;设置向 DIN 脚输入数字的位数为 8 位延时
LOOP1:  NOP
        SETB   P1.2           ;设置 P1.2 为高电平,准备送数
        NOP                   ;延时
        RLC    A              ;将 A 中的数字依次左移,送入进位标志位 C
        MOV    P1.1,C         ;由 P1.1 端将 C 中的值送入 EDM1190A 的 DIN 脚
        NOP                   ;延时
        NOP                   ;延时
        CLR    P1.2           ;设置 P1.2 为低电平,将送入的数锁存
        NOP                   ;延时
        DJNZ   R1,LOOP1       ;判断 8 位数字是否送完,若送完则执行下面的程序,否则循环执行
                              ;上面的程序
        MOV    A,#0FFH        ;将最高位数字的段码存在累加器 ACC 中,显然因为此时所有段均
                              ;为高电平("1"),所以此时最高位不显示任何数字
        MOV    R1,#08H        ;设置向 DIN 脚输入数字的位数为 8 位
LOOP2:  NOP                   ;延时
        SETB   P1.2           ;设置 P1.2 为高电平,准备送数
        NOP                   ;延时
        RLC    A              ;将 A 中的数字依次左移,送入进位标志位 C
        MOV    P1.1,C         ;由 P1.1 端将 C 中的值送入 EDM1190A 的 DIN 脚
        NOP                   ;延时
        NOP                   ;延时
        CLR    P1.2           ;设置 P1.2 为低电平,将送入的数锁存
        NOP                   ;延时
        DJNZ   R1,LOOP2       ;判断 8 位数字是否送完,若送完则执行下面的程序,否则循环执行
                              ;上面的程序
        MOV    A,#0DDH        ;将次高位数字的段码存在累加器 ACC 中
        MOV    R1,#08H
LOOP3:  NOP
```

```
        SETB    P1.2
        NOP
        RLC     A
        MOV     P1.1,C
        NOP
        NOP
        CLR     P1.2
        NOP
        DJNZ    R1,LOOP3
        MOV     A,#83H          ;将次低位数字的段码存在累加器ACC中
        MOV     R1,#08H
LOOP4:  NOP
        SETB    P1.2
        NOP
        RLC     A
        MOV     P1.1,C
        NOP
        NOP
        CLR     P1.2
        NOP
        DJNZ    R1,LOOP4
        MOV     A,#89H          ;将最低位数字的段码存在累加器ACC中
        MOV     R1,#09H
LOOP5:  NOP
        SETB    P1.2
        NOP
        RLC     A
        MOV     P1.1,C
        NOP
        NOP
        CLR     P1.2
        NOP
        DJNZ    R1,LOOP5
        RET                     ;返回主程序
```

从上面的程序可以看出,从高位到低位送入 EDM1190A 的段码分别是 0FFH、0DDH、83H、89H。由表 5.27 可知,此时第 1 个 LCD 显示的数字是"123"。

5.7 基于 E^2PROM 的 IC 卡读/写器的应用

5.7.1 IC 简介

由磁卡发展而来的半导体集成电路卡——IC 卡是将一个专用集成电路镶嵌于塑料基片中,封装成卡的形式。这种电路包含 1 个 CPU 及 ROM 和 E^2PROM。其中 CPU 作为其主控

单元；ROM 用来存储卡的操作系统；E²PROM 作为数据存储区。最新 IC 卡的芯片还包含一个加密的辅助线路。

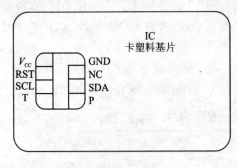

图 5.30　IC 卡示意图

国际标准化组织 ISO 在 1978 年专门为 IC 卡制定了国际标准，1995 年又为 IC 卡制定了通用标准。这些标准为 IC 卡在全世界范围的推广与应用创造了规范化的前提和条件。按照国际标准 ISO7816 对接触式 IC 卡的规定，在 IC 卡的左上角封装有 IC 芯片，其上覆盖 6 或 8 个触点与外部设备进行通信。IC 卡的基本式样及其引脚如图 5.30 所示。其中，引脚 T 和 P 为微动开关的两触点。此开关在无 IC 卡状态时处于断开状态；有卡插入时，IC 卡卡座上的微动开关动合。因此，此开关往往是用来判断是否有 IC 卡插入的传感器件。

1. IC 卡的特点、功能及分类

IC 卡是一种集成电路卡，其读/写设备是每个 IC 卡应用系统必不可缺的外围设备。该设备通过 IC 卡的 8 个触点向 IC 卡提供电源，并与 IC 卡相互交换信息。虽然 IC 卡是从磁卡发展而来的，但它在机器读/写性能上却远优于磁卡，无需往复的机械动作即可完成人—机—卡之间的多次会话过程，使卡在应用时操作简单，给人们带来极大的便利。

根据卡与外界数据传送的形式，IC 卡可分为接触型与非接触型。非接触型 IC 卡又称射频卡。当前使用广泛的是接触型 IC 卡。在这种卡上，其 IC 芯片有 8 个触点可与外界接触。射频卡的集成电路不向外引出触点，因此，它除了包含前述 3 种 IC 卡的电路外，还带有射频收/发电路及其相关电路。

IC 卡读/写设备（读/写器）就是能将数据信息"写入"IC 卡或将 IC 卡内部的数据信息"读出"或"擦除"的电子接口设备。总体来说，可将其分为通用型读/写设备和专用型读/写设备。在通用型 IC 卡读/写设备中，一般又可分为连机型、独立型及联网型 3 大类。

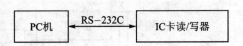

图 5.31　读/写器与 PC 机的互联

下面讨论的 IC 卡读/写器是一种接触型的、普通存储卡 24C01 的读/写器。作为 PC 机的嵌入式串行外设，通过串行接口实现信息交换，见图 5.31。

2. IC 卡的应用

IC 卡的应用领域非常广泛。它除了涵盖传统磁卡的全部功能外，还拓展到许多磁卡所不能胜任的领域。这在很大程度上归功于 IC 卡的大容量数据存储能力和强有力的安全特性。

目前，IC 卡除在金融系统外，在其他系统也得到了广泛的应用。例如，在通信领域中的公用电话卡、移动电话中的 SIM 卡；在交通领域中的驾驶员执照卡、停车收费卡、公共交通设施的自动收费卡等；另外在医疗保健、个人身份识别、预收费仪表、校园及消费娱乐领域中也得到了广泛的应用。

5.7.2 AT24C 系列 I²C 总线接口 E²PROM

目前单片机应用系统中使用较多的 E²PROM 芯片是 AT24 系列串行 E²PROM。除具有体积小、功耗低外,它还具有型号多、容量大、采用 I²C 总线协议、占有 I/O 口线少、芯片扩展配置方便灵活、读/写操作相对简单等优点。

AT24C 系列串行 E²PROM 具有 I²C 总线接口功能,电源电压宽(不同型号为 2.5～6.0 V),工作电流约为 3 mA,静态电流随电源电压不同为 30～110 μA,存储容量见表 5.11。

表 5.11　AT24C 系列串行 E²PROM 参数

型　号	容　量/字节	芯片寻址字节/8 位	一次装载(页写)字节数
AT24C01	128×8	1010$A_2A_1A_0$R/$\overline{W}$	4
AT24C02	256×8	1010$A_2A_1A_0$R/$\overline{W}$	8
AT24C04	512×8	1010$A_2A_1A_0$R/$\overline{W}$	16
AT24C08	1024×8	1010A_2P1P0R/$\overline{W}$	16
AT24C16	2048×8	1010P2P1P0R/$\overline{W}$	16

1. AT24CXX 系列结构框图

图 5.32 为 AT24C01/02/04/08/16 的结构框图,主要由 E²PROM 存储阵列、X 和 Y 方向译码电路、电源泵、定时逻辑、串行多路调制器、数据寄存器、I²C 总线控制逻辑的起始/结束地址比较器、串行控制逻辑、数据装入寄存器和输出/应答逻辑电路组成。电源泵的设置免除了外部设置的高压电源;数据寄存器保证了页写数据的装载空间;器件地址比较器用于辨识自己的从地址。

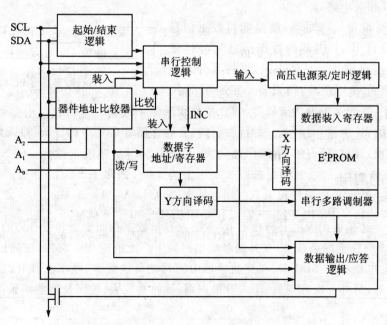

图 5.32　AT24C01/02/04/08/16 结构框图

在图 5.32 中，A_2、A_1 和 A_0 为芯片/页面地址输入端，在 IC 卡芯片中此 3 端均接地，并且不引出到触点上。芯片的信号线有两条，即 SCL(时钟信号线，用于同步时钟输入)和 SDA(双向数据线)，数据传输遵循 I^2C 总线协议。为了区分 SDA 线上的数据、地址、操作命令及各种状态，芯片内部设计了多个逻辑控制单元。

2. 引脚功能

AT24C01A 有多种封装形式，以 8 引脚双列直插式为例，芯片的引脚图如图 5.33 所示。各引脚定义如下：

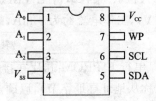

图 5.33　AT24CXX 系列引脚图

- SCL：串行时钟端。该信号用于对输入和输出数据同步；写入串行 E^2PROM 的数据同其上升沿同步；输出数据与其下降沿同步。
- SDA：串行数据输入/输出端。其为串行双向数据输入/输出线。该引脚是漏极开路驱动，可以与任何数目的其他漏极开路或集电极开路的芯片构成"线或"连接。
- WP(Write Protect)：写保护。该引脚用于硬件数据保护功能。当其接地时，可以对整个存储器进行正常的读/写操作；当其接高电平时，芯片就具有数据写保护功能，被保护的部分因芯片型号的不同而异，对 24C01A 而言，是整个芯片被保护。被保护部分的读操作不受影响，但不能写入数据。
- A_0、A_1、A_2：片选或页面选择地址输入。
- V_{CC}：电源端。
- V_{SS}：接地端。

3. 芯片寻址和芯片内存储单元寻址

1) 芯片寻址

按 I^2C 总线规则，芯片地址为 7 位数据(即一个 I^2C 总线系统中理论上可挂接 128 个不同地址的芯片)，它与 1 位数据方向位构成一个芯片寻址字节，最低位 D0 为方向位(读/写)。芯片寻址字节中的最高 4 位(D7～D4)为芯片型号地址，不同 I^2C 总线接口芯片的型号地址是厂家给定的。例如，AT24C 系列 E^2PROM 的型号地址皆为 1010，芯片地址中的低 3 位为引脚地址 $A_2A_1A_0$，对应芯片寻址字节中的 D3、D2、D1 位，在硬件设计时由连接的引脚电平给定。

对于 E^2PROM 容量小于 256 字节的芯片(如 AT24C01/02)，8 位片内寻址($A_0\sim A_7$)即可满足要求。然而对于容量大于 256 字节的芯片，8 位片内寻址范围不够，如 AT24C16，相应的寻址位数应为 11 位($2^{11}=2\,048$)。若以 256 字节为 1 页，则多于 8 位的寻址视为页面寻址。在 AT24C 系列中，对页面寻址位采取占用芯片引脚地址(A_2、A_1、A_0)的办法，如 AT24C16 将 A_2、A_1、A_0 作为页地址 P0 P1 P2。凡在系统中引脚地址用作页地址后，该引脚在电路中不得使用，作悬空处理。AT24C 系列串行 E^2PROM 的芯片地址寻址字节如表 5.12 所列，表示 P0 P1 P2 页面寻址位。

表 5.12　芯片寻址控制字节格式

型号	容量/字节	D7	D6	D5	D4	D3	D2	D1	D0
		特征码				芯片地址/页地址			读/写控制
AT24C01	128	1	0	1	0	X	X	X	$R/\overline{W}$

续表 5.12

型号	容量/字节	D7	D6	D5	D4	D3	D2	D1	D0
		特征码				芯片地址/页地址			读/写控制
AT24C01A	128	1	0	1	0	A_2	A_1	A_0	$R/\overline{W}$
AT24C02	256	1	0	1	0	A_2	A_1	A_0	$R/\overline{W}$
AT24C04	512	1	0	1	0	A_2	A_1	P0	$R/\overline{W}$
AT24C08	1024	1	0	1	0	A_2	P1	P0	$R/\overline{W}$
AT24C16	2048	1	0	1	0	P2	P1	P0	$R/\overline{W}$

串行 E^2PROM 芯片在接收到开始信号后，都需要接收一个 8 位含有芯片地址的控制字（又称从地址寻址字节），以确定本芯片是否被选通，以及将要进行的是读操作还是写操作($R/\overline{W}=0/1$)。这个 8 位控制字节的高 4 位是总线的特征编码 1010，最低位是读/写选择位 $R/\overline{W}$。$R/\overline{W}=1$ 表示读操作，$R/\overline{W}=0$ 表示写操作。另外 3 位是寻址位，根据芯片容量的不同其定义不同，如表 5.12 所列。

AT24C01A/02 芯片的 A_2、A_1、A_0 分别是芯片地址位 A_2、A_1、A_0，用其与在电路中芯片地址输入引脚 A_2、A_1、A_0 所接的硬接线逻辑电平（接 V_{CC} 为 1，接地为 0）相比较，决定芯片是否被选通。这就要求接在总线上的每片芯片都必须安排一个唯一的 3 位地址，所以在总线上最多可以连接 8 片 E^2PROM 芯片。

2) 芯片内存单元寻址

在读/写操作中，除了确定芯片地址（片选）外，还要对 E^2PROM 内部单元进行寻址。寻址方式分为字节寻址和页寻址两种。

AT24C01/01A/02 片内单元为字节寻址方式（不分页）。单片机发出起始信号后，紧接着送出芯片地址控制字节。当被选中的 E^2PROM 芯片发回一个应答位后，单片机就发送 E^2PROM 芯片单元地址。AT24C01/01A/02 为 8 位单元地址，AT24C32/64 为 16 位单元地址。发送完单元地址后，被选中的 E^2PROM 芯片发回一个应答位，以后就是数据的读/写操作。

AT24C04/08/16 的片内单元为页寻址方式。页地址包含在控制字节中，每页 256 字节。页地址位最多为 3 位(P2、P1、P0)，故最多寻址 8 页，例如，对于 AT24C04 E^2PROM，当 P0=0 时，寻址 0 页内 256 字节；当 P0=1 时，寻址 1 页内的 256 字节。表 5.13 为不同型号的 E^2PROM 页内寻址。

表 5.13 AT24C 系列页寻址

型号	页地址位			寻址页数	容量/字节
AT24C04			P0	2	2×256
AT24C08		P1	P0	4	4×256
AT24C16	P2	P1	P0	8	8×256

在单片机发出起始信号后，紧接着发出控制字节（内含页地址），当 E^2PROM 发回一个应答位后，单片机紧接着发出对应页的 8 位片内单元地址。待选中的 E^2PROM 发回一个应答位以后，就是读/写操作。

4. 写操作

写操作分为字节写和页写两种方式。

1) 字节写(随机写,指定单元地址)

字节写是单片机发送1字节数据到 E^2PROM。单片机发出起始信号 S 后,紧接着发送芯片寻址控制字节($R/W=0$)到 SDA 总线上,待被选中的 E^2PROM 芯片发回一个应答位后,单片机发出1字节的存储单元地址码,并写入 E^2PROM 片内的地址指针。单片机接收到 E^2PROM 发回的一个应答位后,才发送1字节的数据,并把数据暂存入数据缓冲器。E^2PROM 再一次发出应答信号,单片机便产生停止信号 P 来结束写操作。接收到的8位数据写入指定的 E^2PROM 存储单元。

AT24C01/02/04/08/16 字节写入帧格式如下:

S	1010$A_2A_1A_0$0	A	WORDADR	A	data	A	P
	芯片寻址(写)		片内单元地址				

2) 页 写

主机(单片机)发送 E^2PROM 单元首地址和 N 字节数据到 E^2PROM 后,再发出起始信号,接着送出控制字节。在第9个时钟周期,E^2PROM 发回一个应答位。然后单片机送出要寻址 E^2PROM 单元的首地址,并存入 E^2PROM 片内地址指针。E^2PROM 每接收到8位数据,就产生一个应答位,并把接收的数据顺序存放在片内数据缓冲器中,直到单片机发出停止信号为止。E^2PROM 收到停止信号后,便自动进入内部定时编程周期,将接收到的数据依次写入 E^2PROM 指定单元。

不同型号的 E^2PROM 芯片内数据缓冲器的大小不同。例如,AT24C01/01A/02 缓冲器为8字节;AT24C04/08 缓冲器为16字节。

AT24C01/02/04/08/16 块写入方式的帧格式如下:

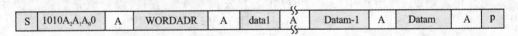

对于 241C01 芯片 $m \leqslant 128$,对于其他芯片 $m \leqslant 256$。

5. 读操作

读操作分为3种:读当前地址存储单元的数据;读指定地址存储单元的数据;读连续存储单元的数据。

1) 读当前地址存储单元的数据

E^2PROM 内部数据存储单元地址计数器记录操作地址。该地址是在上一次读或写操作时,最后一个被访问存储单元的下一个单元的地址。只要芯片不断电,该地址在操作中就一直保持有效。一旦单片机发出含芯片地址和 $R/\overline{W}=1$ 的控制字节,并由 E^2PROM 发回应答信号,当前地址所指向存储单元的数据就被串行输出。单片机在读完1字节数据后,发送非应答信号位 $\overline{A}$,接着发送一个停止信号。这种方式的读取帧格式如下:

S	1010$A_2A_1A_0$1	A	datam	$\overline{A}$	P

2) 随机读(指定地址)存储单元的数据

主机(单片机)发出起始信号 S 后,再发送含有芯片地址和 R/$\overline{W}$=0 的芯片寻址控制字节,芯片发回应答信号;单片机再发送 E²PROM 单元地址,E²PROM 发回应答信号,并记录下存储单元的当前地址。单片机重新发送一个起始信号 Sr,发送含芯片地址和 R/$\overline{W}$=1 的控制字节,芯片产生应答信号,随后串行输出数据。当单片机读完 1 字节数据后,发出非应答信号 $\overline{A}$,接着需要发送一个停止信号 P。

AT24C01/02/04/08/16 指定单元地址读取帧格式如下:

| S | 1010$A_2A_1A_0$0 | A | WORDADR | A | Sr | 1010$A_2A_1A_0$1 | A | datam | $\overline{A}$ | P |

3) 读连续地址存储单元的数据

读连续地址存储单元的数据可以从当前地址开始,也可以从一个指定的单元地址开始。单片机每次收到 1 字节数据,用应答信号对 E²PROM 作出响应。只要 E²PROM 收到一个来自单片机的应答信号,就会对存储单元地址自动加 1,并顺序串行输出字节数据。当需要结束读操作时,单片机收到 1 字数据后,只要发送一个非应答信号,接着再发送一个停止信号即可。

在连续读取时,连续读地址范围不能超过该型号所规定的页内地址或全地址范围,否则就会产生读重叠。对于 AT24C01/01A 芯片,连续读不能超过 128 字节;对于 AT24C02 芯片,连续读不能超过 256 字节;对于具有分页寻址的 AT24C04/08/16,连续读时不能超过页内的 256 字。连续读取帧格式如下(从当前地址开始):

| S | 1010$A_2A_1A_0$1 | A | data1 | A | data2 | A | ... | Datam-1 | A | datam | $\overline{A}$ | P |

6. 接口电路

AT24C 系列 E²PROM 与 89C51 的硬件连接如图 5.34 所示。图中的 AT24C08 地址线只

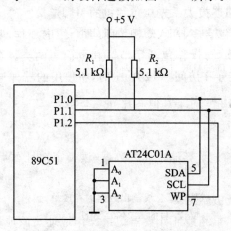

图 5.34 89C51 与 AT24C01A 接口电路

有 A_2 有效,AT24C04 地址线只有 A_2 和 A_1 有效,AT24C01A 三根地址线都有效。AT24C01A 采用了写保护控制。

若单片机晶振频率为 6 MHz,调用 4.2 节给出的 I²C 总线软件包子程序,便可编制程序。

5.7.3 IC 卡读/写器接口电路及编程

1. 接口电路

IC 卡读/写器所用的 E^2PROM 采用 AT24C01 芯片,它是 I^2C 接口芯片,其与 AT89C2051 (20 引脚的 89C51)的 I^2C 接口电路如图 5.35 所示。芯片 AT24C01 的 A_0、A_1 和 A_2 引脚接地,所以读芯片的地址为 10100001B,写该芯片的地址为 10100000B。注意应为 AT24C01 的 SDA 和 SCL 引脚分别加一个 4.7 kΩ 或 10 kΩ 的上拉电阻接至 V_{CC} 端。

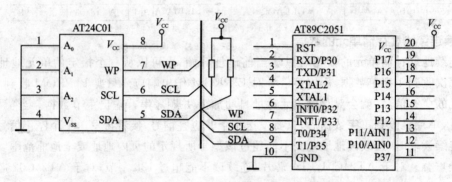

图 5.35 AT24C01 与单片机的电路连接图

2. IC 卡读/写器程序设计

IC 卡读/写器所用的 E^2PROM 芯片 AT24C01 采用 I^2C 总线与单片机进行数据交换,所以在 4.2 节所介绍的用于模拟 I^2C 总线接口的软件包所有子程序同样适用于 AT24C01。下面介绍的读卡程序,将以 4.2 节的 I^2C 软件包 VIIC 子程序为基础进行设计。在进行程序设计之前根据图 5.35 所示的电路连接关系先对单片机的引脚定义。

AT24C01 的读/写操作包含多种形式,正如前面介绍的那样,其中读操作包括当前地址读、指定存储单元读和连续读,写操作包括字节写和页面写两类。在图 5.35 中 AT24C01 的 A_0、A_1 和 A_2 引脚均接地,这样在访问 AT24C01 时,所使用的器件地址是 0A0H(写操作时)、0A1H(读操作时)。

```
;对单片机引脚及存储单元定义
SDA     bet     P3.5
SCL     bet     P3.4
WP      bet     P3.3
I2CDATA EQU     7DH     ;从 I²C 总线读出数据的存放单元
ICADR   EQU     7CH     ;要读/写的 AT24C01 地址单元
ICDAT   EQU     7BH     ;写入或读出 AT24C01 ICADR 的数据
```

1) 对 AT24C01 随机读子程序 RDIC

单片机在对 AT24C01 进行随机读(指定地址读)的过程中,在给出芯片地址和存储单元地址码之后,不发出任何数据字节,而是在 AT24C01 发出响应信号后,又重新发出数据传送起始信号 Sr,进入现行地址读操作状态。单片机在读入 1 个数据字节后,使 SDA 处于高电平,随后产生一个停止状态,结束本次读操作。

```
;随机读子程序 RDIC
RDIC:ACALL   START           ;发出起始信号 S
     MOV     A,#0A0H         ;#10100000B,写芯片地址
     ACALL   WRBYT           ;写芯片地址(写1字节调4.2节中软件包 VIIC 子程序)
     ACALL   CACK            ;等待 AT24C01 返回的应答号(VIIC 中子程序)
     MOV     A,ICADR         ;准备写芯片存储单元字地址 ICADR
     ACALL   WRBYT           ;写芯片存储单元字地址 ICADR
     ACALL   CACK            ;等待 AT24C01 返回的应答信号
     ACALL   START           ;发出起始信号 Sr(VIIC 中子程序)
     MOV     A,#0A1H         ;#10100001B,准备进行数据读操作
     ACALL   WRBYT           ;写 AT24C01 地址及操作方式(读)
     ACALL   CACK            ;等待 AT24C01 返回的应答信号
     ACALL   RDBYT           ;A 从 AT24C01 读取 ICADR 单元的数据字节
     MOV     ICDAT,12CDATA   ;将从 ICADR 单元读出的数据由 12CDATA 单元保存到 ICDAT 中
     ACALL   NOACK           ;产生非应答(调 VIIC 中子程序)
     ACALL   STOP            ;发停止信号 P(调 VIIC 中子程序)
     RET
```

2) 对 AT24C01 随机(指定地址单元)写子程序

单片机在对 AT24C01 进行字节写操作时,首先发出一个数据传送起始信号,接着发出要进行写操作的芯片的地址,在 AT24C01 返回一个响应信号后,单片机发出要写的存储单元的地址字节,此时单片机仍然需要等待 AT24C01 返回一个应答信号;此后单片机发出要写的数据字节;在 AT24C01 返回应答信号后单片机发出一个结束信号来结束本次写操作。

执行 WRIC 即向 AT24C01 指定的存储单元 ICADR 写入一个数据字节 ICDAT。

```
;字节写子程序 WRIC
WRIC:ACALL   START           ;发起始信号 S
     MOV     A,#0A0H         ;#10100000B,准备进行写操作
     ACALL   WRBYT           ;写芯片地址
     ACALL   CACK            ;等待 AT24C01 返回应答信号
     MOV     A,ICADR         ;送待写的存储单元地址 ICADR 至累加器 A
     ACALL   WRBYT           ;写芯片存储单元地址 ICADR
     ACALL   CACK            ;等待 AT24C01 返回的应答信号
     MOV     A,ICDAT         ;送待写的存储单元数据 ICDAT 写至累器 A
     ACALL   WRBYI           ;向指定的存储单元写入数据
     ACALL   CACK            ;等待 AT24C01 返回的应答信号
     ACALL   STOP            ;发停止信号 P
     NOP                     ;延时,等待 AT24C01 存储器的内部写操作
     NOP
     RET
```

第 6 章
系统前向通道配置及串行 A/D 接口技术

用单片机组成测控系统时,系统必须有被测电信号的输入通道,即前向通道,用来采集必要的输入信息。

对于测量系统而言,如何准确获取被测信号是其核心任务;而对测控系统来讲,对被控对象状态的检测和对被控现场的监视更是不可缺少的环节。

对被测对象(如温度、湿度、流量、压力、亮度等信号)的拾取,一般都离不开传感器或敏感器件。这是因为被测对象的状态参数往往是一种非电物理量,而计算机只能识别和处理数字信号。因此,需利用传感器将非电物理量转换成电信号,才能完成测量和控制任务。然而,利用传感器转换后得到的模拟电信号,往往是小信号,需经放大并经模/数(A/D)转换为数字信号后,才能由计算机进行有效的处理。

一个单片机测控系统的前向通道构成及接口如图 6.1 所示。

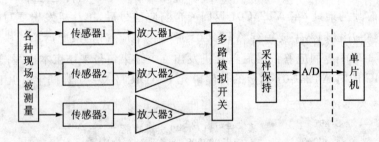

图 6.1 单片机应用系统前向通道示意图

A/D 转换电路的种类很多,例如,计数比较型、逐次逼近型、双积分型等。选择 A/D 转换器主要是从串行、并行、速度、精度和价格上考虑。这里,主要介绍串行输出的 A/D 芯片与 89C51 单片机的接口以及程序设计方法。

逐次逼近型 A/D 转换器,在精度、速度和价格上都适中,是最常用的 A/D 转换器件;双积分型 A/D 转换器,具有精度高、抗干扰性好、价格低廉等优点,但转换速度较低。

近年来,串行输出的 A/D 芯片由于节省单片机的 I/O 口线,越来越多地被采用。如具有 SPI 三线接口的 TLC1549、TLC1543、TLC2543、MAX187 等,具有 2 线 I^2C 接口的 MAX127、PCF8591(4 路 8 位 A/D,还含 1 路 8 位 D/A)等。

6.1 8位、10位串行输出 A/D 芯片及接口技术

6.1.1 单通道串行输出 8 位 A/D 芯片 TLC1549 及接口

1. TLC1549 串行 A/D 芯片

1) 主要性能

TLC1549 是 TI 公司生产的一种开关电容结构的逐次比较型 10 位 A/D 转换器。片内自动产生转换时钟脉冲,转换时间 ≤21 μs;最大总不可调转换误差为 ±1 LSB(最低有效位);单电源供电(+5 V),最大工作电流仅为 2.5 mA;转换结果以串行方式输出;工作温度为 −55~+125 ℃。

TLC549 是 8 位 A/D 转换器,引脚与 TLC1549 兼容,价格更便宜些。

2) 引脚及功能

TLC1549 有 DIP 和 FK 2 种封装形式。其中,DIP 封装的引脚排列如图 6.2 所示。引脚功能见表 6.1。

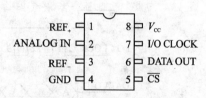

图 6.2 TLC1549 的引脚图

3) TLC1549 的工作方式及时序

TLC1549 有 6 种工作方式,如表 6.2 所列。其中方式 1 和方式 3 属同一类型,方式 2 和方式 4 属同一类型。而快速方式和慢速方式在实际应用中并无本质区别,主要取决于 I/O CLOCK(输入/输出时钟)周期的大小。一般来说,时钟频率高于 280 kHz 时,可认为是快速工作方式;低于 280 kHz 时,可认为是慢速工作方式。因此,如果不考虑 I/O CLOCK 周期的大小,那么方式 5 与方式 3 相同,方式 6 与方式 4 相同。

表 6.1 TLC1549 引脚功能

引脚	符号	功能
1	REF+	正基准电压,通常取值为 V_{CC}
2	ANALO GIN	被转换的模拟信号输入端
3	REF−	负基准电压,通常接地
4	GND	模拟信号和数字信号地
5	$\overline{CS}$	片选端
6	DATA OUT	串行数据输出端。当 $\overline{CS}$ 为低电平时,此输出端有效;当 $\overline{CS}$ 为高电平时,DATA OUT 处于高阻状态
7	I/O CLOCK	输入/输出时钟,用于接收外部送来的串行 I/O 时钟,最高频率可达 2.1 MHz
8	V_{CC}	正电源电压 4.5~5.5 V,通常取 5 V

第6章 系统前向通道配置及串行 A/D 接口技术

表 6.2 TLC1549 的工作方式

方式		$\overline{CS}$	I/O 时钟数/个	引脚 6 输出 MSB 的时刻
快速方式	方式 1	转换周期之间为高电平	10	$\overline{CS}$ 下降沿
	方式 2	连续低电平	10	在 21 μs 内
	方式 3	转换周期之间为高电平	11~16	$\overline{CS}$ 下降沿
	方式 4	连续低电平	16	在 21 μs 内
慢速方式	方式 5	转换周期之间为高电平	11~16	$\overline{CS}$ 下降沿
	方式 6	连续低电平	16	第 16 个时钟下降沿

下面仅对方式 1 作详细介绍，其余方式只作简单说明。

工作方式 1 工作时序图如图 6.3 所示。图中从 $\overline{CS}$ 下跳到 DATA 输出数据要有 1.3 μs 的延时。连续进行 A/D 转换时，在上次转换结果输出的过程中，同时完成本次转换的采样，这样大大提高了 A/D 转换的速率。

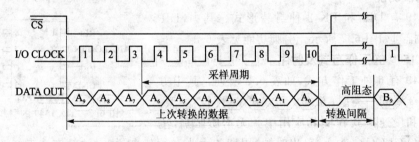

图 6.3 方式 1 工作时序

如果 I/O CLOCK 的时钟频率为 2.1 MHz，则完成一次 A/D 转换的时间大约为 26 μs。如果用连续模拟信号进行采样转换，显然其转换速率是很高的。

方式 3 与方式 1 相比较，所不同的是在第 10 个脉冲之后 I/O CLOCK 再产生 1~6 个脉冲，$\overline{CS}$ 开始无效。这几个脉冲只要仍在转换时间间隔内，就不影响数据输出。这一工作方式为单片机的操作控制和编程提供了便利条件。

方式 2 的 $\overline{CS}$ 一直保持低电平有效，且在转换时间间隔（21 μs）内，I/O CLOCK 保持低电平。这时，DATA OUT 也为低电平。转换时间间隔结束后，转换结果的最高位自动输出。

方式 4 与方式 2 相比较，是在转换时间间隔内再产生 1~6 个脉冲，并不影响数据输出。

2. TLC1549 与 89C51 的接口电路及程序

TLC1549 与 89C51 的 SPI 接口如图 6.4 所示。将 P3.0 和 P3.1 分别用作 TLC1549 的 $\overline{CS}$ 和 I/O CLOCK 端，TLC1549 的 DATA OUT 端输出的二进制数由单片机 P3.2 读入，V_{CC} 与 REF+ 接 +5 V，模拟输入电压为 0~5 V。

TLC1549 10 位 A/D 转换子程序 AD 如下：

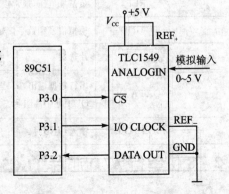

图 6.4 TLC1549 与 89C51 的接口电路

```
AD:     MOV     R0,#08H
        MOV     R1,#02H
        MOV     A,#0
H2:     R1                              ;高2位数据转换
        CLR     P3.0
        SETB    P3.1
        MOV     C,P3.2
        MOV     ACC.0,C
        CLR     P3.1
        DJNZ    R1,H2
        MOV     R2,A
        MOV     A,#0
L8:     RL      A                       ;低8位数据转换
        SETB    P3.1
        MOV     C,P3.2
        MOV     ACC.0,C
        CLR     P3.1
        DJNZ    R0,L8
        MOV     R3,A
        RET                             ;转换结束,结果存放在寄存器R2R3当中
```

89C51读取TLC1549中10位数据子程序R1549如下：

```
        ORG     0050H
R1549:  CLR     P3.0                    ;片选有效,选中TLC1549
        MOV     R0,#2                   ;要读取高两位数据
        LCALL   RDATA                   ;调用读数子程序
        MOV     R1,A                    ;高两位数据送到R1中
        MOV     R0,#8                   ;要读取低8位数据
        LCALL   RDATA                   ;调用读数子程序,读取数据
        MOV     R2,A                    ;低8位数据送入R2中
        SETB    P3.0                    ;片选无效
        CLR     P3.1                    ;时钟低电平
        RET                             ;程序结束
;读数子程序
RDATA:  CLR     P3.1                    ;时钟低电平
        MOV     C,P3.2                  ;数据送进位位CY
        RLC     A                       ;数据送累加器A
        SETB    P3.1                    ;时钟变高电平
        DJNZ    R0,RDATA                ;读数结束了吗
        RET                             ;子程序结束
```

6.1.2 8位串行A/D芯片TLC548/TLC549与单片机的接口及编程

TLC548/TLC549是以8位开关电容逐次逼近A/D转换器为基础而构造的CMOS A/D转换器。它们设计成能通过3态数据输出和模拟输入与单片机或外围设备串行接口。

TLC548/TLC549 仅用 I/O CLOCK 和芯片选择($\overline{CS}$)输入作数据控制。TLC548 的 I/O CLOCK 最高输入频率为 2.048 MHz，TLC549 的 I/O CLOCK 输入频率最高可达 1.1 MHz。

TLC548 和 TLC549 均提供了片内系统时钟，通常工作在 4 MHz 且不需要外部元件。片内系统时钟使内部器件的操作独立于串行输入/输出的时序，并允许 TLC548 和 TLC549 像许多软件和硬件所要求的那样工作。I/O CLOCK 和内部系统时钟一起可以实现高速数据传送，以及对于 TLC548 为 45 500 次/s，对于 TLC549 为 40 000 次/s 的转换速度。

TLC548 和 TLC549 的其他特点包括：拥有通用控制逻辑及可自动工作或在单片机控制下工作的片内采样-保持电路、具有差分高阻抗基准电压输入端及易于实现比率转换(ratiometric conversion)的高速转换器。整个开关电容逐次逼近转换器电路的设计，允许在小于 17 μs 的时间内以最大总误差为 ±0.5 LSB 的精度实现转换。

TLC5481 和 TLC5491 的工作温度范围为 −40～85℃。

1. 特 点

- 8 位分辨率 A/D 转换器；
- 微处理器外设或独立工作；
- 差分基准输入电压；
- 转换时间：最长 17 μs；
- 片内软件可控采样-保持；
- 总不可调整误差(Total Unadjusted Error)：最大 ±0.5 LSB；
- 4 MHz 典型内部系统时钟；
- 宽电源范围：3～6 V；
- 低功耗：最大 15 mW；
- 能理想地用于包括电池供电的便携式仪表，成本低、性能高。

2. 功能方框图及引脚

TLC548/TLC549 的内部结构框图如图 6.5 所示。引脚排列如图 6.6 所示。

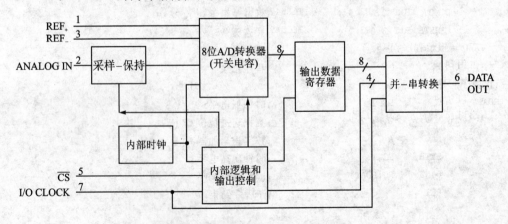

图 6.5　TLC548/549 内部结构框图

3. 工作时序

TLC548/TLC549 的工作时序如图 6.7 所示。

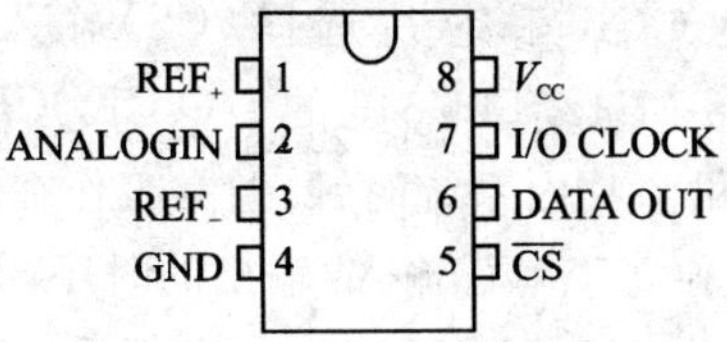

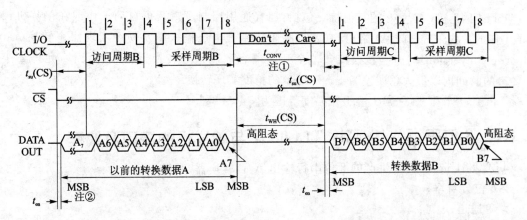

图 6.6　TLC549 引脚排列图

图 6.7　TLC548/TCC549 的工作时序图

注：① 转换周期需要 36 个系统时钟周期(最长为 17 μs)，它开始于 $\overline{CS}$ 变为低电平之后 I/O CLOCK 的第 8 个下降沿，这适用于该时刻其地址存在于存储器中的通道。

② 在 $\overline{CS}$ 变为低电平之后，最高有效位(A7)自动被放置在 DATA OUT 总线上。其余的 7 位(A6～A0)在前 7 个 I/O CLOCK 下降沿由时钟同步输出。B7～B0 以同样的方式跟在其后。

4. 8 位 A/D 的 TLC549 程序

```
;引脚定义
    LCK     BIT     P3.3    ;TLC549 时钟输入端(I/O CLOCK)
    DO      BIT     P3.4    ;TLC549 数据输出端(DA7A DOT)
    CS      BIT     P3.5    ;TLC549 片选端(CS)
;A/D 转换子程序 ADIN
;占用:A,B
;调用:无
;入口:无
;出口:A 中为 A/D 值
ADIN:   NOP
        CLR     LCS
        MOV     B,#08H
ADI1:   MOV     C,DO
        RLC     A
        SETB    LCK
        NOP
        CLR     LCK
        DJNZ    B,ADI1
```

第6章 系统前向通道配置及串行A/D接口技术

```
        NOP
        SETB    LCK
        PUSH    ACC             ;延时 20 μs
        POP     ACC
        PUSH    ACC
        POP     ACC
        PUSH    ACC
        POP     ACC
        PUSH    ACC
        POP     ACC
        PUSH    ACC
        POP     ACC
        RET
```

6.1.3 8位串行A/D芯片TLC0831与单片机的接口及编程

TLC0831是TI公司生产的8位串行输出A/D转换器,其特点是:
- 8位分辨率;
- 单通道;
- 串行输出;
- 5 V工作电压下其输入电压可达5 V;
- 输入/输出电平与TTL/CMOS兼容;
- 工作频率为250 kHz时,转换时间为32 μs。

1. TLC0831与单片机接口电路

图6.8是该器件的引脚图。图中$\overline{CS}$为片选端,IN_+为正输入端,IN_-是负输入端。TLC0831可以接入差分信号,如果输入单端信号,IN_-应该接地。REF是参考电压输入端,使用中应接参考电压或直接与V_{CC}接通。DO是数据输出端,CLK是时钟信号端。这两个引脚用于与CPU通信。图6.9是TLC0831与单片机的接线图。

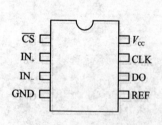

图6.8 TLC0831引脚

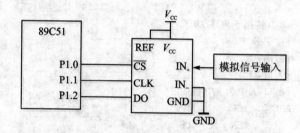

图6.9 89C51单片机与TLC0831的接线图

2. A/D转换的条件

置$\overline{CS}$为低电平开始一次转换,在整个转换过程中$\overline{CS}$必须为低电平。连续输入10个脉冲完成一次转换,数据从第2个脉冲的下降沿开始输出。转换结束后应将$\overline{CS}$置为高电平,当$\overline{CS}$重新拉低时将开始新的一次转换。

3. A/D 转换程序

A/D 转换程序如下：

```
;引脚定义
    CS      bit     P1.0
    CLK     bit     P1.0
    DO      bit     P1.2            ;根据硬件连线定义标记符号
```

A/D 转换子程序 ADC 如下：

```
;子程序名:ADC
;资源占用:R7,ACC
;出口:累加器 A 为获得的 A/D 转换结果
ADC:    CLR     CS                  ;拉低CS端
        NOP
        NOP
        SETB    CLK                 ;拉高 CLK 端
        NOP
        NOP
        CLR     CLK                 ;拉低 CLK 端,形成下降沿
        NOP
        NOP
        SETB    CLK                 ;拉高 CLK 端
        NOP
        NOP
        CLR     CLK                 ;拉低 CLK 端,形成第 2 个脉冲的下降沿
        NOP
        NOP
        MOV     R7,#8               ;准备送后 8 个时钟脉冲
AD8:    MOV     C,DO                ;接收数据
        MOV     ACC.0,C
        RL      A                   ;左移 1 次
        SETB    CLK
        NOP
        NOP
        CLR     CLK                 ;形成 1 次时钟脉冲
        NOP
        NOP
        DJNZ    R7,AD8              ;循环 8 次
        SETB    CS                  ;接高CS端
        CLR     CLK                 ;拉低 CLK 端
        SETB    DO                  ;拉高数据端,回到初始状态
        RET
```

6.1.4 8 位 2 通道串行 A/D 芯片 ADC0832 与单片机的接口及编程

ADC0832 是 NS 公司生产的具有 Microwire/SPI 串行接口的 8 位 A/D 转换器。通过三线接口与单片机连接,其功耗低,性价比较高,适宜在袖珍式智能仪器中使用。其主要特点

第6章 系统前向通道配置及串行 A/D 接口技术

如下：

- 8位分辨率，逐次逼近型，基准电压为 5 V；
- 5 V 单电源供电；
- 输入模拟信号电压范围为 0～5 V；
- 输入和输出电平与 TTL 和 COMS 兼容；
- 在 250 kHz 时钟频率时，转换时间为 32 μs；
- 具有 2 个可供选择的模拟输入通道；
- 功耗低，功耗不大于 15 mW。

1. 引脚功能

ADC0832 引脚排列如图 6.10 所示。

各引脚功能如下：

$\overline{CS}$　　　片选端，低电平有效。
CH0,CH1　2 路模拟信号输入端。
DI　　　　2 路模拟输入选择输入端。
DO　　　　模/数转换结果串行输出端。
CLK　　　串行时钟输入端。
V_{CC}/REF　正电源端和基准电压输入端。
GND　　　电源地。

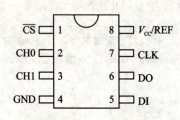

图 6.10　ADC0832 引脚图

2. ADC0832 工作时序

ADC0832 的工作时序如图 6.11 所示。当 $\overline{CS}$ 由高变低时，选中 ADC0832。在时钟的上升沿，DI 端的数据移入 ADC0832 内部的多路地址移位寄存器。在第一个时钟期间，DI 为高，表示启动位，紧接着输入 2 位配置位。在输入启动位和配置位后即选通了输入模拟通道，转换开始。转换开始后，经过一个时钟周期的延时，以使选定的通道稳定。ADC0832 接着在第 4 个时钟下降沿输出转换数据。数据输出时先输出最高位（D7～D0）；输出完转换结果后，又以最低位开始重新输出一遍数据（d0～d7），两次发送的最低位共用。当片选 $\overline{CS}$ 为高时，内部所有寄存器清 0，输出变为高阻态。如果要再进行一次 A/D 转换，片选 $\overline{CS}$ 必须再次从高向低跳变，后面再输入启动位和配置位。

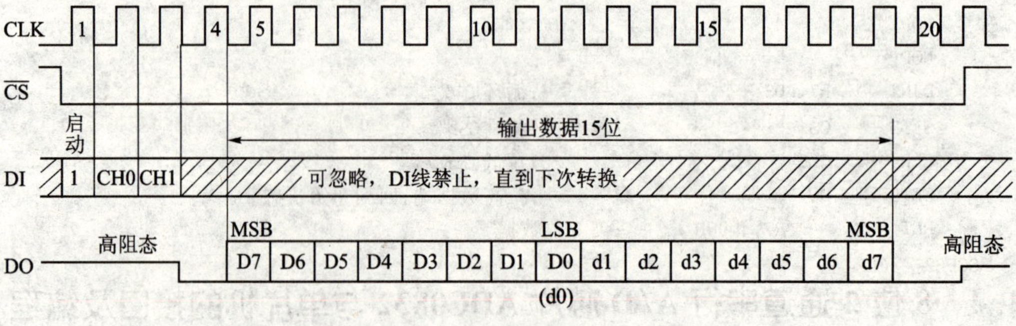

图 6.11　ADC0832 串行 A/D 转换时序图

3. 工作时序中配置位 CH0 和 CH1 的功能

ADC0832 工作时,模拟通道的选择及单端输入和差分输入的选择,都取决于工作时序中由 DI 输入的配置位 CH0 和 CH1。当差分输入时,要分配输入通道的极性,两个输入通道的任何一个通道都可作为正极或负极。ADC0832 的配置位逻辑表如表 6.3 所列。

表中:"+"表示输入通道的端点为正极性;"—"表示输入端点为负极性;H、L 分别表示高、低电平。由 DI 端输入配置位时,高位(CH0)在前,低位(CH1)在后。

DI 端只在多路寻址时被检测,即在 $\overline{CS}$ 变低后的前 3 个时钟周期内,DO 端仍为高阻态;转换开始后,DI 线禁止,直到下一次转换开始。因此,DI 端和 DO 端可连在一起。

4. 接口电路及 A/D 转换程序

1) SPI 串行外设接口方式

图 6.12 为 89C51 与 ADC0832 的 SPI 串行接口方式,DO 和 DI 分别接于 P1.0 和 P1.1 引脚。

表 6.3 ADC0832 的配置位逻辑表

输入形式	配置位		选择通道号	
	CH0	CH1	CH0	CH1
差 分	L	L	+	—
	L	H	—	+
单 端	H	L	+	
	H	H		+

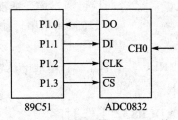

图 6.12 89C51 与 ADC0832 的 SPI 串行方式接口图

对 CH0 通道的模拟信号进行 A/D 转换,转换结果存于 A 中。程序如下:

```
CADB:    CLR    P1.3              ;CS = 0
         MOV    A,#03H            ;启动位和配置位为 011,即 CH0 = 1,CH1 = 0(启动位为 1)
         MOV    R7,#0.3H
LOOPB1:  CLR    P1.2              ;CLK = 0
         RRC    A
         MOV    P1.1,C            ;1→DI
         NOP
         CETB   P1.2              ;CLK→1
         DJNZ   R7,LOOPB1         ;110 = DI,启动 A/D 转换
         CLR    P1.2              ;通道稳定脉冲(第 4 个时钟脉冲)以后开始输出数据
         NOP
         SETB   P1.2              ;CLK = 1
         MOV    R7,#08H           ;读 8 位数据
LOOPB2:  CLR    P1.2              ;CLK = 0
         MOV    C,P1.0            ;读入 1 位数据
         RLC    A
         SETB   P1.2              ;CLK = 1
         DJNZ   R7,LOOPB2         ;产生 8 个时钟脉冲,从 DO(P1.0)读入 8 位数据存于 A 中
```

```
        SETB    P1.3                    ;CS = 1
        RET
```

2) 采用 Microwire 串行外设接口方式

图 6.13 为采用 89C51 与 ADC0832 的 Microwire 接口方式,将 DO 和 DI 接在一起。

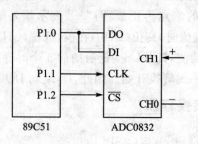

图 6.13 ADC0832 与 89C51 Microwire 方式接口图

对于 CH1 和 CH0 通道采用差分输入,通道配置位为 01B,转换结果存于 A。程序如下:

```
CADC:   CLR     P1.2                ;CS = 0
        MOV     A,#0A0H             ;101XXXXX→A(X 为无关位)
        MOV     R7,#03H
LOOPC1: CLR     P1.1                ;CLK = 0
        RLC     A                   ;左移 1 位
        MOV     P1.0,C              ;送到 DI 线(1→DI,0→DI,1→DI)
        NOP
        SETB    P1.1                ;CLK = 1
        DJNZ    R7,LOOPC1           ;101→DI(左移 3 次)
        CLR     P1.1                ;CLK = 0
        NOP
        SETB    P1.1                ;CLK = 1
        MOV     A,#08H              ;从 DO 端读 8 位数据
LOOPC2: CLR     P1.1                ;CLK = 0
        NOP
        MOV     C,P1.0
        RLC     A                   ;左移 1 位
        SETB    P1.1
        DJNZ    R7,LOOPC2           ;由 DO(P1.0)读入 8 位数据存于 A 中
        SETB    P1.2                ;CS = 1
        RET
```

6.1.5 10 位串行 A/D TLC1543 与单片机的接口及编程

TLC1543 是美国 TI 公司生产的多通道、低价格的 CMOS、10 位开关电容逐次逼近型高速 A/D 转换器。采用串行模式,与主处理器的 I/O 端口形成一个直接的 4 线(片选CS、输入/输出时钟 I/O CLOCK、地址输入 ADDRESS 和数据输出 DATA OUT)接口,可以向主机高速传送数据,具有输入通道多、性价比高、易于与单片机接口等特点,可广泛应用于各种数据采集系统。

1. TLC1543 的特点

- 10 位分辨率 A/D 转换器;
- 11 个模拟输入通道;
- 3 路内置自测试方式;
- 固有的采样-保持;
- 总的不可调整误差为最大 ±1LSB;
- 片内系统时钟;
- 转换结束(End-of-Conversion, EOC)输出;
- 采用 CMOS 技术;
- 高速转换时间为 10 μs;
- DATA OUT 端遵循串行外设接口 SPI 协议。

2. TLC1543 内部结构及引脚功能

TLC1543 内部结构及引脚排列如图 6.14 所示。引脚功能如表 6.4 所列。

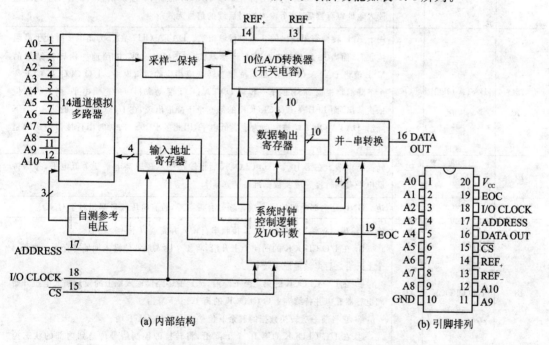

图 6.14 TLC1543 内部结构及引脚排列图

图 6.14 中 A0~A10 为 11 个模拟输入端;REF+ 和 REF- 为基准电压正负端;$\overline{CS}$ 为片选端,$\overline{CS}$ 端的一个下降沿变化将复位内部计数器并控制和使能 ADDRESS、I/O CLOCK 和 DATA OUT 脚;ADDRESS 为串行数据输入端,输入一个 4 位串行地址,用来选择下一个即将被转换的模拟输入或测试电压;DATA OUT 为 A/D 转换结束 3 态串行输出端,它与单片机或外设的串行口通信,可对数据长度和格式灵活编程;I/O CLOCK 为数据输入/输出提供同步时钟,系统时钟由片内产生。

此外,芯片内部有一个 14 通道多路选择器,可选择对 11 个模拟输入通道或 3 个内部自测

(self-test)电压中的任意一个进行测试。片内设有采样-保持电路，在转换结束时 EOC(引脚 19)输出端变高电平，表明转换完成。内部转换器具有高速(10 μs 转换时间)、高精度(10 位分辨率，最大±1LSB 不可调整误差)和低噪声的特点。同时，转换器结合外部输入的差分高阻抗基准电压，简化了比率转换、刻度换算，且使模拟电路与逻辑电路和电源噪声隔离。开关电容的设计保障了在整个温度范围内有较小的转换误差。

表 6.4 TLC1543 引脚功能

引脚号	名称	I/O	说明
1~9, 11,12	A0~A10	I	模拟输入端。这 11 个模拟输入信号由内部多路器选择。驱动源的阻抗必须小于或等于 1 kΩ
15	$\overline{CS}$	I	片选端。$\overline{CS}$端一个由高至低的变化将复位内部计数器，并控制和使能 DATA OUT、ADDRESS 和 I/O CLOCK。一个由低至高的变化将在一个设置时间内禁止 ADDRESS 和 I/O CLOCK
17	ADDRESS	I	串行数据输入端。一个 4 位的串行地址选择下一个即将被转换的模拟输入或测试电压。串行数据以 MSB 为前导并在 I/O CLOCK 的前 4 个上升沿移入。在 4 个地址位读入地址寄存器后，这个输入端对后续的信号无效
16	DATA OUT	O	用于 A/D 转换结果输出的 3 态串行输出端。DATA OUT 在$\overline{CS}$为高电平时处于高阻抗状态，而当$\overline{CS}$为低电平时处于激活状态。$\overline{CS}$一旦有效，按照前一次转换结果的 MSB 值将 DATA OUT 从高阻抗状态转变成相应的逻辑电平。I/O CLOCK 的下一个下降沿将根据 MSB 的下一位将 DATA OUT 驱动成相应的逻辑电平，剩下的各位依次移出，而 LSB 在 I/O CLOCK 的第 9 个下降沿出现，在 I/O CLOCK 的第 10 个下降沿，DATA OUT 端被驱动为逻辑低电平，因此多于 10 个时钟时串行接口传送的是一些"0"
19	EOC	O	转换结束端。在第 10 个 I/O CLOCK 后该输出端从逻辑高电平变为低电平，并保持低电平直到转换完成及数据准备传送
10	GND		地。GND 是内部电路的回路端。除另有说明外，所有电压测量都相对于 GND
18	I/O CLOCK	I	输入/输出时钟端。I/O CLOCK 接收串行输入并完成以下 4 个功能： ① 在 I/O CLOCK 的前 4 个上升沿，将 4 个输入地址位键入地址寄存器。在第 4 个上升沿之后多路地址有效 ② 在 I/O CLOCK 的第 4 个下降沿，选定的多路器输入端上的模拟输入电压开始向电容器充电并持续到 I/O CLOCK 的第 10 个下降沿 ③ 它将前一次转换数据的其余 9 位移出 DATA OUT 端 ④ 在 I/O CLOCK 的第 10 个下降沿，将转换的控制信号传送到内部的状态控制器
14	REF+	I	正基准电压端。基准电压的正端(通常为 V_{CC})被加到 REF+ 端。最大的输入电压范围取决于本端与加于 REF- 端的电压差
13	REF-	I	负基准电压端。基准电压的低端(通常为地)被加到 REF- 端
20	V_{CC}		正电源端

3. TLC1543 的工作方式

TLC1543 提供了 6 种基本的串行接口时序方式。这些方式取决于 I/O CLOCK 的速度与

CS 的工作状态,如表 6.5 所列。这 6 种方式如下:
① 需 10 个时钟传送且$\overline{CS}$在转换周期时无效(高)的快速转换方式;
② 需 10 个时钟传送且$\overline{CS}$连续有效(低)的快速转换方式;
③ 需 11~16 个时钟传送且$\overline{CS}$在转换周期时无效(高)的快速转换方式;
④ 需 16 个时钟传送且$\overline{CS}$连续有效(低)的快速转换方式;
⑤ 需 11~16 个时钟传送且$\overline{CS}$在转换周期时无效(高)的慢速转换方式;
⑥ 需 16 个时钟传送且$\overline{CS}$连续有效(低)的慢速转换方式。

10 位数据经 DATA OUT 端发送到主机串行接口。所用串行时钟脉冲的数目也取决于工作方式,但要开始进行转换,最少需要 10 个时钟脉冲。在第 10 个时钟的下降沿到来时,EOC 输出变低,而当转换完成时回到逻辑高电平。转换结果可以由主机读出。在 DATA OUT 引脚上,前一次转换的 MSB 位,在方式 1、3 和方式 5 中出现在$\overline{CS}$的下降沿时刻,在方式 2 和方式 4 中出现在 EOC 的上升沿时刻;而在方式 6 中则出现在第 16 个时钟的下降沿时刻;剩下的 9 位在 I/O CLOCK 的后续 9 个下降沿时刻移出。如果 I/O CLOCK 的传送多于 10 个时钟,在第 10 个时钟的下降沿,内部逻辑也将 DATA OUT 变低以保证剩下各位的值是 0。

表 6.5 列出了$\overline{CS}$的状态、所用的 I/O 串行传送时钟的数目、以及前一次转换出现的 MSB 位相关时序的工作方式。

表 6.5 TLC1543 的工作方式

方式		$\overline{CS}$	I/O 时钟数目	DATA OUT 处的 MSB*
快速方式	方式 1	转换周期时为高	10	$\overline{CS}$ 下降沿
	方式 2	连续低	10	EOC 上升沿
	方式 3	转换周期为高	11~16**	$\overline{CS}$ 下降沿
	方式 4	连续低	16**	EOC 上升沿
慢速方式	方式 5	转换周期时为高	11~16**	$\overline{CS}$ 下降沿
	方式 6	连续低	16**	第 16 个时钟下降沿

注: * 这些沿也启动串行接口的通信。
　　** 不用多于 16 个时钟的情况。

4. TLC1543 操作时序(A/D 转换条件)

对 TLC1543 编程、启动 A/D 转换以及读出数据,要按照它的操作时序进行。TLC1543 的工作时序(以方式 2 为例)如图 6.15 所示。其工作过程分为两个周期:访问周期(输入地址)和采样周期。工作状态由$\overline{CS}$使能或禁止,工作时$\overline{CS}$必须置低电平。$\overline{CS}$为电高平时,I/O CLOCK 和 ADDRESS 禁止,同时 DATA OUT 为高阻状态。当 CPU 使$\overline{CS}$变低时,TLC1543 开始数据转换,I/O CLOCK 和 ADDRESS 使能,DATA OUT 脱离高阻状态。随后,CPU 向 ADDRESS 端提供 4 位通道地址,控制 14 个模拟通道选择器从 11 个外部模拟输入和 3 个内部自测电压中选通 1 路送到采样-保持电路。同时,I/O CLOCK 端输入时钟时序,CPU 从 DATA OUT 端接收前一次 A/D 转换结果。

访问周期(输入地址)由 ADDRESS 端送入 4 位地址的最高位 B3,在 B3 有效期间输入一个 I/O CLOCK 信号,将地址最高位移入 A/D 地址寄存器,同时从 DATA OUT 端口读出前一次采样转换的 10 位数据的最高位 A9。然后送入 B2,同时输入一个 I/O CLOCK 信号,将

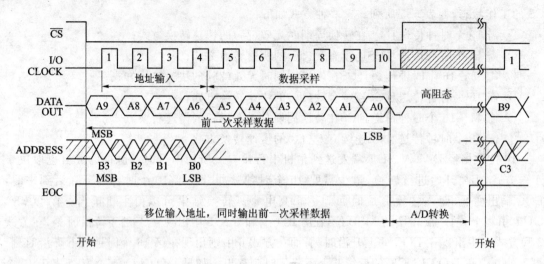

图 6.15 使用 $\overline{CS}$ 时,10 个时钟传送(方式 2)时序图

B2 移入 A/D 地址寄存器,从 DATA OUT 读出 A8。按此时序进行,直到将 4 位地址送入 A/D,同时读出前一次采样转换结果的 A9、A8、A7、A6 高 4 位。然后,输入 6 个 I/O CLOCK 信号将 A5~A0 读出。10 个 I/O CLOCK 信号后 EOC 将置低,此时 A/D 进入转换过程,转换完成后 EOC 置高。

5. 接口电路

TLC1543 的 3 个控制输入端 $\overline{CS}$、I/O CLOCK、ADDRESS 和 1 个数据输出端 DATA OUT 遵循串行外设接口 SPI 协议,要求微处理器具有 SPI 接口。但大多数单片机均未内置 SPI 接口(如目前国内广泛采用的 MCS-51 和 PIC 系列单片机),须通过软件模拟 SPI 协议以便与 TLC1543 接口。芯片的 3 个输入端和 1 个输出端与 51 系列单片机的 I/O 口可直接连接,具体连接方式如图 6.16 所示。

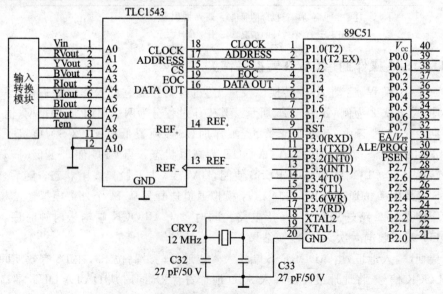

图 6.16 TLC1543 与 89C51 构成的数据采集系统

6. 数据采集系统的软件部分

通过前面的分析可知：软件是该系统的核心部分。整个系统的可靠性及精度在很大程度上都由软件决定。首先必须编写 AT89C52 与 A/D 的接口程序，用软件模拟 SPI 协议，使 AT89C51 与 TLC1543 能够正常地通信。

在软件设计中，应注意区分 TLC1543 的 11 个模拟输入通信和 3 个内部电压测试地址，表 6.6 为模拟通道和内部电压测试地址。应注意 TLC1543 通道地址必须为写入字节的高 4 位，而 CPU 读入的数据是芯片上次 A/D 转换完成的数据。

表 6.6 模拟通道地址选择

模拟输入端选择	送入地址寄存器的值		模拟输入端选择	送入地址寄存器的值	
	二进制	十六进制		二进制	十六进制
A0	0000	0	A6	0110	6
A1	0001	1	A7	0111	7
A2	0010	2	A8	1000	8
A3	0011	3	A9	1001	9
A4	0100	4	A10	1010	A
A5	0101	5			

7. TLC1543 与单片机接口子程序

TLC1543 与 89C51 接口程序应完全依照 TLC1543 的工作时序编写，硬件的连接可参见图 6.16。其汇编语言程序如下：

```
;引脚定义
        TLCK    BIT P1.0        ;TLC1543 时钟(I/O CLOCK)
        TLDI    BIT P1.1        ;TLC1543 数据输入端(AddRESS)
        TLDO    BIT P1.4        ;TLC1543 数据输出端(DATA OUT)
        TLCS    BIT P1.2        ;TLC1543 片选端(CS)
        ADCH    EQU 4FH         ;低 4 位为 A/D 通道地址
;A/D 采集子程序 ADIN
;占用：A、B、R0
;调用：无
;入口：ADCH 中低 4 位为 A/D 通道地址
;出口：BA 中为 A/D 值
ADIN:   NOP
        MOV     A,R0
        PUSH    ACC
        MOV     R0,#04H
        CLR     TLCS
        MOV     A,ADCH
        SWAP    A
        MOV     B,A
        NOP
```

```
ADI1:   MOV     C,TLD0      ;前 4 个 CLK
        RLC     A
        XCH     A,B
        RLC     A
        MOV     TLDI,C
        XCH     A,B
        SETB    TLCK
        NOP
        CLR     TLCK
        DJNZ    R0,ADI1
        NOP
        MOV     R0,#04H
ADI2:   MOV     C,TLD0                  ;后 4 个 CLK
        RLC     A
        SETB    TLCK
        NOP
        CLR     TLCK
        DJNZ    R0,AD12
        NOP
        MOV     B,A
        MOV     R0,#02H
ADI3:   MOV     C,TLD0                  ;最后 2 个 CLK
        RLC     A
        SETB    TLCK
        NOP
        CLR     TLCK
        DJNZ    R0,ADI3
        NOP
        SETB    TLCS
        NOP                             ;调整数据
        SWAP    A
        RLC     A
        RLC     A
        MOV     R0,#06H
ADI4:   XCH     A,B
        RRC     A
        XCH     A,B
        RRC     A
        DJNZ    R0,ADI4
        XCH     A,B
        ANL     A,#03H
        XCH     A,B
        MOV     R0,A
        POP     ACC
        XCH     A,R0
        RET
```

6.2　12位串行输出A/D芯片及接口技术

6.2.1　12位串行A/D芯片AD7893与单片机接口技术

AD7893是AD公司生产的12位串行数据转换器,转换器的分辨率为0.02%(≤0.1%),单一+5V电源供电,功耗为25mW,内部含有6μs DAC、一个采样-保持放大器、控制逻辑电路和一个高速串行接口。其内部结构框图如图6.17所示。表6.7为AD7893引脚功能说明。

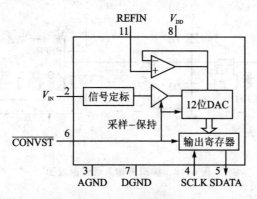

图6.17　AD7893结构示意图

表6.7　AD7893引脚功能

引脚号	引脚助记符	说　明
1	REFIN	输入参考电压。这个引脚连接外部参考电源,为AD7893转换器提供参考电源。为了AD7893能正常工作,建议的参考电压为+2.5V
2	V_{IN}	模拟输入。电压输入范围是0～+2.5V
3	AGND	模拟地。采样-保持器、比较器和DAC参考地
4	SCLK	串行时钟输入。应用外部时钟脉冲,从AD7893获得数据,一个新的数据位在串行时钟脉冲的上升沿输出,在时钟的下降沿有效。串行数据转换结束后,时钟脉冲应变为低电平
5	SDATA	数据输出。在这个引脚串行输出数据。在SCLK的上升沿数据输出,在SCLK的下降沿数据有效。提供的串行数据有16位,前4位为0,跟着是12位转换后的数据。在第16个脉冲的下降沿,SDATA线失效。输出数据是标准二进制
6	$\overline{CONVST}$	转换启动信号。这个引脚输入信号的下降沿,串行时钟计数器复位为0。在上升沿,采样-保持器进入保持模式,启动转换
7	DGND	数字地。数字电路的参考地
8	V_{DD}	正电源供电+5V

1. 模拟输入通道接口电路

采用AD7893设计的模拟量输入通道,其原理图如图6.18所示。由于有多路模拟信号需要转换,输入采用八选一多路模拟开关ADG508。在AD7893的输入端,设计了由D1和D2

构成的输入电压保护电路,防止输入电压过高而损坏 AD7893 芯片。R_1 和 C_3 构成滤波电路用于消除输入信号中的干扰成分。AD7893 芯片需要外加+2.5 V 的参考电压。这里选用的+2.5 V 基准稳压电源 LM385,可输出 10 mA 的工作电流,温漂为 20 ppm,且价格低廉,符合设计要求。

模拟量输入通道与单片机的接口是比较简单的,来自 89C51 单片机的 P1.7、P1.6 和 P1.5 用于选择 A/D 转换通道。P1.2(CSADC)、P1.1(SCLK)、P1.0(SDATA),则用于构成 3 线式串行接口。

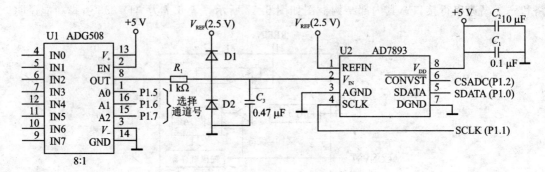

图 6.18　模拟量输入通道原理图

2. 工作时序软件设计

AD7893 工作时序图如图 6.19 所示。从时序图可知,当 $\overline{\text{CONVST}}$ 加一负脉冲时启动 A/D 转换,经 6 μs 后转换结束。在时钟信号作用下,16 位数字量从高位到低位逐位输出。16 位数据的前 4 位全为 0,这 4 位数据是转换结果的高位填充位,后 12 位为 A/D 转换值。

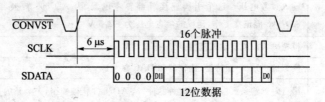

图 6.19　AD7893 时序图

根据 AD7893 的时序图,可得到程序流程图如图 6.20 所示。

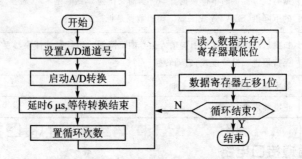

图 6.20　A/D 转换子程序流程图

以下是采用 MCS-51 汇编语言编写的 A/D 转换子程序 ADSLB。设通道号放在 R1 中,转换值放在数据寄存器 R3(高 4 位)、R2(低 8 位)中,R7 为计数器。

```
ADSUB:   PUSH    PSW
         PUSH    A
         CLR     P1.1            ;将 P1.1(SCLK)置 0,⌐
         MOV     A,R1            ;|XXXXX D2 D1 D0| R1
         ANL     A,#07H          ;测试通道号,例如 D2 D1 D0 = 000
         RRC     A
         MOV     P1.5,C          ;设置 A/D 转换通道
         RRC     A
         MOV     P1.6,C
         RRC     A
         MOV     P1.7,C
         CLR     P1.2       ⎫
         NOP                ⎬   ;R1.2 产生负脉冲,启动 A/D 转换(CDNVS)上升沿有效
         SETB    P1.2       ⎭
         SCALL   DELAY           ;6 μs 延时转换完成
         CLR     A          ⎫
         MOV     R2,A       ⎬   ;清 R3R2
         MOV     R3,A       ⎭
         MOV     R7,#10H         ;16 位
ADSUB0:  SETB    P1.1            ;将 P1.1(SCLK)置 1,⌐
         MOV     C,P1.0
         MOV     A,R2
         RLC     A
         MOV     R2,A            ;SDATD 输入单片机 R3R2 一位数据
         MOV     A,R3
         RLC     A
         MOV     R3,A
         CLR     P1.1            ;SCLK,⌐⌐
                                                  R3            R2
         DJNZ    R7,ADSUB0       ;16 位(12 位有效)结果 |0000 D11~D8| |D7-D0|
         POP     A
         POP     PSW
         RET
;延时子程序
DELAY:   MOV     R6,#04H
DL-LOP:  DJNZ    R6,DL-LOP
         RET
```

6.2.2 串行 12 位 A/D 芯片 MAX187 与单片机的接口技术

MAX187 是串行输出的 12 位 A/D 转换器。通过内部采样器(T/H)和逐次逼近型寄存器(SAR),将输入模拟信号转换成 12 位数字信号输出。串行口只需 3 根数字线,SCLK、$\overline{CS}$ 和 DOUT,与单片机接口十分方便。MAX187 的主要特点如下:

- 分辨率12位;
- 单电源+5 V供电;
- 具有三线串行接口,且与 SPI、QSPI 和 Microwire 兼容;
- 输入模拟信号电压范围为 $0 \sim V_{REF}$;
- 具有低功耗工作方式,此时电源电流为 10 μA;
- 具有内部 4.096 V 参考电源和外部参考电源两种选择;
- 内含有采样-保持器(T/H),无需外接电容;
- 转换时间包括 T/H 的采样时间在内为 10 μs。

1. 内部结构及引脚功能

MAX187 内部结构如图 6.21 所示,引脚排列如图 6.22 所示,引脚功能如表 6.8 所列。

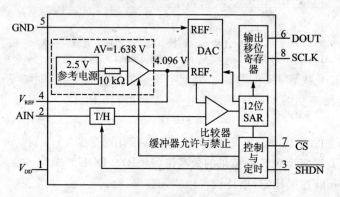

图 6.21 MAX187 内部结构图

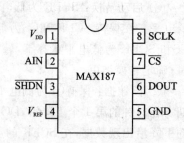

图 6.22 MAX187 引脚排列图

表 6.8 引脚功能说明

引脚	名称	功能
1	V_{DD}	+5 V 电源
2	AIN	模拟量输入,范围 $0 \sim V_{REF}$
3	$\overline{SHDN}$	操作模式选择。低电平为休眠模式,正常操作模式为高电平或悬空。高电平时使用内部参考电源,悬空时禁止内部参考电源
4	V_{REF}	参考电压。内部参考电压为 1.096 V,使用内部参考电源时此引脚对地接一个 4.7 μF 电容。使用外参考电源时,接 1.5 V~V_{DD} 的基准电压
5	GND	地
6	DOUT	数据输出
7	$\overline{CS}$	片选,低电平启动 A/D 转换
8	SCLK	时钟,最高频率为 5 MHz

2. A/D 转换操作时序

MAX187 用采样-保持电路和逐位比较寄存器将输入模拟信号转换为 12 位的数字信号,其采样-保持电路不必外接电容。MAX187 有 2 种操作模式:正常模式和休眠模式。将 $\overline{SHDN}$ 置为低电平时进入休眠模式,这时的电流小于 10 μA。$\overline{SHDN}$ 置为高电平或悬空时进入正常模式。

完整的操作时序如图 6.23 所示。使用内部参考电源时,在电源开启后,经过 20 ms 后参考引脚的 4.7 μF 电容充电完成,可进行正常的转换操作。

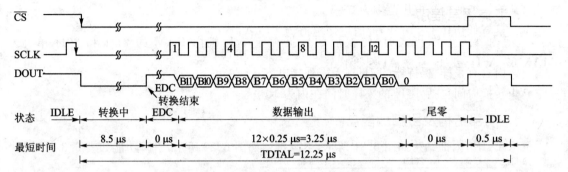

图 6.23　MAX187 完整操作时序

① 启动转换:SCLK 为低电平,$\overline{CS}$ 由高变低时,启动转换,这时 DOUT 脱离高阻态,变为低电平。在保持 SCLK 和 $\overline{CS}$ 为低电平状态,DOUT 输出为低电平期间,进行 A/D 转换。在 $\overline{CS}$ 和 SCLK 为低电平状态下,转换结束后,DOUT 变为高电平。当检测到 DOUT 的上升沿时,确定转换结束。

② 读数据:保持 $\overline{CS}$ 为低电平,然后输出 SCLK 时钟。SCLK 保持有效至少 13 个时钟周期。在时钟的第 1 个下降沿,DOUT 端将出现转换结果的最高位(MSB)。DOUT 端在 SCLK 的下降沿出现数据,在 SCLK 的上升沿数据稳定,单片机可以读入数据。

保持 $\overline{CS}$ 为低电平,在第 13 个时钟下降沿时刻或以后,$\overline{CS}$ 变为高电平,传送结束,DOUT 变为高阻态。若第 13 个时钟下降沿之后,$\overline{CS}$ 仍为低电平,并在 SCLK 作用下不断输出数据,则在输出 LSB 位后将输出为 0。

3. 接口电路

图 6.24 是 MAX187 的应用实例,用单片机 89C51 的 P1 口来控制 MAX187 的转换。P1.1 接时钟 SCLK,P1.2 接片选 $\overline{CS}$,P1.3 接数据 DOUT。

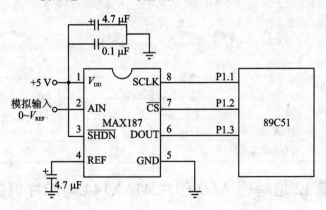

图 6.24　MAX187 与 89C51 接口电路图

MAX187 电源需要加去耦合电容,常见的方法是用一个 4.7 μF 电容和一个 0.1 μF 电容并联。为保证采样精度,最好将 MAX187 与单片机分开供电。引脚 4 为参考端,接一个 4.7

μF 的电容,这是使用内部 4.096 V 参考电压方式。输入模拟信号的电压范围为 0～4.096 V。如果模拟输入电压不在这个范围内,要外加电路进行电压范围变换。MAX187 只有一路模拟输入通道,如果输入为多路信号,要外加多路模拟开关。

4. 汇编语言程序

应用内参考电源模式时,转换后的数据存于单片机内 RAM 的 21H 和 20H 单元。MAX187 A/D 转换子程序 ADC 如下:

```
        ;引脚定义
        SCLK    bit     P1.1
        CS      bit     P1.2
        DOUT    bit     P1.3
ADC:    CLR     SCLK            ;SCLK = 0,⎤
        CLR     CS              ;CS = 0,启动转换
        SETB    DOUT            ;置 P1.3 为输入状态(DOUT),输入前 P1.3 先置 1
LOOP1:  MOV     C,DOUT          ;等待转换(DOUT 变低)
        JNC     LOOP1           ;转换完(DOUT 变高)
        SETB    SCLK            ;SCLK = 1,⎦
        MOV     R7,#04H         ;接收高 4 位
        CLR     A
LOOP2:  CLR     SCLK            ;SCLK = 0,DOUT = 1 状态变化,⎤1
        NOP
        SETB    SCLK            ;SCLK = 1,读入数据,⎦2…⎦5
        MOV     C,DOUT          ;读 1 位
        RLC     A
        DJNZ    R7,LOOP2        ;读 4 位
        MOV     B,A             ;暂存于 B
        MOV     R7,#08H         ;接收低 8 位
        CLR     A
LOOP3:  CLR     SCLK            ;SCLK ⎤⎦
        NOP
        SETB    SCLK            ;SCLK ⎦6…⎦13
        MOV     C,DOUT          ;读 1 位
        RLC     A
        DJNZ    R7,LOOP3        ;读 8 位
        SETB    CS              ;CS = 1,传送结束
        MOV     20H,A           ;存低 8 位
        MOV     21H,B           ;存高 4 位
        RET
```

6.2.3 双通道 12 位串行 A/D 芯片 MAX144 与单片机接口技术

MAX144 是美国 MAXIM 公司生产的新型双通道 12 位串行输出 A/D 转换器,它具有自动关断和快速唤醒功能,且内部集成时钟电路及采样-保持电路;同时具有转换速率高、功耗低等优点,特别适于电池供电且对体积和精度有较高要求的智能仪器仪表产品。MAX144 的主

要特点如下：
- 单电源供电，电压范围为+2.7～+5.25V；
- 带有两路模拟信号输入通道 CH0 和 CH1，其模拟信号电压范围为 0～V_{REF}；
- 采样频率最高可达 108 kSps；
- 功耗低，当 V_{DD} 为 3.6 V，且在采样频率达到最大值 108 kSps 时，功耗仅为 3.2 mW；
- 具有与 SPI/QSPI/MICROWIRE 兼容的串行接口。

1. 引脚功能

MAX144 采用 DIP8 封装形式，其引脚排列如图 6.25 所示。其引脚功能如下：

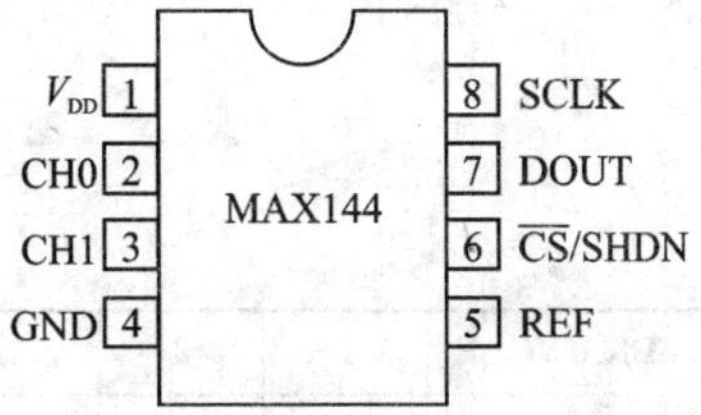

V_{DD}　　　　正电源端，电压范围为+2.7～+5.25 V。
CH0/CH1　　模拟信号输入通道。
GND　　　　模拟地/数字地。
REF　　　　外部参考电压输入，用作 A/D 转换基准电压。
$\overline{CS}$/SHDN　该引脚为低电平时，为片选输入；为高电平时，为掉电模式输入。
DOUT　　　串行数据输出端。
SCLK　　　串行时钟输入端。

图 6.25　MAX144 引脚排列图

2. 模拟信号输入使用说明

MAX144 的两个模拟输入通道 CH0 和 CH1，可连接到两个不同的信号源上。上电复位后，MAX144 将自动对 CH0 通道的模拟信号进行 A/D 转换；转换完毕又自动切换到 CH1 通道，并对 CH1 通道模拟信号进行 A/D 转换；之后交替地在 CH0 和 CH1 通道间进行切换和转换。输出数据中包含一个通道标志位 CHID，用以确定该数据为哪一通道转换所得。如果只有一路模拟信号，可以将 CH0 和 CH1 连接到一起作为一个输入通道，但输出数据中仍包含通道标志位 CHID。

MAX144 内部有模拟输入保持电路，因而容许输入信号在 GND－300 mV～V_{DD}＋300 mV 范围内变化。如果要求的转换精度较高，则输入信号不得大于 V_{DD}＋50 mV，且不能小于 GND－50 mV。

3. 操作时序及 A/D 转换过程

将 $\overline{CS}$/SHDN 设置为低电平时可启动 A/D 转换过程。在 $\overline{CS}$/SHDN 的下降沿，内部采样-保持电路将进入采样模式，此时如果 SCLK 为高电平，则选择内部时钟模式；若为低电平则选择外部时钟模式。图 6.26 给出了内部时钟模式的时序图。转换结束后，内部振荡电路关闭，DOUT 变为高电平，此时即可读取转换数据。

表 6.9 为内部和外部时钟模式下的串行输出数据格式。由表 6.9 可知，串行数据输出格式是高位在前，低位在后。读取一个转换数据至少需要 16 个时钟周期，前 3 位始终为高电平（内部时钟模式时还包括 EOC 位），第 4 位是通道标志位 CHID。CHID 为 0 表示 CH0 通道，即数据为 CH0 通道转换所得；CHID 为 1 表示 CH1 通道，即数据为 CH1 通道转换所得。接下来就是 12 位 A/D 数据转换，最高有效位在前，每一位数据在 SCLK 上升沿移出。转换结束

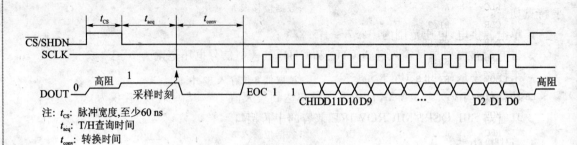

注: t_{CS}: 脉冲宽度,至少60 ns
t_{acq}: T/H查询时间
t_{conv}: 转换时间

图 6.26 MAX144 内部时钟模式时序图

表 6.9 MAX144 的数据输出格式(高位在前)

CLK CYCLE	1	2	3	4	5	6	7	…	14	15	16
Dout(外部)	EOC	1	1	CHID	D11	D10	D9	…	D2	D1	D0
Dout(内部)	1	1	1	CHID	D11	D10	D9	…	D2	D1	D0

后,$\overline{CS}$/SHDN 变为高电平,此时 DOUT 呈高阻抗状态。

4. MAX144 与 89C51 接口及应用

图 6.27 是 MAX144 成功应用于水平调整仪的实例。该水平调整仪有两路模拟信号,需要对这两路模拟信号进行交替的转换,并根据转换结果对两个方向交替的信号进行水平调整,MAX144 正好可以满足此要求。模拟信号经过放大和滤波后连接到 MAX144 的 CH0 和 CH1 端口。

MAX144 与单片机的接口十分简单,只需 3 根 I/O 线即可。该电路采用内部时钟模式,单片机通过编程产生串行时钟,并按时序读出数据存入 R3、R2。其 A/D 转换子程序 ADC 如下:

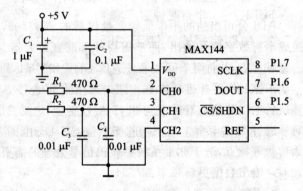

图 6.27 MAX144 应用于水平调整仪的实例

```
ADC:    SETB    P1.5
        SETB    P1.7        ;SCLK 为高电平,选内部时钟模式
        CLR     P1.5        ;启动 A/D 转换(CS为低)
        NOP
        NOP
        NOP
        NOP                 ;延时 4 μs(唤醒时间至少 2.5 μs)
        CLR     P1.7        ;开始采样
        JNB     P1.6,$      ;等待 A/D 转换结束
        MOV     R7,#8       ;读取高 8 位存入 R3 中
H8:     SETB    P1.7
        MOV     C,P1.6      ;读 1 位数据
```

```
        RLC   A              ;数据位移入 A
        CLR   R1.7
        DJNZ  R7,H8
        MOV   R3,A
        MOV   R7,#8           ;读取低 8 位存入 R2 中
L8:     SETB  P1.7
        MOV   C,P1.6          ;读 1 位数据
        RLC   A               ;数据位移入 A
        CLR   R1.7
        DJNZ  R7,L8
        MOV   R2,A
        SETB  P1.5
        SETB  P1.7
        RET
```

6.3　16 位串行输出 A/D 芯片及接口技术

6.3.1　16 位低速串行 A/D 芯片 AD7705 接口及编程

  ADI 公司出品的用于低频测量仪器的 AD7705,能将传感器接收到的弱输入信号直接转换成串行数字信号输出,而不需要外部前置放大器。它采用 Σ-$\triangle$ 的 ADC,具有 16 位无误码的良好性能,片内具有可编程 1～128 前置增益,并具有工作电压低、功耗小等特点。

  国家三级秤标准要求称重数据与重物的绝对精度小于 1/1 000～1/5 000。因此,经 A/D 转换后输出数据的有效位应在 13 位以上。16 位 AD7705/06 能直接将传感器检测到的微小信号进行 A/D 转换。它具有高分辨率、宽动态范围、自校准、优良的抗噪声性能以及低电压、低功耗等特点,适于称重系统中微机信号处理的需要。设计中,AD7705 的相应参数为:

- 输出数据更新频率:50 Hz;
- 系统增益:64;
- 有效分辨率:15 位。

1. AD7705 引脚功能

AD7705 引脚排列如图 6.28 所示,各引脚功能说明如下:

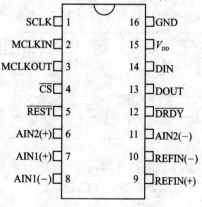

图 6.28　AD7705 引脚图

MCLKIN　　为转换器提供主时钟信号,能以晶体谐振器或外部时钟的形式提供。

MCLKOUT　当主时钟为晶体谐振器时,晶体谐振器接在 MCLKIN 和 MCLKOUT 之间;如果在 MCLKIN 引脚处连接一个外部时钟,MCLKOUT 将提供一个反向时钟信号。

$\overline{CS}$　　片选输入端,低电平有效。

AIN2(+)　　差分输入通道 2 的正输入端。
AIN1(+)　　差分输入通道 1 的正输入端。
AIN1(−)　　差分输入通道 1 的负输入端。
AIN2(−)　　差分输入通道 2 的负输入端。
$\overline{DRDY}$　　逻辑输出有效。低电平有效,表示可以 AD7705 的数字寄存器获取新的输出值。
DOUT　　串行数据输出端。
DIN　　串行数据输入端。
$\overline{REST}$　　复位输入端,低电平有效。
SCLK　　串行时钟,施密特逻辑输入。
REEIN(−)　　参考电源正输入端。
REEIN(+)　　参考电源负输入端。

2. AD7705 的可编程寄存器

AD7750 片内含有 8 个可编程寄存器。第一个为通信寄存器,它定义了后一操作的功能。下面仅对通信寄存器和设置寄存器做简要介绍。

1) 通信寄存器

通信寄存器的 8 位分布如下:

0/$\overline{DRDY}$	RS2	RS1	RS0	R/$\overline{W}$	STBY	CH1	CH0

各位说明如下:

0/$\overline{DRDY}$　　定义有效位。0 表示后 7 位有效。
RS2、RS0　　8 个寄存器选择定义位,如表 6.10 所列。
R/W　　寄存器读/写选择位。该位定义了后一个操作是读寄存器还是写寄存器。R/$\overline{W}$=1 为读,R/$\overline{W}$=0 为写。
STBY　　定义操作模式位。
CH1、CH0　　通道选择位。00 表示通道 1(正极性),01 表示通道 2(正极性),10 表示通道 1(负极性),11 表示通道 2(负极性)。

表 6.10　8 个寄存器选择定义位

RS2	RS1	RS0	寄存器	寄存器大小/位	RS2	RS1	RS0	寄存器	寄存器大小/位
0	0	0	通信寄存器	8	1	0	0	测试寄存器	8
0	0	1	设置寄存器	8	1	0	1	无操作	
0	1	0	时钟寄存器	8	1	1	0	偏置寄存器	24
0	1	1	数据寄存器	16	1	1	1	增益寄存器	24

2) 设置寄存器

设置寄存器的 8 位分布如下:

MD1	MD0	G2	G1	G0	B/U	BUF	FSYNC

其中，G2、G1、G0 三位为可编程增益选择位，如表 6.11 所列。

表 6.11　3 位可编程增益设置

G2	G1	G0	增益设置	G2	G1	G0	增益设置
0	0	0	1	1	0	0	16
0	0	1	2	1	0	1	32
0	1	0	4	1	1	0	64
0	1	1	8	1	1	1	128

3. 硬件设计

要满足前面确定的 AD7705 参数，设计中 AD7705 的主时钟取：$f_{CLK}=2.4576\ \text{MHz}$。

AD7705 的串行数据接口包括 5 个：片选输入 $\overline{CS}$，串行施密特逻辑输入时钟 SCLK，数据输入 DIN，转换数据输出 DOUT，指示数据准备就绪的状态信号输出 $\overline{DRDY}$。其中当 $\overline{DRDY}$ 为低电平时，转换数据可读取；否则不可读取。

设计中 $\overline{CS}$ 可由 AT89C51 选中实现，也可接地；本设计中将 $\overline{CS}$ 接地。系统电路如图 6.29 所示。

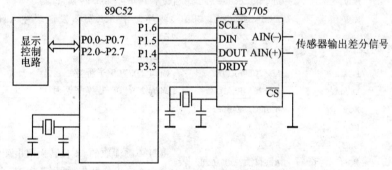

图 6.29　系统硬件电路框图

4. 软件设计

设计中注意 AD7705 与 51 系列单片机的数据交换顺序。在读/写操作模式下，51 系列单片机的数据要求 LSB 在前，而 AD7705 要求 MSB 在前，所以对 AD7705 寄存器进行配置之前必须将命令字重新排列方可写入，同样要将从 AD7705 数据寄存器中读取到缓冲器后的数据进行重新排列方可使用。

AD7705 通信必须严格按图 6.30 及图 6.31 时序操作。

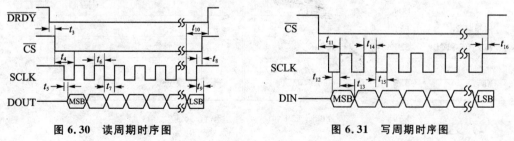

图 6.30　读周期时序图　　　　　　图 6.31　写周期时序图

AD7705 的初始化和配置：AD7705 的配置与硬件的设计紧密相关，只有在正确配置的情况下硬件才能正常工作。同时，对 AD7705 内每一个寄存器的配置都必须从写通信寄存器开始，通过写通信寄存器完成通道的选择和设置下一次操作寄存器的选择。

第6章 系统前向通道配置及串行 A/D 接口技术

下面的程序为 A/D 转换子程序 READ，首先设置 70H～7FH 为存采集的 A/D 值，设置读 8 组 A/D 转换值，并设置 AD7705 功能寄存器状态字；然后读 8 组 AD7705 转换值，并进行求平均值，平均值存放在 R4 和 R5 寄存器中。返回后进行数据处理。

该程序中，写入通信寄存器的控制字 38H 的含意如下：

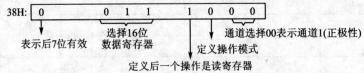

```
;引脚定义
        SCLK    BET     P1.6
        DIN     BET     P1.5
        DOVT    BET     P1.4
        DRDY    BET     P3.3

;A/D 转换子程序
READ:       MOV     R0,#70H         ;70H～7FH 在 A/D 采集区存采集的 A/D 值
            MOV     R5,#80H         ;设置读 8 组 A/D 转换值
READ-LOOP1: MOV     SEND-BUFFER,#38H ;将控制字 38H 写入发送缓冲区设置 AD7705 为
                                    ; 16 位，
                                    ;1 通道
            LCALL   AD7705-WRITE    ;调写 AD7705 子程序
            LCALL   AD7705-READ     ;调读 AD7705 转换子程序
            MOV     A,RECIVE-BUFFERH
            MOV     @R0,A
            INC     R0
            MOV     A,RECIVEBUFFERL  ;将每一次读取的 16 位转换值由接收缓冲区
            MOV     @R0,A            ;存入 A/D 采集区中，循环 8 次，共读 8 组转换值
            INC     R0
            DJNZ    R5,READ-LOOP1
            MOV     R0,#70H
            MOV     R7,#08H
            LCALL   DDM2            ;转求平均值子程序(DDM2 略)
            MOV     F11,#02H        ;平均值在 R4、R5 中
            MOV     F12,R4
            MOV     F13,R5
READ-OK:    RET
AD7706-READ: SETB   SCLK
            NOP
WAIT:       JNB     DRDY,WAIT       ;等待转换完成
            NOP
            MOV     R6,#10H         ;预置 16 位
```

第 6 章　系统前向通道配置及串行 A/D 接口技术

```
AD7705-READ1:   CLR     SCLK
                NOP
                SETB    SCLK
                MOV     A,RECIVE-BUFFERL
                MOV     C,DOUT              ;读 16 位 A/D 转换值
                RLC     A                   ;(循环 16 次将 AD7705 DOUT 端的输出数据依次移
                MOV     RECIVE-BUFFERL,A    ;入接收缓冲器中,16 位)
                MOV     A,RECIVE-BUFFERH
                RLC     A
                MOV     RECIVE-BUFFERH,A
                DJNZ    R6,AD7705-READ1
                RET
AD7705-WRITE:   SETB    SCLK
                NOP
                MOV     R6,#08H             ;预置 8 位
AD7705-WRITE1:  CLR     SCLK
                MOV     A,SEND-BUFFER
                RLC     A
                MOV     DIN,C
                MOV     SEND-BUFFER,A
                NOP                         ;将发送缓冲区控制字 38H 取出,写入 AD7705,
                SETB    SCLK                ;设置片内通信寄存器(8 位)
                DJNZ    R6,AD7705-WRITE1
                NOP
                SETB    SCLK
                NOP
                RET
```

AD7705-WRITE 子程序是将 A/D 转换程序第 3 条指令"MOV SEND-BUFFER,♯38H"中的 38H,右移循环 8 次,依次移位送入 AD7705 的 DIN。其功能是:将发送缓冲区中的控制字依次移入 AD7705 中的通信寄存器(功能寄存器)。

AD7705-READ 子程序,是等待 AD7705 数字寄存器获取新的输出值后(刚转换完,$\overline{DRDY}$为低)由 DOUT 串行输出,依次移位到接收缓冲器中。因为 A/D 转换值为 16 位,所以接收缓冲器用 2 个单元。

6.3.2　高速串行 16 位 A/D 芯片 AD7683 与单片机接口技术

目前市场上的 A/D 转换器件很多,从接口上可分为并行接口和串行接口两种。并行接口芯片一般引脚多,体积大,占用单片机接口多,但速度快。串行接口芯片体积小,占用单片机接口少,但一般速度较慢。AD7683 虽然是串行接口芯片,但其最大转换吞吐率可达 100 kSps,并可保证 16 位的转换精度,完全能满足数据采集系统的速度和精度要求。

AD7683 是美国模拟器件公司(Analog Devices)产生的一种低功耗、高精度 16 位高速串行 A/D 转换器。该产品有 8 引脚 MSOP 和 LFCSP 两种封装形式,采用标准 SPI 同步串行接口,它的外围接线简单,采用单电源(2.7~5.5 V)供电。其参考电压可选范围为 0.5 V~

V_{DD0},最大转换吞吐率为 100 kSps。当 AD7683 转换吞吐率为 10 kSps 时,其功耗仅为 150 μW。与其他 ADC 相比,其工作性能好,可在 $-40\sim +85$℃范围内工作,因此特别适用于仪器仪表、便携式探测器及各种电池供电的场合。

1. AD7683 的性能特点

- 分辨率:16 位二进制;
- 最大转换吞吐率:100 kSps;
- 非线性误差:±1LSB;
- 准差动式模拟信号输入范围:0 V~V_{REF};
- 参考电压 V_{REF} 的范围:0 V~V_{DD};
- 电源电压范围:1.7~5.5 V;
- 电源功耗:5 V 供电时为 4 mW,2.7 V 供电时为 1.5 mW,当转换速率为 10 kSps 时,2.7 V 供电的功耗为 150 μW;
- 待机状态时电流只有 1 μA;
- 输出形式:SPI 同步串行输出,与 TTL 电平兼容。

2. 结构原理及引脚功能

图 6.32 所示为 AD7683 的内部结构框图,采用具有固有采样-保持功能的电容式 DAC (CDAC)转换方式,CDAC 是根据电荷再分配原理产生模拟输出电压的。它包括两组相同的 16 个按照二进制加权排列的电容,连接在比较器的两个输入端。在采样阶段,阵列电容的公共端(所有电容连接的公共点)通过 SW+和 SW-接地,所有自由端连接到输入信号上;采样后,两组电容的公共端与地断开,自由端与输入信号断开,这样可在电容阵列上有效获得与输入电压成正比的电荷量;然后,再将所有电容的自由端接地,即可在比较器的输入端得到输入信号 -N 和 +IN 的差分量。每对电容将通过转换开关自由端与地断开并连接到 REF,以使比较器的输入随加权的二进制电压($V_{REF}/2, V_{REF}/4, \cdots, V_{REF}/65\,536$)阶梯变化。作为二进制搜索算法的第一步,两个 MSB 电容的自由端与地断开,同时连接到 REF 以驱动公共端电压向

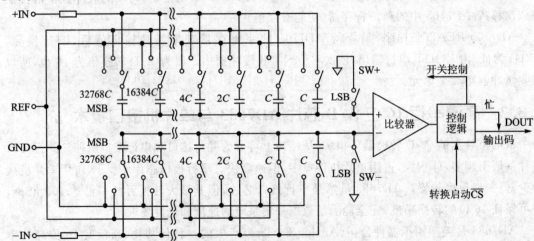

图 6.32 AD7683 的内部结构框图

正端移动 $V_{REF}/2$。此时,若该比较器输出为逻辑 1,则预示 MSB 大于 $V_{REF}/2$,比较器输出为逻辑 0,则预示 MSB 小于 $V_{REF}/2$,接着将以下的两个最大的电容与地断开并连接到 REF,通过比较器确定下一位的数值。如此循环,直到判定出全部数字位。

AD7683 的引脚排列如图 6.33 所示,各引脚的功能如下:

REF	参考电压输入端。
+IN	模拟信号同相输入端。
−IN	模拟信号反相输入端。
GND	接地端口。
$\overline{CS}$	转换启动输入信号。
DOUT	串行数据输出端。
DCLOCK	时钟输入端。
V_{DD}	电源端。

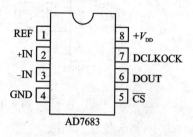

图 6.33　AD7683 的引脚图

3. 操作时序

图 6.34 是 AD7683 的工作时序图。由时序图可以看出:当片选信号 $\overline{CS}$ 为高电平时,数据输出脚 DOUT 为高阻状态,AD7683 处于省电模式,此时,如果不输入时钟,芯片耗电仅为 1 μA;而当片选信号 $\overline{CS}$ 为低电平时,AD7683 处于工作状态,从 $\overline{CS}$ 的下降沿开始,输入时钟 DCLOCK 应至少保持低电平 20 ns;A/D 转换由片选信号 $\overline{CS}$ 的下降沿开始,13 个输入时钟周期后,转换结束,AD7683 进入省电模式。数据输出在片选信号 $\overline{CS}$ 下降沿开始的第 5 个输入时钟周期后(即第 5 个时钟的下降沿)开始有效,输出的第一位为起始 0;之后在第 6 个时钟的下降沿输出 16 位转换信号的最高位 DB15;接着在下一个下降沿输出 DB14;依次类推,在第 21 个下降沿输出 DB0,第 22 个下降沿输出停止位 0。AD7683 完成一次转换最少需要 22 个时钟周期。

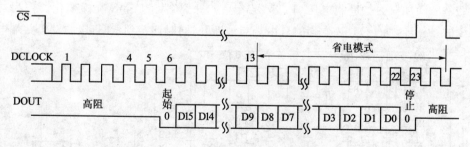

图 6.34　AD7683 的工作时序图

4. 接口电路

AD7683 的接口电路非常简单,几乎不需要外围元件,其接口方式采用的是 SPI 串行方式,与 89C51 单片机的接口只需要 3 根线就可以了。89C51 用 P1 口与 AD7683 连接,其连接电路如图 6.35 所示。

5. 软件设计

下面给出 AD7683 进行采样时的转换程序,读出的数据暂时送入 R2、R3 中,其中低 8 位

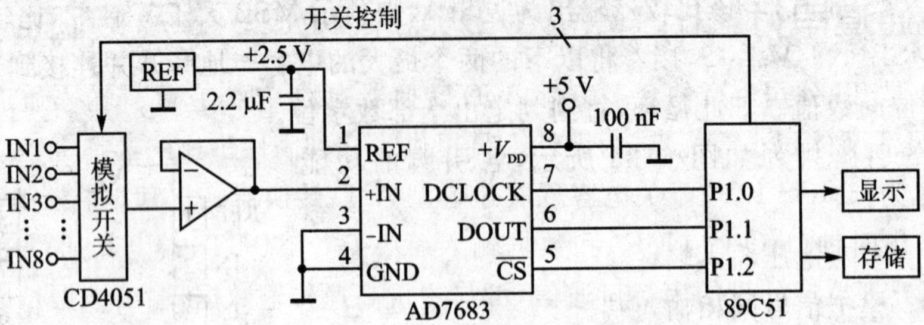

图 6.35 AD7683 与单片机的接口电路图

在 R2 中,高 8 位在 R3 中。

```
        ;主程序
        START:  CLR     P1.0            ;初始化
                SETB    P1.1
                SETB    P1.2
        LOOP:   LCALL   CONVERTO
                ⋮
        ;A/D 转换子程序 CONVERTO:返回时数据的低 8 位在 R2 中,高 8 位在 R3 中,用到 R0、R1 和 A
        CONVERT0: PUSH  A
                  PUSH  R0
                  RUSH  R1
                  MOV   R1,#16          ;16 位数据
                  CLR   R1.2            ;启动芯片,CS低电平
                  MOV   R0,#6           ;前 6 个时钟计数
        CON1:   SETB    P1.0            ;⎺|_(时钟,以下同)
                NOP
                CLR     P1.0            ;_|⎺
                DJNZ    R0,CON1         ;前 6 个时钟
        CON2:   MOV     C,P1.1          ;开始读数据(从 DOUT 端)
                MOV     A,R2
                RLC     A
                MOV     R2,A            ;低 8 位→R2
                SETB    P1.0            ;⎺|_
                MOV     A,R3
                RLC     A
                MOV     R3,A            ;调 8 位→R3
                CLR     P1.0            ;_|⎺
                DJNZ    R1,CON2         ;读出 16 位
                SETB    P1.0            ;⎺|_
                NOP
                SETB    P1.2            ;停止芯片工作(CS=1)
                CLR     P1.0            ;_|⎺第 23 个时钟
                POP     R1
                POP     R0
                POP     A
                RET
```

6.3.3 多通道串行输出 16 位 A/D 芯片 TLC2543 及接口

TLC2543 是 TI 公司生产的众多串行 A/D 转换器中的一种，它具有输入通道多、精度高、速度快、使用灵活及体积小等优点，为设计人员提供了一种高性价比的选择。

TLC2543 为 CMOS 12 位开关电容逐次逼近型 A/D 转换器。它有 3 个控制输入端：片选（$\overline{CS}$）、输入/输出时钟（I/O CLOCK）和数据输入（DATA INPUT）端。其通过一个串行的三态输出端与主处理器或外设的串行口通信，可与主机高速传输数据，输出数据长度和格式可编程。片内含有一个 14 通道多路选择器，可从 11 个模拟输入或 3 个内部自测电压中选择一个。片内设有采样-保持电路。"转换结束"信号 EOC 指示转换的完成。系统时钟由片内产生并由 I/O CLOCK 同步。正、负基准电压（REF+、REF−）由外部提供，通常为 V_{cc} 和地，两者差值决定输入电压范围。片内转换器的设计使器件具有高速（10 μs 转换时间）、高精度（12 位分辨率、最大 ±1 LSB 线性误差）和低噪声的特点。

TLC2543 与微处理器的接线很简单（用 SPI 接口只有 4 根连线），其外围电路也大大减少。TLC2543 的特性如下：

- 12 位 A/D 转换器（可 8 位、12 位和 16 位输出）；
- 在工作温度范围内转换时间为 10 μs；
- 11 通道输入；
- 3 种内建的自检模式；
- 片内采样-保持电路；
- 最大 ±1/4096 的线性误差；
- 内置系统时钟；
- 转换结束标志位；
- 单/双极性输出；
- 输入/输出的顺序可编程（高位或低位在前）；
- 可支持软件关机；
- 输出数据长度可编程。

TLC1543 为 11 个输入端的 10 位 A/D 芯片，价格比 TLC2543 低。

1. TLC2543 的片内结构及引脚功能

TLC2543 封装为 20 引脚，有双列直插和方形贴片两种，引脚如图 6.36 所示，片内结构如图 6.37 所示。

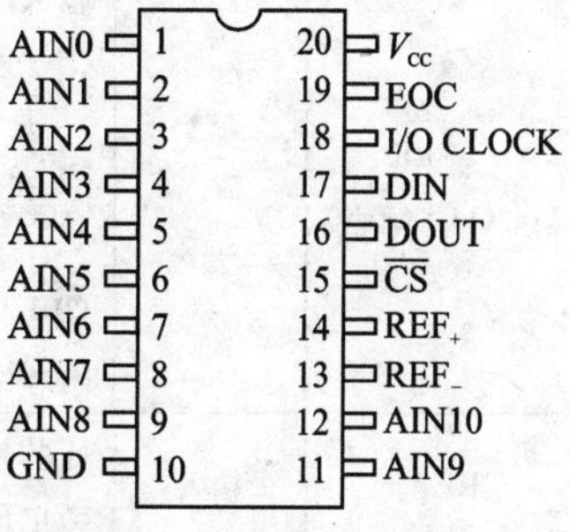

TLC2543 片内由通道选择器、数据（地址和命令字）输入寄存器、采样-保持电路、12 位 A/D 转换器、输出寄存器、并行/串行转换器以及控制逻辑电路 7 个部分组成。通道选择器根据输入地址寄存器中存放的模拟输入通道地址，选择输入通道，并将输入通道中的信号送到采样-保持电路中，然后在 12 位 A/D 转换器中将采样的模拟量进行量化编码，转换成数字量，存放到输出寄存器中。这些数据经过并行/串行转换器转换成串行数据，经 TLC2543 的 DOUT 输出到微处理器中。

图 6.36 TLC2543 引脚排列

第 6 章 系统前向通道配置及串行 A/D 接口技术

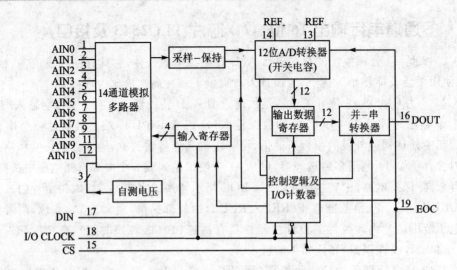

图 6.37 TLC2543 片内结构框图

TLC2543 的引脚定义如表 6.12 所列。

表 6.12 TLC2543 各引脚定义

引 脚	输入/输出	功 能
AIN0~AIN10	输入	模拟输入通道。在使用 4.1 MHz 的 I/O 时钟时,外部输入设备的输出阻抗小于或等于 50 Ω
$\overline{CS}$	输入	片选端。一个从高到低的变化可以使系统寄存器复位,同时使能系统的输入/输出和 I/O 时钟输入。一个从低到高的变化会禁止数据输入/输出和 I/O 时钟输入
DIN	输入	串行数据输入。最先输入的 4 位用来选择输入通道,数据是最高位在前,每一个 I/O 时钟的上升沿送入一位数据,最先 4 位数据输入到地址寄存器后,接下来的 4 位用来设置 TLC2543 的工作方式
DOUT	输出	转换结束数据输出。有 3 种长度:8、12 和 16 位。数据输出的顺序可以在 TLC2543 的工作方式中选择。数据输出引脚在 $\overline{CS}$ 为高时呈高阻状态,在 $\overline{CS}$ 为低时使能
EOC	输出	转换结束信号。在命令字的最后一个 I/O 时钟的下降沿变低,在转换结束后由低变为高
GND		地
SCLK (I/O CLOCK)	输入	输入/输出同步时钟,它有 4 种功能: ① 在它的前 8 个上升沿将命令字输入到 TLC2543 的数据输入寄存器。其中前 4 个是输入通道地址选择 ② 在第 4 个 I/O 时钟的下降沿,选中的模拟通道的模拟信号对系统中的电容阵列进行充电。直到最后一个 I/O 时钟结束 ③ I/O 时钟将上次转换结果输出。在最后一个数据输出完后,系统开始下一次转换 ④ 在最后一个 I/O 时钟的下降沿,EOC 将变为低电平
REF+	输入	正的转换参考电压,一般就用 V_{CC}。最大的输入电压取决于正的参考电压与负的参考电压的差值
REF−	输入	负的转换参考电压
V_{CC}		设备的电源

2. TLC2543 的接口时序

TLC2543 的时序有两种：使用片选信号 $\overline{CS}$ 和不使用片选信号 $\overline{CS}$。这两种时序分别如图 6.38 和图 6.39 所示。它们的差别是：使用片选信号 $\overline{CS}$，每次转换都将 $\overline{CS}$ 变为低电平，开始写入命令字，直到 DOUT 端移出 12 位数据，再将 $\overline{CS}$ 变为高电平，等待转换结束后，再将 $\overline{CS}$ 变为低电平，进行下一次转换；不使用片选信号 $\overline{CS}$，只是第 1 次转换将 $\overline{CS}$ 变为低电平后，$\overline{CS}$ 持续为低电平，以后的各次转换都从转换结束信号的上升沿开始。8 位和 16 位数据的时序与 12 位数据的时序相同，它们只是在转换周期前减少或者增加 4 个时钟周期。

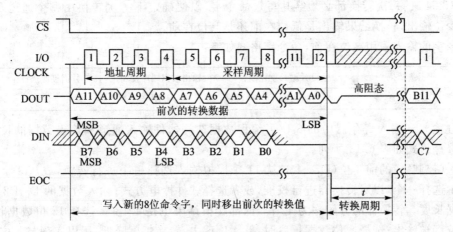

图 6.38　使用片选信号 $\overline{CS}$ 高位在前的时序

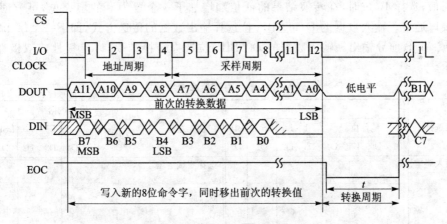

图 6.39　不使用片选信号 $\overline{CS}$ 高位在前的时序

TLC2543 工作过程分为两个周期：I/O 周期和实际 A/D 转换周期。

TLC2543 的工作由 $\overline{CS}$ 使能或禁止。工作时 $\overline{CS}$ 必须为低电平。$\overline{CS}$ 置高电平时，串行数据输出端立即进入高阻态，为其他的共享数据总线的器件让出数据总线。经过一个保持时间后，I/O CLOCK、DIN 禁止。当 $\overline{CS}$ 再次使能时，开始一个新的 I/O 周期。

在 I/O 周期输入 8 位控制字，包括一个 4 位模拟通道地址（D7～D4）、一个 2 位数据长度选择（D3～D2）、一个输出 MSB 或 LSB 在前的位（D1），以及一个单极性或双极性输出选择位（D0）的 8 位数据流。这个数据流是从 DIN 端加入的。输入/输出时钟系列加在 I/O CLOCK 端，以传送这个数据到输入数据寄存器。

TLC2543 的工作状态由 EOC 指示。复位状态 EOC 总是为高,只有在 I/O 周期的最后一个 I/O CLOCK 脉冲的下降沿之后 EOC 变为低,指示转换周期开始。转换完成后转换结果锁存入输出数据寄存器,EOC 变为高,其上升沿使转换器返回到复位状态,开始下一个 I/O 周期。

模拟输入的采样开始于输入 I/O CLOCK 的第 4 个下降沿,而保持则在 I/O CLOCK 的最后一个下降沿之后。I/O CLOCK 的最后一个下降沿也使 EOC 变低并开始转换。

TLC2543 对 I/O 时钟的间隔也是有限制的,它的一般长度不得小于 1.425 μs。

3. TLC2543 的命令字

TLC2543 的每次转换都必须给其写入命令字,以便确定下一次转换用哪个通道,转换结果用多少位输出,转换结果输出是低位在前还是高位在前。

命令字的输入采用高位在前,命令字格式如下:

通道选择位	输出数据长度控制位	输出数据顺序控制位	数据极性选择位
D7D6D5D4	D3D2	D1	D0

通过输入到输入寄存器中的 8 位可编程数据选择器件输入通道和输出数据的长度及格式。其选择格式如表 6.13 所列。

输入(控制字)的前 4 位(D7~D4)从 11 个模拟输入选择一个进行转换,或从 3 个内部自测电压中选择一个,以对转换器进行校准,或者选择软件掉电方式;输入数据的 D3 D2 位选择输出数据长度。转换器的分辨率为 12 位,内部转换结果也是 12 位。选择 12 位数据长度时,所有的位都被输出;选择 8 位数据长度时,低 4 位截去,转换精度降低,用以实现与 8 位串行接口快速通信;选择 16 位时,在转换结果的低位端增加了 4 个置为 0 的填充位,可方便地与 16 位串行接口通信。输入数据的 D1(LSBF)位选择输出数据的传送方式,即下一个 I/O 周期数据以 LSB 或 MSB 前导输出。输入数据的 D0(BIP)位选择转换结果,以单极性或双极性二进制数码表示。

表 6.13 输入寄存器命令字格式

功能选择	输入数据字节							功能选择	输入数据字节						
	地址位				L1	L0	LSBF	BIP		地址位				L1	L0	LSBF	DIP
	D7	D6	D5	D4	D3	D2	D1	D0		D7	D6	D5	D4	D3	D2	D1	D0
选择输入通道									选择测试电压								
AIN0	0	0	0	0					$(V_{ref+}-V_{ref-})/2$	1	0	1	1				
AIN1	0	0	0	1					V_{ref-}	1	1	0	0				
AIN2	0	0	1	0					V_{ref+}	1	1	0	1				
AIN3	0	0	1	1					软件断电	1	1	1	0				
AIN4	0	1	0	0					输出数据长度								
AIN5	0	1	0	1					8 位					0	1		
AIN6	0	1	1	0					12 位					X	0		
AIN7	0	1	1	1					16 位					1	1		
AIN8	1	0	0	0					输出数据格式								
AIN9	1	0	0	1					MSB 前导							0	
AIN10	1	0	1	0					LSB 前导							1	
									单极性(二进制)								0
									双极性(2 的补码)								1

注:X 表示无关项。

4. TLC2543 与 89C51 的 SPI 接口及程序

TLC2543 串行 A/D 转换器与 89C51 的 SPI 接口电路如图 6.40 所示。

SPI(Serial Perpheral Interface)是一种串行外设接口标准,串行通信的双方用 4 根线进行通信。这 4 根连线分别是：片选信号、I/O 时钟、串行输入和串行输出。这种接口的特点是快速、高效,并且操作起来比 I²C 要简单一些,接线也比较简单,TLC2543 提供 SPI 接口。

对不带 SPI 或相同接口能力的 89C51,须用软件合成 SPI 操作来和 TLC2543 接口。TLC2543 的 I/O CLOCK、DIN 和 $\overline{CS}$ 端由单片机的 P1.0、P1.1 和 P1.3 提供。TLC2543 转换结果的输出(DOUT)数据由 P1.2 接收。89C51 将用户的命令字通过 P1.1 输入到 TLC2543 的输入寄存器中,等待 20 μs 开始读数据,同时写入下一次的命令字。

1) TLC2543 与 89C51 的 8 位数据传送程序

TLC2543 与 89C51 的 SPI 串行接口电路如图 6.40 所示。TLC2543 与 89C51 进行 1 次 8 位数据传送,选用 AIN0(即采集 1 次),高位在前。子程序如下：

```
TLC2543: MOV    R4,#04H        ;置控制字,AIN0,8 位数据高位在前
         MOV    A,R4
         CLR    P1.3           ;片选 CS 有效,选中 TLC2543
MSB:     MOV    R5,#08H        ;传送 8 位
LOOP:    MOV    P1,#04H        ;P1.2 为输入位
         MOV    C,P1.2         ;将 TLC2543 A/D 转换的 8 位数据串行读到 C 中一位
         RLC    A              ;带进位位循环左移
         MOV    P1.1,C         ;将控制字(在 ACC 中)的一位经 DIN 送入 TLC2543
         SETB   P1.0           ;产生一个时钟
         NOP
         CLR    P1.0
         DJNZ   R5,LOOP
         MOV    R2,A           ;A/D 转换的数据存于 R2 中
         RET
```

执行上述子程序的过程如图 6.41 所示。经 8 次循环,执行"RLC   A"指令 8 次,最后命令字 00000100 经 P1.1、DIN 进入 TLC2543 的输入寄存器,8 位 A/D 转换数据××××.×××× 读入累加器。

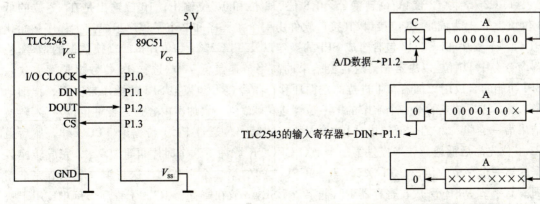

图 6.40　TLC2543 和 89C51 的接口电路　　　图 6.41　TLC2543 与 89C51 数据交换示意图

2) TLC2543 与 89C51 的 12 位数据传送程序

用 TLC2543 的 AIN0 采集 10 个数据,放入 89C51 的 R2 中。89C51 采用频率为 12 MHz 的晶振,数据格式为 12 位,高位在前,单极性,命令字为 00H。程序如下:

```
            ORG     0100H
            MOV     P1,#04H       ;P1.2 为输入位
            MOV     R6,#0AH       ;转换 10 次
            MOV     R0,#2FH       ;置数据缓冲区指针
            CLR     P1.0          ;置 I/O 时钟为低
            SETB    P1.3          ;置CS为高
            ACALL   TLC2543       ;调转换子程序
            SJMP    $
TLC2543:    MOV     A,#00H        ;设置通道选择和工作模式(IN0,12 位)
            CLR     P1.3          ;置CS为低
            MOV     R5,#0CH       ;置输出位计数初值
LOOP:       MOV     P1,#04H       ;P1.2 为输入位
            MOV     C,P1.2        ;读入转换数据一位
            RLC     A             ;将进位位移给 A,即将转换数据的一位读入,同时将控制字
                                  ;的一位输入 C
            MOV     P1.1,C        ;送出一位控制位入 2543
            SETB    P1.0          ;置 I/O 时钟为高
            NOP
            CLR     P1.0          ;置 I/O 时钟为低
            CJNE    R5,#04,LOP1   ;剩 4 位了吗?
            MOV     @R0,A         ;前 8 位存入 RAM
            INC     R0
            CLR     A
LOP1:       DJNZ    R5,LOOP       ;未转完继续读剩余 4 位
            ANL     A,#0FH
            MOV     @R0,A         ;转换完的存入单元
            RET
```

3) TLC2543 与 89C51 的 16 位数据传送程序

TLC2543 为 12 位 A/D 转换器,可 8 位、12 位和 16 位输出。16 位输出是在 12 位的低 4 位填 4 个 0,为满足 16 位接口,其接口软件由一个主程序和 2 个子程序组成。主程序初始化 P1 口。子程序 TLC2543 包含合成 SPI 的操作以及 TLC2543 和单片机间交换数据的指令,检测命令字中 D1 位,以决定先传送转换结果的高字节还是低字节(选择 16 位数据长度方式)。SPI 功能的合成用累加器和带进位的左循环移位指令(RLC)模拟 SPI 的操作来实现。详细地说:读入转换结果的第一个字节的第一位到进位(C)位。累加器内容通过带进位左移,转换结果第一位移入 A 的最低位中,同时输入数据的第一位通过 P1.1 传输给 TLC2543。然后由 P1.0 先高后低地翻转来提供第一个 I/O CLOCK 脉冲。这个时序再重复 7 次,完成转换数据的第一个字节的传送。TLC2543 和 89C51 之间的第二个字节的传送与第一个字节完全相同。高字节 MSByte 放在寄存器 R2,低字节 LSByte 放在寄存器 R3。子程序 STORE 用于映射相应于所选择的特定通道的 MSByte 和 LSByte 到偶或奇数的 RAM 地址。

程序如下:

```
         ORG      100H
START:   MOV      SP,#50H        ;初始化堆栈指针
         MOV      P1,#04H        ;初始化 P1 口
         CLR      P1.0           ;置 I/O CLOCK 为低
         SETB     P1.3           ;置CS为高
         MOV      A,#0FFH
         ACALL    TLC2543
         ACALL    STORE
         LJMP     STARJ
TLC2543: MOV      R4,#0CH        ;读输入数据命令字到 R4,AIN0,16 位,高位在前
         MOV      A,R4           ;读输入数据到 A
DW0:     CLR      P1.3           ;置CS为低
         JB       ACC.1,LSB      ;若输入数据 D1 为 1,首先进行低字节数据传送
MSB:     MOV      R5,#08         ;以下传送高字节数据
LOOP1:   MOV      C,P1.2         ;读转换数据到 C
         RLC      A              ;转换数据移到 A 的最低位,输入数据移入 C
         MOV      P1.1,C         ;写输入数据(命令字)
         SETB     P1.0           ;置 I/O CLOCK 为高
         NOP
         CLR      P1.0           ;置 I/O CLOCK 为低
         DJNZ     R5,LOOP1       ;判 8 个数据送完否,未完跳回
         MOV      R2,A           ;转换结果的高字节放入 R2
         MOV      A,R4           ;读输入数据到 A
         JB       ACC.1,RETURN   ;若输入数据 D1 为 1,送数结束
LSB:     MOV      R5,#08         ;以下传送低字节数据
LOOP2:   MOV      C,P1.2
         RLC      A
         MOV      P1.1,C
         SETB     P1.0
         NOP
         CLR      P1.0
         DJNZ     R5,LOOP2
         MOV      R3,A           ;转换结果低字节放入 R3
         MOV      A,R4
         JB       ACC.1,MSB      ;若输入数据 D1 为 1,进行高字节数据传送
RETURN:  RET
STORE:   MOV      A,R4           ;读输入数据到 A
         ANL      A,#0F0H        ;只保留地址位
         SWAP     A              ;以下产生存储地址
         MOV      B,#02
         MUL      AB
         ADD      A,#30H
         MOV      R1,A
         MOV      A,R2
```

```
        MOV     @R1,A
        ;把高字节放入相应的偶数地址 RAM：
        ;各通道地址依次为 30H、32H……
        INC     R1
        MOV     A,R3
        MOV     @R1,A
        ;把低字节放入相应的奇数地址 RAM：
        ;各通道地址依次为 31H、33H……
        RET
        END
```

第 7 章

系统后向通道配置及串行 D/A 接口技术

在单片机控制系统中,单片机总要对被控对象实现控制操作。因此,在这样的系统中,需要有后向通道。后向通道是单片机实现控制运算处理后,对被控对象的输出通道接口。

系统的后向通道是一个输出通道,其特点是弱电控制强电,即小信号输出实现大功率控制。常见的被控对象有电机、电磁开关等。

单片机实现控制是以数字信号或模拟信号的形式通过 I/O 口送给被控对象的。其中,数字信号形态的开关量、二进制数字量和频率量可直接用于开关量、数字量系统及频率调制系统的控制;但对于一些模拟量控制系统,则应通过 D/A 转换器转换成模拟量控制信号后,才能实现控制。

7.1 后向通道中的功率开关器件及接口技术

7.1.1 继电器及接口

单片机用于输出控制时,用得最多的功率开关器件是固态继电器,它将取代电磁式的机械继电器。

1. 单片机与继电器的接口

一个典型的继电器与单片机的接口电路如图 7.1 所示。

2. 单片机与固态继电器接口

固态继电器简称 SSR(Solid State Relay),是一种四端器件:两端输入,两端输出,它们之间用光耦合器隔离。它是一种新型的无触点电子继电器,其输入端仅要求输入很小的控制电流,与 TTL、HTL、CMOS 等集成

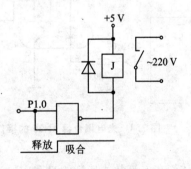

图 7.1 继电器接口

电路具有较好的兼容性,而其输出则用双向晶闸管(可控硅)来接通和断开负载电源。与普通电磁式继电器和磁力开关相比,具有开关速度快,工作频率高,体积小,重量轻,寿命长,无机械噪声,工作可靠,耐冲击等一系列特点。由于无机械触点,当其用于需要抗腐蚀,抗潮湿,抗振动和防爆的场合时,更能体现出有机械触点继电器无法比拟的优点。由于其输入控制端与输出端用光电耦合器隔离,所需控制驱动电压低,电流小,非常容易与计算机控制输出接口。因此,在单片机控制应用系统中,已越来越多地用固态继电器取代传统的电磁式继电器和磁力开关作开关量输出控制。图 7.2 所示为固态继电器内部结构。图 7.3 为 89C51 单片机 I/O 口

第 7 章 系统后向通道配置及串行 D/A 接口技术

线与固态继电器 SSR 接口电路。

当 89C51 的 P1.0 线输出为低电平时,SSR 输出相当于开路;而 P1.0 输出为高电平时,SSR 输出相当于通路(相当于开关闭合),电源给负载(如电阻加热炉)加电,从而实现开关量控制。带光电隔离的固态继电器还有过零型、调相型等,输出端的可控硅作为开关,控制大电流电路的通与断。

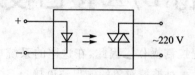

图 7.2 固态继电器内部结构

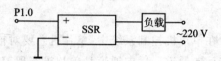

图 7.3 I/O 口线与 SSR 接口电路

7.1.2 光电耦合器(隔离器)件及驱动接口

后向通道往往所处环境恶劣,控制对象多为大功率伺服驱动机构,电磁干扰较为严重。为防止干扰窜入和保证系统的安全,常常采用光电耦合器,来实现信号的传送,同时又可将系统与现场隔离开。

晶体管输出型光电耦合器的受光器是光电晶体管,如图 7.4 所示。光电晶体管除了没有使用基极外,同普通晶体管一样,取代基极电流的是以光作为晶体管的输入。当光电耦合器的发光二极管发光时,光电晶体管受光的影响在 cb 间和 ce 间会有电流流过,这两个电流基本受光照度的控制。常用 ce 间的电流作为输出电流,输出电流受 V_{ce} 的电压影响很小,在 V_{ce} 增加时,稍有增加。

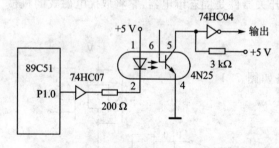

图 7.4 光电耦合器 4N25 的接口电路

光电耦合器在传输脉冲信号时,输入信号和输出信号之间有一定的时间延迟,不同结构光电耦合器的输入/输出延迟时间相差很大。4N25 的导通延迟 t_{ON} 是 2.8 μs,关断延迟 t_{OFF} 是 4.5 μs;4N33 的导通延迟 t_{ON} 是 0.6 μs,关断延迟 t_{OFF} 是 45 μs。

晶体管输出型光电耦合器可以用作开关,这时,发光二极管和光电晶体管处于关断状态。当发光二极管通过电流脉冲时,光电晶体管在电流脉冲持续的时间内导通(光电耦合器也可作线性耦合器用)。

图 7.4 是使用 4N25 的光电耦合器接口电路图。若 P1.0 输出一个脉冲,则 74HC04 输出端输出一个相位相同的脉冲。4N25 起耦合脉冲信号和隔离单片机 89C51 系统与输出部分的作用,使两部分的电流相互独立。如输出部分的地线接机壳或接地,而 89C51 系统的电源地线浮空,不与交流电源的地线相接,则可以避免输出部分电源变化时对单片机电源的影响,减少系统所受的干扰,提高系统的可靠性。4N25 输入/输出端的最大隔离电压大于 2 500 V。

图 7.4 所示的接口电路中,使用同相驱动器 OC 门 74HC07 作为光电耦合器 4N25 输入端的驱动。光电耦合器输入端的电流一般为 10~15 mA,发光二极管的压降为 1.2~1.5 V。限流电阻由下式计算:

$$R = \frac{V_{CC} - (V_F + V_{CS})}{I_F}$$

式中：V_{CC} 为电源电压；V_F 为输入端发光二极管的压降，取 1.5 V；V_{CS} 为驱动器 74HC07 的压降，取 0.5 V。

图 7.4 所示电路要求 I_F 为 15 mA，则限流电阻值计算如下：

$$R = \frac{V_{CC} - V_F - V_{CS}}{I_F} = \frac{5\text{ V} - 1.5\text{ V} - 0.5\text{ V}}{0.015\text{ A}} = 200\ \Omega$$

当 89C51 的 P1.0 端输出高电平时，4N25 输入端电流为 0 A，三极管 ce 截止，74HC04 的输入端为高电平，74HC04 输出为低电平；当 89C51 的 P1.0 端输出低电平时，74HC07 输出端也为低电平，4N25 的输入电流为 15 mA，输出端可以流过不小于 3 mA 的电流，三极管 ce 导通（如果输出端负载电流小于 3 mA），则 ce 间相当于一个接通的开关，74HC04 输出高电平。4N25 的第 6 引脚是光电晶体管的基极，在一般的使用中该引脚悬空。74HC04 的输出可用于开关量控制。

光电耦合器也常用于较远距离的信号隔离传送。一方面，光电耦合器可以起到隔离两个系统地线的作用，使两个系统的电源相互独立，消除地电位不同所产生的影响；另一方面，光电耦合器的发光二极管是电流驱动器件，可以形成电流环路的传送形式。由于电流环电路是低阻抗电路，它对噪音的敏感度低，因此，提高了通信系统的抗干扰能力，常用于有噪音干扰环境下的传输，最大传输距离为 900 m。图 7.5 是用光电耦合器组成的电流环发送和接收电路。

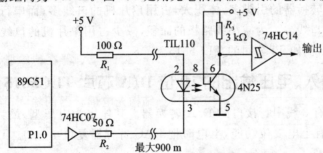

图 7.5 电流环电路

7.1.3 光电耦合驱动晶闸管（可控硅）功率开关及接口

晶闸管输出型光电耦合器的输出端是光敏晶闸管或光敏双向晶闸管。当光电耦合器的输入端有一定的电流流入时，晶闸管即导通。有的光电耦合器的输出端还配有过零检测电路，用于控制晶闸管过零触发，以减小电器在接通电源时对电网的影响。

图 7.6 是 4N40 和 MOC3041 的接口驱动电路。

4N40 是常用的单向晶闸管输出型光电耦合器，也称固态继电器。当输入端有 15～30 mA 的电流时，输出端的晶闸管导通，输出端的额定电压为 400 V，额定电流为 300 mA。输入、输出端隔离电压为 1500～7500 V。如果输出端的负载为电热丝，即可用于温度控制。

4N40 的第 6 引脚是输出晶闸管的控制端，不使用此端时，此端可对阴极接一个电阻。

MOC3041 是常用的双向晶闸管输出的光电耦合器（固态继电器），带过零触发电路，输入

第 7 章 系统后向通道配置及串行 D/A 接口技术

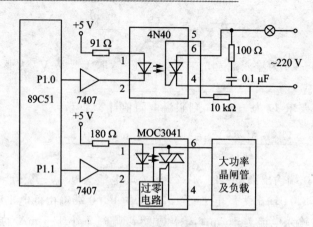

图 7.6 晶闸管输出型光电耦合器驱动接口

端的控制电流为 15 mA,输出端的额定电压为 400 V,最大重复浪涌电流为 1 A,输入、输出端隔离电压为 7500 V。MOC3041 的第 5 引脚是器件的衬底引出端,使用时不需要接线。国产的 S204Z 也是一种过零型固态继电器(220 V,4 A)。

7.2 后向通道中的串行 D/A 转换及接口技术

目前 D/A 转换器从接口上可分为两大类:并行接口 D/A 转换器和串行接口 D/A 转换器。并行接口 D/A 转换器的引脚多,体积大,占用单片机的口线多;而串行 D/A 转换器的体积小,占用单片机的口线少。为减小线路板的面积,减少占用单片机的口线,越来越多地采用了串行 D/A 转换器,例如 TI 公司的 TLC5615。

7.2.1 串行输入、电压输出的 10 位 D/A 芯片 TLC5615 接口技术

TLC5615 是具有 3 线串行接口的 D/A 转换器。其输出为电压型,最大输出电压是基准电压值的两倍。带有上电复位功能,上电时把 DAC 寄存器复位至全 0。TLC5615 的性价比较高,市场售价比较低。

1. TLC5615 的特点

- 10 位 CMOS 电压输出;
- 5 V 单电源工作;
- 与微处理器 3 线串行接口(SPI);
- 最大输出电压是基准电压的 2 倍;
- 输出电压具有和基准电压相同的极性;
- 建立时间 12.5 μs;
- 内部上电复位;
- 低功耗,最高为 1.75 mW;
- 引脚与 MAX515 兼容。

2. 功能方框图

TLC5615 的功能方框图如图 7.7 所示。

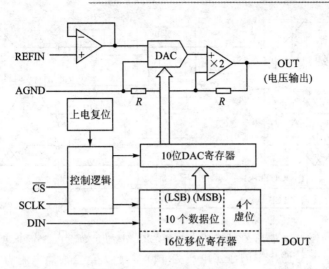

图 7.7 TLC5615 功能方框图

3. 引脚排列及功能

TLC5615 的引脚排列及功能说明分别见图 7.8 及表 7.1。

4. TLC5615 的时序分析

TLC5615 的时序图如图 7.9 所示。由时序图可以看出，当片选$\overline{CS}$为低电平时，输入数据 DIN 和输出数据 DOUT 由片选$\overline{CS}$、时钟 SCLK 同步输入或输出，而且最高有效位在前，低有效位在后。输入时钟 SCLK 的上升沿把串行输入数据经 DIN 移入内部的 16 位移位寄存器，SCLK 的下降沿输出串行数据 DOUT。片选$\overline{CS}$的上升沿把数据传送至 DAC 寄存器。

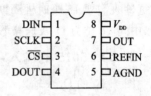

图 7.8 TLC5615 引脚图

表 7.1 引脚功能

引脚名称	序号	I/O	说明
DIN	1	I	串行数据输入
SCLK	2	I	串行时钟输入
$\overline{CS}$	3	I	芯片选择，低有效
DOUT	4	O	用于菊花链(daisy chaining)的串行数据输出
AGND	5		模拟地
REFIN	6	I	基准电压输入
OUT	7	O	DAC 模拟电压输出
V_{DD}	8		正电源(4.5~5.5 V)

当片选$\overline{CS}$为高电平时，串行输入数据 DIN 不能由时钟同步送入移位寄存器；输出数据 DOUT 保持最近的数值不变且不进入高阻状态。因此，要想串行输入数据和输出数据，必须满足两个条件：第一，时钟 SCLK 的有效跳变；第二，片选$\overline{CS}$为低电平。串行 D/A 转换器 TLC5615 的使用有两种方式：级联方式和非级联方式。如果不使用级联方式，则 DIN 只须输

第 7 章 系统后向通道配置及串行 D/A 接口技术

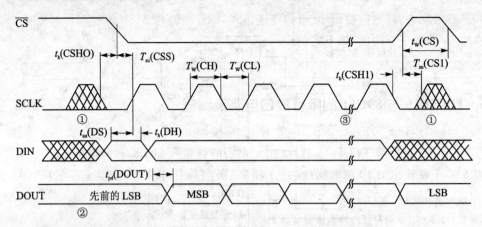

注：① 为了使时钟馈通为最小，$\overline{CS}$ 为高电平时，加在 SCLK 端的输入时钟应当呈现低电平。
② 数据输入来自先前转换周期。
③ 第 16 个 SCLK 下降沿。

图 7.9 时序波形图

入 12 位数据：前 10 位为 TLC5615 输入的 D/A 转换数据，且输入时高位在前，低位在后；后两位必须写入数值为 0 的低于 LSB 的位，因为 TLC5615 的 DAC 输入锁存器为 12 位宽。如果使用 TLC5615 的级联功能，则来自 DOUT 的数据须输入 16 位时钟下降沿，因此完成一次数据输入需要 16 个时钟周期，输入的数据也应为 16 位。输入 16 位数据中，前 4 位为高虚拟位，中间 10 位为 D/A 转换数据，最后 2 位为低于 LSB 的位即 0。

5. TLC5615 的输入/输出关系

图 7.10 的 D/A 输入/输出关系如表 7.2 所列。

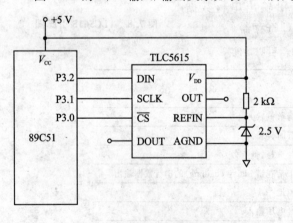

图 7.10 TLC5615 与 89C51 接口电路

表 7.2 D/A 转换关系表

数字量输入	模拟量输出
1111 1111 11(00)	$2V_{REFIN} \times 1\,023/1\,024$
⋮	⋮
1000 0000 01(00)	$2V_{REFIN} \times 513/1\,024$
1000 0000 00(00)	$2V_{REFIN} \times 512/1\,024$
0111 1111 11(00)	$2V_{REFIN} \times 511/1\,024$
⋮	⋮
0000 0000 01(00)	$2V_{REFIN} \times 1/1\,024$
0000 0000 00(00)	0 V

因为 TLC5615 芯片内的输入锁存器为 12 位，所以要在 10 位数字的低位后面再填上 2 位数字 XX。XX 为无关状态。串行传送的方向是先送出高位 MSB，后送出低位 LSB，如下所示：

10 位	X	X
MSB		LSB

如果有级联电路，则应使用 16 位的传送格式，即在最高位 MSB 的前面再加上 4 个虚位，被转换的 10 位数字在中间，如下所示：

| 4 个虚位 | 10 位 | X | X |

6. TLC5615 与 89C51 的串行接口电路及编程

图 7.10 为 TLC5615 和 89C51 单片机的接口电路。在电路中，89C51 单片机的 P3.0~P3.2 口分别控制 TLC5615 的片选$\overline{CS}$、串行时钟输入 SCLK 和串行数据输入 DIN。

将 89C51 要输出的 10 位数据存在 R1 和 R2 寄存器中，其 D/A 转换子程序 DAC10 如下：

```
;子程序名:DAC10
;参数:R1、R2 中分别存放待转换数据的高 2 位和低 8 位
;资源占用:R1、R2、R3 和 A
;引脚定义
         CS      BIT     P3.0
         SCLK    BIT     P3.1
         DIN     BIT     P3.2
DAC10:   SETB    CS              ;拉高CS端
         NOP
         NOP
         CLR     DIN
         CLR     SCLK
         CLR     CS              ;拉低片选端CS
         NOP
         NOP
         MOV     A,R1            ;取得待输出数据高 2 位
         MOV     R3,#02H         ;准备循环 2 次
DAC2:    RLC     A
         MOV     DIN,C           ;送出数据
         NOP
         NOP
         SETB    CSLK
         NOP
         NOP
         CLR     SCLK            ;形成时钟脉冲
         DJNZ    R3,DAC2
         MOV     R3,#08H
         MOV     A,R2            ;取得待输出数据低 8 位
DAC8:    RLC     A
         MOV     DIN,C           ;送出数据
         NOP
         NOP
         SETB    SCLK            ;形成时钟脉冲
         NOP
         NOP
```

```
        CLR     SCLK
        DJNZ    R3,DAC8
        SETB    CS
        CLR     SCLK
        CLR     DIN     ;拉高片选端,拉低时钟端与数据端,回到初始状态
        RET
```

7.2.2 串行输入、电压输出的 12 位 D/A 芯片 TLC5616 的应用

串行 D/A 转换器的分辨率有 8 位、10 位和 12 位等类型,下面以 TI 公司的 TLV5616 为例说明串行 D/A 转换器的使用方法。

1. TLV5616 的特性

TLV5616 的特性如下:
- 分辨率为 12 位,电压输出。
- 编程控制建立时间:快速模式为 3 μs,慢速模式为 9 μs。
- 超低功耗:慢速模式时典型功耗为 900 μW,快速模式时典型功耗为 2.1 mW(电源电压为 3 V 时)。
- 非线性误差的典型值<0.5 LSB。
- 与 SPI 串行接口兼容。
- 省电模式(电流为 10 nA)。
- 高阻缓冲的参考电压输入。
- 电压输出范围为参考电压的 2 倍。

2. TLV5616 的内部结构与接口信号

TLV5616 的内部结构和引脚排列如图 7.11 所示。

从 DIN 输入到串行输入寄存器中的数据,每 16 位为一帧,由 FS 输入的信号进行帧同步。一帧中的 16 位数据包括 12 位待转换数据和 2 位控制数据两部分。12 位待转换数据进入数据锁存器,2 位控制数据被送入速度/功率下降控制逻辑,以对转换速度和功耗进行控制。数据格式为:

×	SPD(D14)	PWR(D13)	×	待转换数据(D11～D0)

其中,SPD 为速度控制位,1 为快速(建立时间为 3 μs、典型功耗为 2.1 mW),0 为慢速(建立时间为 9 μs、典型功耗为 900 μW);PWR 是功耗控制位,1 为低功耗,0 为正常功耗,设置为低功耗时,TLV5616 的所有放大器处于禁止状态。

参考电压 V_{REF} 从 REFIN 进入,经高阻运放加到电阻网络上。待转换的数据经数据锁存器进入电阻网络完成 D/A 转换,转换后的模拟电压再经过 2 倍增益的放大器从 OUT 输出。输出电压为:

$$V_{OUT} = 2 \times V_{REF} \times 转换的数据 /2^n$$

其中:n 为数据位数,转换数据为 $0 \sim 2^{n-1}$,V_{REF} 为参考电压。输出电压的范围为参考电压的 2 倍,非线性误差的典型值<0.5 LSB。

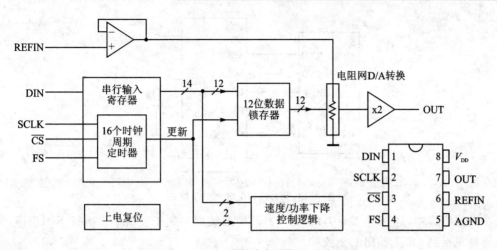

图 7.11　TLV5616 的内部结构和引脚排列

3. TLV5616 的时序

TLV5616 时序如图 7.12 所示。需要注意的是，写入 TLV5616 的数据是高位在前，低位在后，而单片机串行口移位寄存器移出的数据却与此相反，是低位在前，高位在后。

图中数据由 DIN 在 SCLK 时钟控制下串行移位进入串行输入寄存器。每 16 位为一帧，由 FS 进行帧同步。数据的控制位（D14 和 D13 两位）进入速度和功率下降控制逻辑，对转换速度和功耗进行控制。串行数据中 12 位待转换数据通过 12 位数据锁存器后进入电阻网络完成 D/A 转换，模拟电压经过 2 倍增益的放大器从 OUT 输出。参考电压从 REFIN 输入，经高阻抗运放加到电阻网络，这样可以降低能源的消耗。

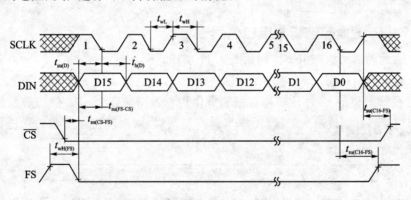

图 7.12　TLV5616 时序图

4. TLV5616 与 89C51 接口与编程

TLV5616 与 89C51 接口电路如图 7.13 所示。由 TLV5616 的接口信号可知，TLV5616 与单片机的连接需要 4 条 I/O 线。其中一条 I/O 线接 FS，为 TLV5616 提供帧同步；另一条 I/O 线接 $\overline{CS}$，为 TLV5616 提供高电平到低电平再从低电平到高电平的变化；另外 2 条串行口线接 SDIN 和 SCLK，与 TLV5616 之间传送数据。串行口用做同步移位寄存器将数据移入 TLV5616 的串行输入寄存器。

转换后的波形从 OUT 以电压的形式输出，T0 每 60 μs 中断一次，读入一个数据进行转

第7章 系统后向通道配置及串行 D/A 接口技术

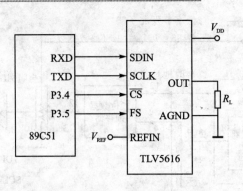

图 7.13 TLV5616 与 89C51 接口

换。在数据格式中,选择 SPD=0,PWR=0,转换的数据存放于表格中。执行下列程序,利用示波器将观察到 OUT 输出的正弦波。

D/A 转换程序 DAC12 如下:

```
;引脚定义
        P3.4      bit       CS
        P3.5      bit       FS
DAC12:  MOV       SP,#30H         ;置堆栈指针
        CLR       A
        MOV       SCON,A          ;串行口工作于方式0,即移位寄存器方式
        MOV       TMOD,#02        ;T0 工作于方式 2
        MOV       TH0,#0C8H
        MOV       TL0,#0C8H
        SETB      FS              ;置 FS=1
        SETB      CS              ;置 CS=1
        SETB      ET0
        SETB      EA
        MOV       R0,A;           ;地址指针清 0
        SETB      TR0
        SJWP      $               ;等待中断
        RET
;T0 中断服务程序
TIME0:  PUSH      PSW
        CLR       CS              ;CS 变低
        CLR       FS              ;FS 变低
        MOV       DPTR,#TAB       ;置 SIN 函数表的表头地址 TAB
        MOV       A,R0
        MOV       CA,@A+DPTR      ;取表格中一帧数据高字节
        MOV       SBUF A          ;发高字节数据
        MOV       A,R0            ;取地址指针
        INC       A               ;地址加 1
        MOVC      A,@A+DFTR       ;取一帧数据低字节
        JNB       TI,$            ;高字节发完了吗
        CLR       TI
        MOV       SBUF,A          ;查低字节数据
```

```
        JNB     TI,$           ;低字节发完了吗
        SETB    FS             ;置 FS=1,1 帧(16 位)数据发完
        CLR     TI
        MOV     A,R0           ;修改地址指针
        INC     A
        INC     A
        ANL     A,#3FH         ;当 A>64 字节时,清 A(因 3FH 与 40H 相"与"结果为 0,
                               ;又指向表头)
        MOV     R0,A
        SETB    CS             ;CS 为高
        POP     ACC
        POP     PSW
        RETI
TAB:    DW      07D0H,0955H,0ACCH,0C25H,0D54H,0E4CH,0F06H,0F78H
        DW      0F9FH,0F7AH,0F0AH,0E53H,0D5CH,0F0AH,0E53H,0960H
        DW      07DBH,0655H,04DEH,0383H,0253H,0159H,009EH,0029H
        DW      0000H,0023H,0073H,0146H,0368H,04E3H(共 64 字节)
```

7.2.3 串行输入 12 位 D/A 芯片 DAC8512 接口设计

AD 公司的 DAC8512 设有内置参考电压源,使用单一+5 V 电源供电,3 线式串行输入接口。值得指出的是,DAC8512 是目前少数以电压输出的 12 位 D/A 转换器,因而不需要外加运算放大器。DAC8512 的内部结构示意图如图 7.14 所示。

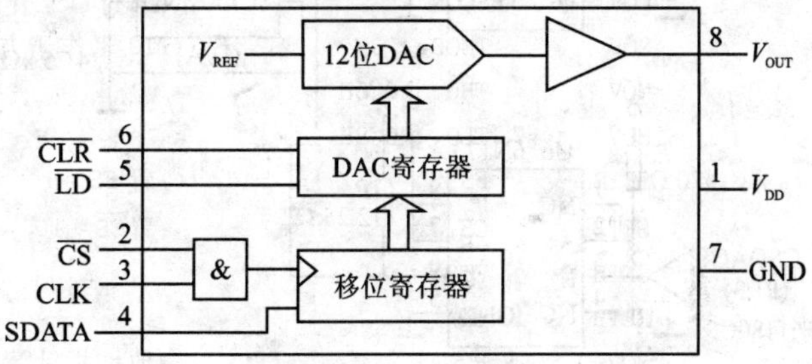

1. 启动 D/A 操作时序

DAC8512 时序图如图 7.15 所示。转换过程是在数据线上保持 1 位数据,在时钟的上升沿写入数据。等 12 位数据都送入后,给一个 LD 有效(LOAD)信号完成 D/A 转换,在 DAC8512 的输出端直接得到相应的输出电压。

图 7.14 DAC8512 内部结构原理图

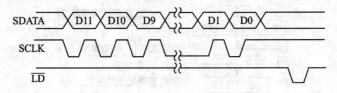

图 7.15 DAC8512 时序图

2. D/A 输出通道的硬件设计

模拟量输出通道将单片机 89C51 处理后的数据经 DAC8512 转换成模拟量输出。为了远距离传输模拟量,将模拟电压信号转换为 4~20 mA 的标准电流信号,以提高信号的抗干扰能

第7章 系统后向通道配置及串行 D/A 接口技术

力。模拟量输出通道原理图如图 7.16 所示。

模拟量输出通道与单片机的接口为 3 线式串行接口。为了提高抗干扰性能,模拟量输出通道与控制电路之间采取光电隔离措施。

V/I 变换电路选用 AD 公司的单片电压/电流(V/I)转换器 AD694,它将 0～2 V 的输入电压信号转换成标准的 4～20 mA 电流信号,使用时只接很少的外部元件,它能达到 0.002% 的非线性度,精度高,且抗干扰性强,是过程控制、工业自动化和系统监测等领域中取代分立元件设计的一种理想的集成电路。

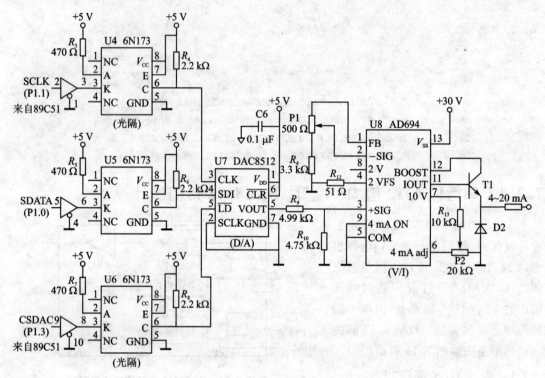

图 7.16 模拟量输出通道(D/A)原理图

3. 软件设计

根据图 7.15 的时序,得 D/A 转换子程序的流程图如图 7.17 所示。

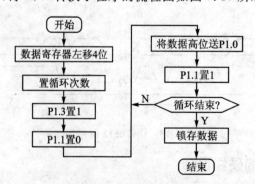

图 7.17 D/A 转换子程序流程图

转换值存放在数据寄存器 R3(高 4 位)、R2(低 8 位)中,R7 为计数器。DA8512 D/A 转换子程序 DASUB 如下:

```
DASUB:  PUSH    PSW
        PUSH    A
        MOV     R7,#04H
DASUB0: CLRC                    ;左移 4 位
        MOV     A,R2
        RLC     A
        MOV     R2,A
        MOV     A,R3
        RLC     A
        MOV     R3,A
                                         R3            R2
        DJNZ    R7,DASUB0       ;|D11……D4|,|D3……D0XXXX|
        MOV     R,#0CH
        SETB    P1.3            ;LD 为高电平
DASUB1: CLR     P1.1            ;将 P1.1(SCLK)置 0
        MOV     A,R2
        RLC     A
        MOV     R2,A            ;12 位数据(R3、R2 中)整体左移 1 位,即:
        MOV     A,R3                  C        R3              R2
        RLC     A               ;|D11|←|D10……D3|  |D2D1D0XXXXX|
        MOV     R3,A
        MOV     P1.0,C          ;(C)→P1.0(SDATA)
        SETB    P1.1            ;将 P1.1(SCLK)置 1
        DJNZ    R7,DASUB1       ;12 位数据送完(送 P1.0,即 SDATD 线)
        CLR     P1.3            ;LD 有效,D/A 转换完成
        NOP
        SETB    P1.3            ;P1.3 产生负脉冲(LD 端 FF)
        POP     A
        POP     PSW
        RET
```

附录 A

89C51 指令表

表 A.1 所列为 89C51 指令表。

表 A.1 89C51 指令表

十六进制代码	助记符		功能	对标志影响				字节数	周期数
				P	OV	AC	CY		
算术运算指令									
28~2F	ADD	A,Rn	A+Rn→A	√	√	√	√	1	1
25 direct	ADD	A,direct	A+(direct)→A	√	√	√	√	2	1
26,27	ADD	A,@Ri	A+(Ri)→A	√	√	√	√	1	1
24 data	ADD	A,#data	A+data→A	√	√	√	√	2	1
38~3F	ADDC	A,Rn	A+Rn+CY→A	√	√	√	√	1	1
35 direct	ADDC	A,direct	A+(direct)+CY→A	√	√	√	√	2	1
36,37	ADDC	A,@Ri	A+(Ri)+CY→A	√	√	√	√	1	1
34 data	ADDC	A,#data	A+data+CY→A	√	√	√	√	2	1
98~9F	SUBB	A,Rn	A−Rn−CY→A	√	√	√	√	1	1
95 direct	SUBB	A,direct	A−(direct)−CY→A	√	√	√	√	2	1
96,97	SUBB	A,@Ri	A−(Ri)−CY→A	√	√	√	√	1	1
94 data	SUBB	A,#data	A−data−CY→A	√	√	√	√	2	1
04	INC	A	A+1→A	√	×	×	×	1	1
08~0F	INC	Rn	Rn+1→Rn	×	×	×	×	1	1
05 direct	INC	direct	(direct)+1→(direct)	×	×	×	×	2	1
06,07	INC	@Ri	(Ri)+1→(Ri)	×	×	×	×	1	1
A3	INC	DPTR	DPTR+1→DPTR	×	×	×	×	1	2
14	DEC	A	A−1→A	√	×	×	×	1	1
18~1F	DEC	Rn	Rn−1→Rn	×	×	×	×	1	1
15 direct	DEC	direct	(direct)−1→(direct)	×	×	×	×	2	1
16,17	DEC	@Ri	(Ri)−1→(Ri)	×	×	×	×	1	1
A4	MUL	AB	A·B→AB	√	√	×	0	1	4
84	DIV	AB	A/B→AB	√	√	×	0	1	4
D4	DA	A	对A进行十进制调整	√	×	√	√	1	1

续表 A.1

十六进制代码	助记符		功能	对标志影响				字节数	周期数
				P	OV	AC	CY		
逻辑运算指令									
58~5F	ANL	A,Rn	A∧Rn→A	√	×	×	×	1	1
55 direct	ANL	A,direct	A∧(direct)→A	√	×	×	×	2	1
56,57	ANL	A,@Ri	A∧(Ri)→A	√	×	×	×	1	1
54 data	ANL	A,#data	A∧data→A	√	×	×	×	2	1
52 direct	ANL	direct,A	(direct)∧A→(direct)	×	×	×	×	2	1
53 direct data	ANL	direct,#data	(direct)∧data→(direct)	×	×	×	×	3	2
48~4F	ORL	A,Rn	A∨Rn→A	√	×	×	×	1	1
45 direct	ORL	A,direct	A∨(direct)→A	√	×	×	×	2	1
46,47	ORL	A,@Ri	A∨(Ri)→A	√	×	×	×	1	1
44 data	ORL	A,#data	A∨data→A	√	×	×	×	2	1
42 direct	ORL	direct,A	(direct)∨A→(direct)	×	×	×	×	2	1
43 direct data	ORL	direct,#data	(direct)∨data→(direct)	×	×	×	×	3	2
68~6F	XRL	A,Rn	A⊕Rn→A	√	×	×	×	1	1
65 direct	XRL	A,direct	A⊕(direct)→A	√	×	×	×	2	1
66,67	XRL	A,@Ri	A⊕(Ri)→A	√	×	×	×	1	1
64,data	XRL	A,#data	A⊕data→A	√	×	×	×	2	1
62 direct	XRL	direct,A	(direct)⊕A→(direct)	×	×	×	×	2	1
63 direct data	XRL	direct,#data	(direct)⊕data→(direct)	×	×	×	×	3	2
E4	CLR	A	0→A	√	×	×	×	1	1
F4	CPL	A	$\overline{A}$→A	×	×	×	×	1	1
23	RL	A	A循环左移1位	×	×	×	×	1	1
33	RLC	A	A带进位循环左移1位	√	×	×	√	1	1
03	RR	A	A循环右移1位	×	×	×	×	1	1
13	RRC	A	A带进位循环右移1位	√	×	×	√	1	1
C4	SWAP	A	A半字节交换	×	×	×	×	1	1
数据传送指令									
E8~EF	MOV	A,Rn	Rn→A	√	×	×	×	1	1
E5 direct	MOV	A,direct	(direct)→A	√	×	×	×	2	1
E6,E7	MOV	A,@Ri	(Ri)→A	√	×	×	×	1	1
74 data	MOV	A,#data	data→A	√	×	×	×	2	1
F8~FF	MOV	Rn,A	A→Rn	×	×	×	×	1	1
A8~AF direct	MOV	Rn,direct	(direct)→Rn	×	×	×	×	2	2

附录A 89C51 指令表

续表 A.1

十六进制代码	助记符		功能	对标志影响				字节数	周期数
				P	OV	AC	CY		
78~7F data	MOV	Rn, #data	(data)→Rn	×	×	×	×	2	1
F5 direct	MOV	direct, A	A→(direct)	×	×	×	×	2	1
88~8F direct	MOV	direct, A	Rn→(direct)	×	×	×	×	2	2
85 direct2 direct1	MOV	direct1, direct2	(direct2)→(direct1)	×	×	×	×	3	2
86,87 direct	MOV	direct, @Ri	(Ri)→(direct)	×	×	×	×	2	2
75 direct data	MOV	direct, #data	data→(direct)	×	×	×	×	3	2
F6, F7	MOV	@Ri, A	A→(Ri)	×	×	×	×	1	1
A6, A7 direct	MOV	@Ri, direct	(direct)→(Ri)	×	×	×	×	2	2
76,77 data	MOV	@Ri, #data	data→(Ri)	×	×	×	×	2	1
90 data 16	MOV	DPTR, #data16	data16→DPTR	×	×	×	×	3	2
93	MOVC	A, @A+DPTR	(A+DPTR)→A	√	×	×	×	1	2
83	MOVC	A, @A+PC	PC+1→PC, (A+PC)→A	√	×	×	×	1	2
E2, E3	MOVX	A, @Ri	(Ri)→A	√	×	×	×	1	2
E0	MOVX	A, @DPTR	(DPTR)→A	√	×	×	×	1	2
F2, F3	MOVX	@Ri, A	A→(Ri)	×	×	×	×	1	2
F0	MOVX	@DPTR, A	A→(DPTR)	×	×	×	×	1	2
C0 direct	PUSH	direct	SP+1→SP, (direct)→(SP)	×	×	×	×	2	2
D0 direct	POP	direct	(SP)→(direct), SP−1→SP	×	×	×	×	2	2
C8~CF	XCH	A, Rn	A↔Rn	√	×	×	×	1	1
C5 direct	XCH	A, direct	A↔(direct)	√	×	×	×	2	1
C6, C7	XCH	A, @Ri	A↔(Ri)	√	×	×	×	1	1
D6, D7	XCHD	A, @Ri	$A_{0\sim3}$↔$(Ri)_{0\sim3}$					1	1
位操作指令									
C3	CLR	C	0→CY	×	×	×	√	1	1
C2 bit	CLR	bit	0→bit	×	×	×		2	1
D3	SETB	C	1→CY	×	×	×	√	1	1
D2 bit	SETB	bit	1→bit	×	×	×		2	
B3	CPL	C	$\overline{CY}$→CY	×	×	×	√	1	1

续表 A.1

十六进制代码	助记符		功能	对标志影响				字节数	周期数
				P	OV	AC	CY		
B2 bit	CPL	bit	$\overline{bit} \rightarrow bit$	×	×	×	×	2	1
82 bit	ANL	C,bit	$CY \wedge bit \rightarrow CY$	×	×	×	√	2	2
B0 bit	ANL	C,/bit	$CY \wedge \overline{bit} \rightarrow CY$	×	×	×	√	2	2
72 bit	ORL	C,bit	$CY \vee bit \rightarrow CY$	×	×	×	√	2	2
A0 bit	ORL	C,/bit	$CY \wedge \overline{bit} \rightarrow CY$	×	×	×	√	2	2
A2 bit	MOV	C,bit	$bit \rightarrow CY$	×	×	×	√	2	1
92 bit	MOV	bit,C	$CY \rightarrow bit$	×	×	×	×	2	2
控制转移指令									
*1	ACALL	addr11	$PC+2 \rightarrow PC, SP+1 \rightarrow SP, PC_L \rightarrow (SP)$ $SP+1 \rightarrow SP, PC_H \rightarrow (SP), addr11 \rightarrow PC_{10\sim0}$	×	×	×	×	2	2
12 addr 16	LCALL	addr16	$PC+3 \rightarrow PC, SP+1 \rightarrow SP, PC_L \rightarrow (SP)$ $SP+1 \rightarrow SP, PC_H \rightarrow (SP), addr16 \rightarrow PC$	×	×	×	×	3	2
22	RET		$(SP) \rightarrow PC_H, SP-1 \rightarrow SP, (SP) \rightarrow PC_L$ $SP-1 \rightarrow SP$,从子程序返回	×	×	×	×	1	2
32	RETI		$(SP) \rightarrow PC_H, SP-1 \rightarrow SP, (SP) \rightarrow PC_L$ $SP-1 \rightarrow SP$,从中断返回	×	×	×	×	1	2
*2	AJMP	addr11	$PC+2 \rightarrow PC, addr11 \rightarrow PC_{10\sim0}$	×	×	×	×	2	2
02 addr 16	LJMP	addr16	$addr16 \rightarrow PC$	×	×	×	×	3	2
80 rel	SJMP	rel	$PC+2 \rightarrow PC, PC+rel \rightarrow PC$	×	×	×	×	2	2
73	JMP	@A+DPTR	$A+DPTR \rightarrow PC$	×	×	×	×	1	2
60 rel	JZ	rel	$PC+2 \rightarrow PC$,若 $A=0, PC+rel \rightarrow PC$	×	×	×	×	2	2
70 rel	JNZ	rel	$PC+2 \rightarrow PC$,若 A 不等于 0 则 $PC+rel \rightarrow PC$	×	×	×	×	2	2
40 rel	JC	rel	$PC+2 \rightarrow PC$,若 $CY=1$,则 $PC+rel \rightarrow PC$	×	×	×	×	2	2
50 rel	JNC	rel	$PC+2 \rightarrow PC$,若 $CY=0$,则 $PC+rel \rightarrow PC$	×	×	×	×	2	2
20 bit rel	JB	bit,rel	$PC+3 \rightarrow PC$,若 $bit=1$,则 $PC+rel \rightarrow PC$	×	×	×	×	3	2
30 bit rel	JNB	bit,rel	$PC+3 \rightarrow PC$,若 $bit=1$,则 $PC+rel \rightarrow PC$	×	×	×	×	3	2
10 bit rel	JBC	bit,rel	$PC+3 \rightarrow PC$,若 $bit=1$,则 $0 \rightarrow bit$ $PC+rel \rightarrow PC$					3	2

附录 A　89C51 指令表

续表 A.1

十六进制代码	助记符		功能	对标志影响				字节数	周期数
				P	OV	AC	CY		
B5 direct rel	CJNE	A,direct,rel	PC+3→PC,若 A 不等于(direct),则 PC+rel→PC,若 A<(direct),则 1→CY	×	×	×	√	3	2
B4 data rel	CJNE	A,♯data,rel	PC+3→PC,若 A 不等于 data,则 PC+rel→PC,若 A 小于 data,则 1→CY	×	×	×	√	3	2
B8~BF data rel	CJNE	Rn,♯data,rel	PC+3→PC,若 Rn 不等于 data,则 PC+rel→PC,若 Rn 小于 data,则 1→CY	×	×	×	√	3	2
B6~B7 data rel	CJNE	@Ri,♯data,rel	PC+3→PC,若 Ri 不等于 data,则 PC+rel→PC,若 Ri 小于 data,则 1→CY	×	×	×	√	3	2
D8~DF rel	DJNZ	Rn,rel	Rn−1→Rn,PC+2→PC,若 Rn 不等于 0,则 PC+rel→PC	×	×	×	×	2	2
D5 direct rel	DJNZ	direct,rel	PC+2→PC,(direct)−1→(direct) 若(direct)不等于 0,则 PC+rel→PC	×	×	×	×	3	2
00	NOP		空操作	×	×	×	×	1	1

注:"*1" 代表 $a_{10}a_9a_8 10001 a_7a_6a_5a_4a_3a_2a_1a_0$,其中 a_{10}~a_0 为 $addr_{11}$ 各位;
　　"*2" 代表 $a_{10}a_9a_8 00001 a_7a_6a_5a_4a_3a_2a_1a_0$,其中 a_0~a_{10} 为 $addr_{11}$ 各位。

附录 B

89C51 指令矩阵(汇编/反汇编表)

表 B.1 所列为 89C51 指令矩阵。

表 B.1 89C51 指令矩阵

低 高	0	1	2	3	4	5	6,7	8～F
0	NOP	AJMP0	LJMP addr16	RR A	INC A	INC dir	INC @Ri	INC Rn
1	JBC bit,rel	ACALL0	LCALL addr16	RRC A	DEC A	DEC dir	DEC @Ri	DEC Rn
2	JB bit,rel	AJMP1	RET	RL A	ADD A,#da	ADD A,dir	ADD A,@Ri	ADD A,Rn
3	JNB bit,rel	ACALL1	RETI	RLC A	ADDC A,#da	ADDC A,dir	ADDC A,@Ri	ADDC A,Rn
4	JC rel	AJMP2	ORL dir,A	ORL dir,#da	ORL A,#da	ORL A,dir	ORL A,@Ri	ORL A,Rn
5	JNC rel	ACALL2	ANL dir,A	ANL dir,#da	ANL A,#da	ANL A,dir	ANL A,@Ri	ANL A,Rn
6	JZ rel	AJMP3	XRL dir,A	XRL dir,#da	XRL A,#da	XRL A,dir	XRL A,@Ri	XRL A,Rn
7	JNZ rel	ACALL3	ORL C,bit	JMP @A+DPTR	MOV A,#da	MOV dir,#da	MOV @Ri,#da	MOV Rn,#da
8	SJMP rel	AJMP4	ANL C,bit	MOVC A,@A+PC	DIV AB	MOV dir,dir	MOV dir,@Ri	MOV dir,Rn
9	MOV DPTR,#da	ACALL4	MOV bit,C	MOVC A,@A+DPTR	SUBB A,#da	SUBB A,dir	SUBB A,@Ri	SUBB A,Rn
A	ORL C,/bit	AJMP5	MOV C,bit	INC DPTR	MUL AB		MOV @Ri,dir	MOV Rn,dir
B	ANL C,/bit	ACALL5	CPL bit	CPL C	CJNE A,#da,rel	CJNE A,dir,rel	CJNE @Ri,#da,rel	CJNE Rn,#da,rel
C	PUSH dir	AJMP6	CLR bit	CLR C	SWAP A	XCH A,dir	XCH A,@Ri	XCH A,Rn
D	POP dir	ACALL6	SETB bit	SETB C	DA A	DJNZ dir,rel	XCHD A,@Ri	DJNZ Rn,rel
E	MOVX A,@DPTR	AJMP7	MOVX A,@R0	MOVX A,@R1	CLR A	MOV A,dir	MOV A,@Ri	MOV A,Rn
F	MOVX @DPTR,A	ACALL7	MOVX @R0,A	MOVX @R1,A	CPL A	MOV dir,A	MOVX @Ri,A	MOV Rn,A

注：表中纵向高、横向低的十六进制数构成的一字节为指令的操作码，其相交处的框内就是相对应的汇编语言，在横向低半字节的 6 和 7 对应于工作寄存器@Ri 的@R0 和@R1；8～F 对应工作寄存器 Rn 的 R0～R7。

参考文献

[1] 李朝青.单片机原理及接口技术(第3版)[M].北京:北京航空航天大学出版社,2007(普通高等教育"十一五"国家级规划教材).

[2] 何立民.I^2C 总线应用系统设计[M].北京:北京航天航空大学出版社,1995.

[3] 王幸之.AT89 系列单片机原理及接口技术[M].北京:北京航空航天大学出版社,2004.

[4] 万光毅.单片机实验与实践教程(一)[M].北京:北京航空航天大学出版社,2003.

[5] 杨金岩.8051 单片机数据传输接口扩展技术与应用实例[M].北京:北京航空航天大学出版社,2005.

[6] 公茂法.单片机人-机接口实例集[M].北京:北京航空航天大学出版社,2000.

[7] 严天峰.单片机应用系统设计与仿真调试[M].北京:北京航空航天大学出版社,2005.

[8] 石东海.单片机数据通信技术从入门到精通[M].西安:西安电子科技大学出版社,2005.

[9] 周坚.单片机轻松入门(第2版)[M].北京:北京航空航天大学出版社,2004.

[10] 李刚.51 系列单片机系流设计与应用技巧[M].北京:北京航空航天大学出版社,2004.

[11] 李光飞.单片机课程设计实例指导[M].北京:北京航空航天大学出版社,2007.

[12] 沈红卫.单片机应用系统设计实例与分析[M].北京:北京航空航天大学出版社,2003.

[13] 李朝青.单片机与 PC 机网络通信技术[M].北京:北京航空航天大学出版社,2007.

[14] 李朝青.单片机 & DSP 外围数字 IC 技术手册[M].北京:北京航空航天大学出版社,2003.

[15] 雷大宇.现代电子技术[J].2003(10).